Android を支える技術 Ⅰ

60fpsを達成するモダンなGUIシステム

Arino Kazuma
有野和真
［著］

技術評論社

本書に記載された内容は、情報の提供のみを目的としております。したがって、本書を参考にした運用は必ずご自身の責任と判断において行ってください。

本書記載の内容に基づく運用結果について、著者、ソフトウェアの開発元/提供元、株式会社技術評論社は一切の責任を負いかねますので、あらかじめご了承ください。

本書に記載されている情報は、特に断りがない限り、2016年12月時点での情報に基づいています。ご使用時には変更されている場合がありますので、ご注意ください。

本書に登場する会社名、製品名は一般に各社の登録商標または商標です。本文中では、™、©、®マークなどは表示しておりません。

The Android robot is reproduced or modified from work created and shared by Google and used according to terms described in the Creative Commons 3.0 Attribution License.

本書について

　本書は、Androidの内部を解説する本です。とりわけGUIシステム（*Graphical User Interface system*）を中心とした巻になります。特に、グラフィックスと引っ掛からないアニメーションの実現に関わる部分に半分以上の紙面を割いています。

　Androidと名の付いた本のほとんどがアプリを書くための本であるのに対し、本書はその内部がどうなっているかを解説しているAndroid自身について書かれた本である点に特徴があります。アプリを書く時に必要な事項は読者が既に知っているという前提で、それを実現するためにAndroidの内部がどうなっているのかをハードウェアから通常のアプリのコードまで、その間に横たわるすべてを解説することを目的としています。

▍問題に関わるすべてのレイヤを説明する　　ハードウェアからクラスライブラリまで

　Android自身について書かれた本というのはそれ自体が極めて少ないのが現状ですが、その数少ないAndroid自身の本もどれも低レベルな所だけの解説に終わっています。init周辺やプロセスの解説などは豊富にありますが、肝心のGUI周辺の話が皆無です。

　どれもそのような本になってしまうのには理由があります。いまやAndroidについてすべてを解説するのは不可能なくらい、Androidは大きなシステムとなりました（下表参照）。

　このようなAndroidについて各レイヤを解説していこうと思うと、1つ2つのレイヤについて解説しただけで本1冊分の内容となってしまうのです。上から下まですべてのレイヤを、万遍なく解説するのは不可能と言えます。

　しかし、レイヤを上から下までつなぐ所にAndroidのおもしろさが多く含まれています。各レイヤの途中で力尽きてしまうと、Androidのおもしろさは伝

表　Androidのコードサイズ

年月	行数
2008年11月	287万
2016年12月	**1243万**

Androidがここ数年でどれだけ大きくなってきたかを行数で比較する。Androidはさまざまなオープンソースのソフトウェアを含んだ巨大なシステムで、どこまでを行数とカウントするか、どのファイルは行数とカウントするかで大きく数字はぶれるが、同じ計測方法で複数の年を比較すると、どれだけ成長しているのかは知ることができる。以上の数字では大体8年で4倍以上に膨れ上がっていることがわかる。

わりません。

　そこで本書は、各レイヤのすべてを解説するということはしません。それよりもある一つの問題について、一番上のレイヤから一番下のレイヤまで、その問題に関連する部分だけを解説するという手法を取っています。デバイスドライバやHAL（*Hardware Abstract Layer*）から始まり、ViewRootImplやCanvasのdraw関連メソッドといった通常のアプリ開発者が触れる所まですべての構造を解説してあります。

　本書で扱っている問題は、GUIシステムです。特にViewを中心としたGUIプログラミング、とりわけ「引っ掛からないアニメーション」を中心的課題に設定し、それに付随してイベントやUIスレッドなどのGUIプログラミングの話題も扱っています。

▍難しいテーマと解説の方針　できる限りの平易さ

　本書は扱うテーマについて一切の妥協をしていません。どれだけ難しくても、必要だと思うことについてはすべて正面からしっかりと扱う方針で書きました。結果として、本書はかなり難しい本になっています。

　しかしながら、同じレベルの内容を扱う類書に比べると、本書は極めて平易に詳しく解説が書かれています。少し見てもらえばわかるように図解も極めて豊富に用意しました。うまく図解するのが難しいようなことでも、それが理解を助ける人もいるだろうと思ったらなるべく図解を試みました。本書のレベルの内容にしては、これだけ図解があるのは大変珍しいと思います。

　一方で、やはり本書はそれなりの前提条件を満たした技術者でないとしっかりとは理解できないというのも間違いありません。そうした本来の読者の邪魔になる解説をたくさん付けて、本来なら最後まで読むだけの実力があったのに挫折させてしまっては本末転倒です。

　そこで本書の方針としては、本書の対象読者として標準的なレベルの技術者が邪魔と感じないぎりぎりの所まで基礎的な解説を足すという考えで書きました。冗長には感じても理解を妨げるほどではないと思う範囲で、できるだけ基礎的な解説を行うというのが本書の方針です。

▍Android 7.0 Nougatのバイトコード実行環境の解説

　本書の中心的な話題である「60fps（*60 frames per second*、秒間60フレーム）を実

現するためのGUIシステム」について語るためには、バイトコード実行環境についてもかなり突っ込んだ解説が必要になります。

　本書の執筆を開始した時はまだLollipopで、それを前提にバイトコード実行環境の解説を書いていたのですが、執筆途中で登場したAndroid 7.0 Nougatでまさかのバイトコード実行環境の大変更が入り、バイトコード実行環境についてはほぼすべてを書き直すことになりました。Nougatのバイトコード実行環境は素晴らしく、業界でも類を見ない最先端の洗練されたものとなっています。

　そのようなタイミング的な幸運に恵まれたので、本書は恐らくNougatのバイトコード実行環境について本格的に書かれた世界で最初の本だと思います。世界のすべての本を読んでいるわけではないのでひょっとしたら筆者以外にもこれについて解説を書いている人がいるかもしれませんが、いずれにせよタイミング的なことを考えればかなり希少なのは間違いありません。本書でどれほど詳しい説明を行っているかについては、目次を見ると大まかに把握できるでしょう。

本書を読んで得られるもの

　本書の内容は、Hello Worldアプリを書く時には必要ありません。もう少し凝ったアプリを作る時にも必要ないでしょう。それでは本書を読むと、どのようなメリットがあるのでしょうか。

複雑で高いパフォーマンスの必要なViewが作れるようになる

　本章の内容が必要になるのはそのさらに先、Androidの中まで良く理解していないと達成できないパフォーマンスが必要になるアプリを作る時に必要になります。たとえば「高いフレームレートを維持して複雑なレイアウトをこなす」「自分のアプリの問題領域にあったViewGroupを作成しなくてはいけない」といったレベルの問題に挑む時に、本書の内容は必要になります。

View関連の込み入ったトラブルシュートができるようになる

　また、View関連の少しググっても答えが出てこないような自分の書いたコードに特有の込み入ったトラブルに遭遇した時に、自分でソースコードを調べて解決しようとするなら本書の内容は役に立つと思います。Androidのソースコ

ードはプロセス境界と言語境界を頻繁にまたぐため、ただ順番にコードを読んで行くだけだとなかなか全体像が掴みづらくなっています。ですが本書の内容を理解しておけば、Viewの周辺や描画の周辺、そしてイベント回りで発生するどのようなトラブルでも、どこを追うべきかすべてがわかり、手早く必要なコードに辿り着いて問題を解決できるようになるはずです。

「Androidの今」を理解できる

Androidの重要な特徴として「リッチなGUIシステムを持つ」点が挙げられます。実際それ以前の組み込みLinuxの上に載せるGUIシステムと比べると、GPU（*Graphics Processing Unit*）の使い方やIDE（*Integrated Development Environment*）との統合など、今や他とは一段レベルの違う完成度となっています。

Androidがどのくらい洗練されているのかを考えるには、アプリ開発者に見えるレイヤだけ見てもよくわかりません。と言うのは、過去の互換性をある程度維持した範囲でシステムは発展を続けているからです。

現在のAndroidを理解するには、その下を見ていかなければなりません。

GUIシステムとバイトコード実行環境周辺は、最近のAndroidの主要な部分です。本書の内容は、まさに現在のAndroidとはどれだけ洗練されたシステムかを解説する内容となっています。

なぜスマホ（*smartphone*）市場は実質iPhoneとAndroidの2つだけになってしまったのか、その他の携帯電話のシステムはどうしてまったく見なくなってしまったのかということを知りたい業界関係者にとっても、本書の内容は示唆に富むものになっているでしょう。

本書の想定読者について

本書は、おもに4種類の読者を想定しています。

❶ Androidのアプリ開発者で、Linuxの知識もある人
❷ デスクトップでのGUIアプリケーションの開発経験があるが、Androidアプリの開発経験はない人
❸ 組み込みやLinuxの経験はあるが本格的なGUIシステムの経験はあまりない人
❹ かつて一線で活躍していたエンジニアが現在マネージャになっていて、Androidについて知りたい人

❶Androidのアプリの開発経験をそれなりに持っていて、Linuxのシステムプログラミングの経験もある、それが本書の内容をすべて理解できるメインとして想定している読者です。

❷2番めに本書の内容を良く理解できる素地があるのは、デスクトップのGUIアプリケーション開発で豊富な経験がある人でしょう。Android開発をしていないとわからない部分も多少はあるでしょうが、本書の重要な部分に関してはほとんどをしっかりと理解できると思います。また、この❷のような読者にとっては、世の中に数多ある入門書を読むよりも、本書のような内容を最初に読んでしまう方がAndroidに入門するのにも近道となると思います。そうした人は根元の部分を理解してしまえば、後はクラスライブラリのドキュメントと公式のサンプルで自分の必要なことは簡単に習得できてしまうと思うからです。

❸3番めに想定しているのは、Linuxや組み込みにとても詳しくて、けれど本格的なGUIアプリケーション開発の経験はあまりない、組み込みやサーバーサイドの人です。

ガラケーの時代の携帯電話のエンジニアで、スマホの世代への移行にうまく行かなかった人を筆者も多く見てきました。WindowsなどのGUIアプリケーションの文化を経験していないと、ガラケーからスマホ開発へのギャップはかなり大きくなります。また、メーカーのオフショアリングが進み、社内にAndroidのシステムの低レベルな所の経験を積む機会も減った結果、国内にシステム内部の情報があまり貯まらなくなったように思います。本書はそうしたかつての組み込みシステムのレベルでAndroidを解説している貴重な本となっています。

この手の人は非常に高い技術力を持っていながら、リソースによるGUI構築やIDEによる自動生成などといった周辺のごてごてしたものに阻まれて、自分の知識を援用するところまで行く手前に壁があるように思います。特に、既存の入門書はこうした人のレベルに合う選択肢がほとんどない状態で、けれどそれらを追う以外にAndroidについて知る方法がなくて、実力があればあるほどストレスを感じてしまうと思います。

本書第2章はそうした人から見ると見慣れた話題で、中には筆者より詳しく理解できる人もいるでしょう。また、第3章のUIスレッド周辺の話は、既存のアプリ開発解説に類する文献で一体何をやっているのかを理解する、実力者にとってちょうど良い入門となっていると思います。第4章か第6章の内容は一部わからない箇所も出てくるかもしれませんが、実際のアプリ開発よりはこの

レイヤの方がむしろわかりやすいという読者もいることでしょう。

❹最後に、かつて豊富な知識を持っていながら最近は現場から遠のいたマネージメントの人で、Androidやスマホとはテクニカルにどのようなものかを知りたいという人です。本書は、かつての分散オブジェクトやDirectXやOpenGLといったものに深い知識がある人が、Androidを知りたいと思った時に満足できる可能性を持つ唯一の書籍であると自負しています。この種の人達は技術の実際の詳細は適度に読み飛ばしてもらう必要があるかもしれませんが、筆者に言われるまでもなくそうした読み方はできる人達だと思うので、本書から知りたいことを多く知ることができるでしょう。

実際には本書を手にとってくれているあなたは、上記の想定にぴったり当てはまることはないかと思います。それぞれの読者ごとにそれぞれのバックグラウンドがあるでしょう。そこで、本書としては上記4つくらいのターゲットを想定して補足などを書いていますが、自分に不要だと思う部分や自分に向いていない章は気にせず先へと読み進めてもらうのが良いと思います。

本書はかなり専門性が高く、読者にはある程度の経験を前提としていますが、上記の❷や❸のように、一部だけ補足が必要だけど大体は理解できる素養がある人向けに、第1章では簡単に必要なことの概要を説明しました。また、本書の各章でも必要に応じてコラムなどで簡単な補足を行っている箇所があります。必要に応じて参照してみてください。

本書で対象とするAndroidのバージョン

　Androidのバージョンの詳細については1.1.3項で扱いますが、ここでは本書で扱うAndroidのバージョンについても簡単に触れておきます。

　本書の内容は、基本的には本書執筆時点の最新版である7.0 Nougatを対象としています。本書ではなるべく歴史の話は避けて、最新版の事情を前提に説明しようと心掛けています。Androidの進歩は目覚ましく、現在の最新版もすぐに古いバージョンとなってしまうと思うので、わざわざ古い版の事情なんて記さなくても良いというのが筆者の考えです。

　しかしながら、最新版のみ対象としている場所は第7章のバイトコード実行環境くらいで、しかも本章は説明の都合でCupcakeからNougatまですべてを扱っているため、過去のすべてのバージョンが対象となっています。それ以外の章は、多くは3.0 Honeycomb以降なら大体共通の話題となっています。Honeycombは当時ソースコードが公開されていなかったりGingerbreadと併存していたりといろいろと曰く付きのバージョンなので、確信を持って言えるバージョンということならICS以降ということになります。

　バージョンの依存が大きい箇所では、なるべく対象とするバージョンは明示することにしています。逆に言えば、特にバージョンについて言及がない説明は4.0 ICS以降なら大体正しいという記述のつもりです。

　本書の下書きの大部分は5.0 Lollipopのソースを元に書いていて、実際の原稿は7.0 Nougatを元に書きました。

本書で登場するソースコードについて

　Androidにおいて重要なことの一つに「Androidはソースが公開されている」という点が挙げられます。本書では「たくさんのソースコード」が登場します。これらのソースコードのほとんどは、実際のソースコードを元に、説明を意図して筆者が大きく改変したものとなっています。間の非本質的なクラスや関数などはインライン化していたり、重要でないif文などは取り払ったり、本来ループなのにループの部分をなくして1回だけの処理かのように書いていたりします。かなり大きく変えている所も多くあります。基本的にはそのままでは動きませんし、実際のコードと重要な所で違う場合もあります。

本書に掲載されているソースコードは、実際のソースコードを載せているというよりは説明のための疑似言語による解説を載せているくらいに思ってもらった方が適切かもしれません。「言葉で説明するよりもソースコードの方がわかりやすい」と思う事項についてソースコードで説明を行ったというのがソースコードを掲載している意図です。なお、ソースコードを読むのが好きな方なら、実際のソースコードと比較すると筆者が何を意図してどのような変更を行ったかがわかっておもしろいと思います。

　本書を執筆するにあたり元にしたAOSP（*Android Open Source Project*）のソースコードのバージョンは、下書きの時点ではandroid-5.1.1_r6、本執筆ではandroid-7.0.0_r6です。また、比較のためにandroid-4.0.4_r2.1とandroid-2.2_r1も見ています。Linuxカーネルはいくつか見ていますが、https://android.googlesource.com/kernel/msm.gitのandroid-7.0.0_r0.18をおもに参照しています。

本書のサポートページ

　本書のサポートページは、以下から辿れます。ぜひ参考にしてみてください。

🔗 http://gihyo.jp/book/2017/978-4-7741-8759-4/support

本書内の第Ⅱ巻への参照について

　本書の姉妹編として第Ⅱ巻を予定しています（2017年3月）。第Ⅱ巻では「Activity」と「Activityのライフサイクル」を軸にAndroidの解説を行います。この後第1章で述べる通り、本書（第Ⅰ巻）内で、第Ⅱ巻の内容と密接に関わる部分が少なくなく、互いの内容を知ることでより良い理解の助けになる箇所がいくつか出てきます。その第Ⅱ巻と関連が深い部分には注釈や◇マークを付けましたので、興味のある方は参考にしてみてください。

　また、第Ⅱ巻に関する情報も上記サポートページより参照できますので、合わせてチェックしてみてください。

謝辞

友人達からの多くの有益なフィードバックを得て、本書は完成しました。

加藤 和良
佐々木 毅史
須崎 亮太郎
鈴木 一生
角田 俊太郎
平野 智一
牧瀬 芳太郎
向井 淳
森田 創
(敬称略)

特に上記の人達には年末年始の忙しい時期の極めて短い期間でのレビューの依頼でありながら、驚くほどしっかりとレビューをしてもらい、それに基づいて多くの改善が行えました。ありがとうございます。

Androidに限らずGUIシステムの解説は数あれど、本書ほど詳細にGUIシステムが解説されることは滅多にありません。と言うのも、本書のレベルの解説を行うためにはソースが公開されている必要があるからです。しかも、そのソースコードが公開されたGUIシステムのうち、業界でもホットな分野であるモバイルの業界最先端のものの一つがAndroidのGUIシステムなのですから、これを調べてみる価値は十分にあるに違いありません。筆者がAndroidのGUIシステムのソースコードの探求で多くのことを学んだように、きっと読者の皆さんも本書から多くの発見が得られると思います。

2017年1月
有野 和真

目次 **Androidを支える技術〈Ⅰ〉** 60fpsを達成するモダンなGUIシステム

本書について iii

第1章
AndroidとGUIシステムの基礎知識
モバイルプラットフォームの今と基本を知るために 1

1.1 Androidと最先端のモバイルGUIシステム
高まり続ける期待と要求 4

1.1.1 GUIシステムに対する要求は年々高まっている 4
解像度の向上によるGUIの複雑化 4
ユーザーの期待値が高まった 4
開発者の期待値も高まった 5

1.1.2 AndroidとGUIシステム 5
AndroidのスマホはGUIのシステムである 6
AndroidのGUIシステムの、アプリ開発者から見た特徴 6
❶マークアップによる記述と動的なツリーの操作 6
❷システムのかなりの部分がJavaで書かれている 6
❸IDEサポート 7
❹豊富なGUI部品と高機能なレイアウト 7
❺解像度非依存な記述 7
❻GPUなどを活かした高速な半透明処理やアニメーション 7

1.1.3 Androidのバージョンの話 8
Column　組み込みシステムとGUIのツールキット 8
Column　Microsoft OfficeはWPFで書かれていない 10
Column　Honeycomb　Androidバージョン小話❶ 11

1.2 AndroidのGUIシステムの全体像と変遷
最初期からNougatまでの3区分 12

1.2.1 AndroidのGUIシステムの全体像について 12
1.2.2 GUIシステムの基礎　Android初期からGBまで 13
1.2.3 ハードウェアアクセラレーションを用いた描画処理　HoneycombからICSで完成 ... 14

- 1.2.4 **AOTコンパイルとprofile guidedコンパイル** LollipopからNougat現在まで ……15
- 1.2.5 **描画処理の概要** ……17
  - Viewツリーとレイアウト ……17
  - DisplayListの構築とOpenGL ES呼び出し ……18
    - Column　デスクトップでのグラフィックスハードウェア活用とWindows Vista ……18
  - EGLによるグラフィックスバッファ指定とSurfaceFlingerによる合成 ……19
  - 描画処理のまとめ ……19

1.3

［速習］本書で登場するAndroidの構成要素のうち、GUIシステム以外の部分
Activity、ActivityThread、プロパティ、Binder、システムサービス　19

- 1.3.1 **Activity** ……20
  - Activityとスタック ……20
  - 裏に行ったActivityとkill　表と裏のActivity ……20
  - Activityのライフサイクル ……21
- 1.3.2 **ActivityThreadとmainメソッド** ……23
- 1.3.3 **プロパティによる設定の管理** ……24
- 1.3.4 **Binderとシステムサービス** ……25
- 1.3.5 **SystemServerとsystemユーザー** ……26
  - Column　Unixドメインソケットとsocketpair ……27
- 1.3.6 **Zygoteによるアプリの開始** ……28
- 1.3.7 **init.rcから起動されるシステムサービスとデーモン達** ……28
  - Column　fork()システムコールとプロセスの生成 ……28
  - init.rcファイルの今と昔　mount_all ……30
  - serviceセクション ……30
    - Column　Androidの「サービス」 4つの「サービス」 ……31
    - Column　Flingerとは何か? ……32
  - Zygoteサービス ……33
  - installdサービス ……34
  - surfaceflingerサービス ……34
    - Column　CupcakeとG1　Androidバージョン小話❷ ……35

1.4

［入門］AndroidのGUIプログラミング
View周辺の基本とカスタムのView　36

- 1.4.1 **HelloWorld** ……36
  - レイアウトのリソースを用意 ……37
  - レイアウトのリソースをsetContentView()で指定 ……37
  - ボタンがタップされた時の処理を書く ……38

1.4.2 **カスタムのView** ...39
　　　Column　AndroidにUserControlはないの? ...39
　　　onTouchEvent()でタッチに反応する ...40
　　　invalidate()とHandlerで内容を動的に変える ...41
1.4.3 **カスタムの属性を定義する** ...43
1.4.4 **AndroidのGUIプログラミング入門、まとめ** ...45

1.5
まとめ　45
　　　Column　SoCとSnapdragon ...46

第2章 タッチとマルチタッチ
スマホがスマホであるために ...47

2.1
Androidでのマルチタッチ、基本のしくみ
LinuxとAndroidの関係　50

2.1.1 **ViewのonTouchEvent()メソッドとMotionEvent** ...50
2.1.2 **マルチタッチ概要** ...51
2.1.3 **なぜInputManagerServiceを扱うのか?** ...53
　　　Column　epoll()による複数のファイルディスクリプタ待ち ...54

2.2
LinuxのInputサブシステムとinput_event
入出力機器に共通して使えるフレームワーク　55

2.2.1 **LinuxのInputサブシステムについて** ...55
2.2.2 **Linuxの入力関連デバイスドライバとinputモジュール** ...56
　　　シングルタッチの場合 ...57
　　　マルチタッチの場合 ...58
2.2.3 **eventのhandlerとeventファイル** ...59
　　　Column　ioctl()システムコール ...61

2.3
Androidフレームワークでの入力イベントの基礎
InputManagerService　62

2.3.1 **InputManagerServiceとその構成要素** ...63

2.4
InputReader
InputManagerServiceの二大構成要素❶ ... 64

- 2.4.1 **InputReaderの構成要素** ... 65
- 2.4.2 **InputReaderのloopOnce()メソッドとRawEvent** ... 66
- 2.4.3 **EventHubのgetEvents()メソッド** ... 66
  - getEvents()メソッド概要 ... 66
  - 入力デバイスの追加や削除に応じた処理　Deviceオブジェクトの作成と削除 ... 68
  - input_eventを読み出した時の処理 ... 69
- 2.4.4 **InputDeviceとInputMapper** ... 70
- 2.4.5 **タッチの処理とMultiTouchInputMapper**　InputMapperの具体例として ... 72
- 2.4.6 **InputReaderまとめ** ... 75

2.5
InputDispatcherとInputChannel
InputManagerServiceの二大構成要素❷と送信相手のクラス ... 76

- 2.5.1 **InputDispatcher概要** ... 76
  - Column　DonutとXperia　Androidバージョン小話❸ ... 78
- 2.5.2 **ウィンドウとInputChannelの登録** ... 79

2.6
まとめ ... 79
- Column　EclairとFroyo　Androidバージョン小話❹ ... 80

第3章
UIスレッドとHandler
LooperとHandlerが見えてくる ... 81

3.1
UIスレッド
UIスレッド周辺の構成要素を知る ... 84

- 3.1.1 **UIスレッドとは何か**　HandlerとUIスレッドの関わり ... 84
  - **UIスレッドは、GUIシステムの特別なスレッド**
    UIスレッドでしか実行できないGUI関連操作がある ... 84
- 3.1.2 **UIスレッドでしかできないこと**　ラベルの変更やToastの表示など ... 85
  - **UIスレッド以外からUIスレッドでしかできない操作を実行したい場合**
    Handlerを用いたUIスレッドでの実行 ... 85
  - Column　一般的なGUIシステムにおけるUIスレッド ... 86

3.1.3	UIスレッドではできないこと　時間のかかる処理	87
3.1.4	メッセージループとUIスレッド　UIスレッドとLooperの関係	88
3.1.5	AndroidにおけるUIスレッド周辺の構成要素　LooperとHandler	89

3.2 Looper
UIスレッドを実現するメッセージループ機構　90

3.2.1	Looperの基本的な使い方　prepare()とloop()	90
	Column　「GUIのメッセージループ」以外のLooperの使われ方	91
3.2.2	Looperとスレッドの関連付け　myLooperとTLS	92
	Column　TLS	94
3.2.3	MessageQueueとnext()メソッド	95
	MessageQueueへのファイルディスクリプタ登録	96
3.2.4	Looper.loop()では何を行っているのか?❶	97

3.3 よくわかるHandler
知っておきたい2つの役割、その実装　99

3.3.1	[再入門]Handler　2つの役割を分けて考えよう	99
3.3.2	Handlerの使用例	100
3.3.3	メッセージ送り先となるLooperの決定 Handlerのコンストラクタによる暗黙の関連付け	102
	Column　初期の傑作、Gingerbread　Androidバージョン小話❺	103
3.3.4	Handlerのpost()とMessageのenqueue	104
3.3.5	Looper.loop()では何を行っているのか?❷　Handlerのpost()の時の挙動	106
3.3.6	HandlerのdispatchMessage()①　Runnableが呼ばれるケース	108
3.3.7	HandlerのdispatchMessage()②　handleMessage()が呼ばれるケース	109

3.4 まとめ　112

第4章 Viewのツリーとレイアウト
GUIシステムの根幹　113

4.1 Viewツリーの基礎知識
GUI部品の親子関係　116

- 4.1.1 **Viewとツリー** 116
  - Column　Viewツリーのルートと ViewRootImpl 117
- 4.1.2 **Viewの担当する領域** 118
- 4.1.3 **Viewツリーの使われ方** 118
- 4.1.4 **ツリーの再帰的な呼び出し**　タッチのヒット判定の例を元に......................119

4.2

AssetManagerとレイアウトのリソース
高速なパース、素早い構造の復元　　　　　　　　　　　　　　　　　　　121

- 4.2.1 **Viewツリーの構築とリソースファイル** 121
- 4.2.2 **リソースのコンパイルとAssetManager** 121
- 4.2.3 **バイナリ化されたリソースとaapt** 122
- 4.2.4 **バイナリリソースとXmlResourceParser** 125
  - Column　長さの単位　dpとspとpx 125

4.3

LayoutInflater
メニューやListViewでよく使われるViewツリー生成方法　　　　　　　　　126

- 4.3.1 **LayoutInflaterを取得する**　ActivityのgetLayoutInflater()の例 126
- 4.3.2 **LayoutInflaterの生成とContext** 127
- 4.3.3 **LayoutInflaterとinflate()メソッド** 127
- 4.3.4 **LayoutInflaterのonCreateView()メソッドとcreateView()メソッド**............128
- 4.3.5 **inflate()メソッドでのViewの生成**　createView()メソッド..........................130
  - 呼び出されるViewのコンストラクタ 130
- 4.3.6 **ResXMLParserとAttributeSet** 132
- 4.3.7 **スタイルとテーマ入門** 135
  - Column　SimpleCursorAdapterに見るAndroidのレイアウトリソース哲学 136
- 4.3.8 **スタイル解決**　obtainStyledAttributes()メソッド..137
- 4.3.9 **LayoutInflaterのまとめ** 138
  - Column　テーマ関連の公式ドキュメント...138

4.4

ActivityとDecorView
ActivityのsetContentView()が作る重要なView　　　　　　　　　　　　139

- 4.4.1 **setContentView()呼び出しの後のViewの階層**
  DecorViewとContentParentとContentRoot 139
- 4.4.2 **DecorViewとWindow Style** 140
  - Column　ActivityとPhoneWindow 141
  - Column　requestWindowFeature()メソッドとWindow Style 143

4.5
Viewツリーのmeasureパス
構築されたViewツリーをレイアウトする❶ 145

- 4.5.1 **Viewツリーのレイアウト概要** 146
  - Column　LinearLayoutのlayout_weight属性 148
- 4.5.2 **measureパスとonMeasure()メソッド** 149
  - Column　レイアウト可能な場合を考える難しさ 149

4.6
葉ViewのonMeasure()によるサイズ計算
ImageViewを例に 150

- 4.6.1 **葉ノードと内部ノードについて** 150
- 4.6.2 **葉のViewの幅の指定いろいろ** 151
  - ❶幅がハードコードの場合 151
  - ❷幅がwrap_contentの場合 151
  - ❸幅がmatch_parentの場合 152
- 4.6.3 **いろいろな幅の指定のコードによる表現**　MeasureSpecとサイズのエンコード 153
- 4.6.4 **onMeasure()の実際の実装**　ImageViewの場合 154
  - ハードコードされた値の場合　EXACTLY 155
  - 最大値指定の範囲内で自由な値を申告して良い場合　AT_MOST 155
  - 制約の指定がない場合　UNSPECIFIED 155

4.7
ViewGroupの場合のonMeasure()によるサイズ計算
LinearLayoutを例に 156

- 4.7.1 **問題の概要** 156
- 4.7.2 **基本ケースのButton B以外のonMeasure()処理** 157
- 4.7.3 **Button Bがwrap_contentの場合** 160
- 4.7.4 **Button Bがmatch_parentの場合** 161
- 4.7.5 **真ん中の子がlayout_weight="1"の場合** 162

4.8
layoutパスとその他の話題
構築されたViewツリーをレイアウトする❷ 163

- 4.8.1 **`layout_`で始まる属性達**
  LayoutParamsとViewGroupのgenerateLayoutParams()メソッド 164
- 4.8.2 **layoutパスとgravity** 165
  - Column　measure()が複数呼ばれるケース 166
- 4.8.3 **タッチの送信とInputChannel** 167

4.8.4 **onDraw()とCanvasとハードウェアアクセラレーション（第5章に続く）** 167
        Column　gravityとlayout_gravity 168

4.9
まとめ　169

        Column　第二の傑作、Ice Cream SandwichとNexus 7
        Androidバージョン小話❻ 170

第5章 OpenGL ESを用いたグラフィックシステム
DisplayListとハードウェアアクセラレーション 171

5.1
なぜOpenGL ESを使ったGUIシステムなのか？
スピードと電力の問題　174

5.1.1 **解像度とゲートの数**　消費電力とコア数 174
5.1.2 **なめらかなアニメーションとViewごとのキャッシュ**　ListViewのスクロールを例に ...178
5.1.3 **動画の再生と消費電力** 179
5.1.4 **Androidのグラフィックシステムのうち、本章で扱う範囲** 179

5.2
Viewのdraw()からOpenGL ES呼び出しまで
ThreadedRendererとRenderThread　180

5.2.1 **誰がdraw()を呼び出し、誰がOpenGL ESを呼び出すのか？** 181
5.2.2 **ThreadedRendererによるdraw()の呼び出し** 182
5.2.3 **RenderNodeとDisplayListCanvas** 184
5.2.4 **drawRenderNode()メソッドとDrawRenderNodeOp** 185
5.2.5 **nSyncAndDrawFrame()メソッドとRenderThread** 187
5.2.6 **drawからDisplayListのメソッド呼び出しまで、まとめ** 188

5.3
DisplayList
「コマンドオブジェクトのリスト」にする効用　189

5.3.1 **DisplayListが保持するオペレーション**　DisplayListOp基底クラス 190
      DisplayListOp::defer() 190
      DisplayListOp::replay()　DrawRectOpを例に 191
5.3.2 **その他のDrawXXXOpクラス**　DrawBitmapOpとDrawRenderNodeOp 192
      DrawBitmapOp 192

| Column | AndroidとSkia | 192 |

DrawRenderNodeOp　RenderNodeを描くというコマンド......193

5.3.3 DisplayListを用いた画面の再描画......196
- ❶再描画、画面の描画内容だけが無効になったケース......197
- ❸再描画、DisplayListが無効になったケース　invalidate()メソッド......198
- ❹再描画、レイアウトが無効になったケース　requestLayout()メソッド......199
- ❷DisplayListが有効だが、Surfaceの描画内容が無効なケース
  アニメーション（次節へ続く）......199

| Column | ソフトウェアレンダリングの振る舞い | 200 |

5.4

ListViewのスクロールに見る、驚異のアニメーション処理
60fpsを維持し続ける最重要な応用例　201

5.4.1 スクロール処理の基本処理......201
5.4.2 60fpsを維持するために必要なこと　VSYNCとChoreographer......202
5.4.3 flingの構造　スクロールの特殊処理......203
5.4.4 RenderNode単位の平行移動　offsetTopAndBottom()......203

5.5

まとめ　205

| Column | いまいちなJelly Bean　Androidバージョン小話❼ | 206 |

第6章
OpenGL ES呼び出しが画面に描かれるまで
ViewRootImplとSurfaceFlinger......207

6.1

OpenGL ES呼び出しが画面に描かれるまで
全体像と一連の流れ　210

6.1.1 本章で登場するクラス達の全体像......210
6.1.2 ハードウェアとAndroidの境界　HAL......211
6.1.3 EGL呼び出しでOpenGL ESの描画先を指定する......212
6.1.4 EGLで指定されたSurfaceが、grallocで取得した
オフスクリーングラフィックスバッファを更新する......212
6.1.5 SurfaceFlingerが、HWCを用いてグラフィックスバッファを合成して表示......213
6.1.6 ViewRootImplがSurfaceの左上座標を保持し、
WindowManagerServiceが複数のViewRootImplを管理......213

6.2
HALとgralloc
グラフィックスバッファの確保/解放のインターフェース　214

- 6.2.1 **HALのモジュールの取得**　hw_get_module() 214
- 6.2.2 **hw_module_t構造体周辺の構造体定義** 215
- 6.2.3 **hw_device_tとalloc_device_t** 218
- 6.2.4 **alloc_device_tのalloc()関数** 219
- 6.2.5 **gralloc_module_tとprivate_module_tの定義** 221

6.3
EGLによるOpenGL ES描画対象の指定
OpenGL ESの呼び出しは、どのようにグラフィックス領域に描かれるのか❶　222

- 6.3.1 **EGLによる、OpenGL ESの描き出し先指定** 222
- 6.3.2 **EGL、gralloc、OpenGL ESが端末依存である意義** 223
- 6.3.3 **アプリのOpenGL ES呼び出しを基に、EGL周辺の構成の意義を考える** 225
  - ハードウェアの想定 226
  - 仮に、通常のメモリを介したシンプルなHALであった場合
    実際とは異なる仮想的なケース 226
  - gralloc、EGL、OpenGL ESといった分け方の場合　実際のAndroidのケース 228

6.4
SurfaceFlingerとHWC
OpenGL ESの呼び出しが、どのようにグラフィックス領域に描かれるのか❷　230

- 6.4.1 **グラフィックスバッファとSurfaceをつなぐBufferQueue** 230
- 6.4.2 **BufferQueueConsumerとしてのSurfaceとOpenGL ES呼び出し** 231
- 6.4.3 **SurfaceFlingerシステムサービス**　init.rcのエントリ 232
- 6.4.4 **他のプロセスから見たSurfaceFlingerと画面の描画** 233
- 6.4.5 **SurfaceFlingerから見た画面の描画** 233
- 6.4.6 **HWC（Hardware Composer）HAL概要** 234
  - HWCが専用のハードウェア実装され得る理由 234
  - HWCに要求される基本機能 235
- 6.4.7 **HWCのprepare()メソッド** 236
- 6.4.8 **SurfaceFlingerによるグラフィックスバッファの合成** 237
  - prepare()メソッドの結果がすべてHWC_OVERLAYのケース 237
  - prepare()の結果にHWC_FRAMEBUFFERが含まれる場合 237

6.5
ViewRootImpl
ViewツリーとSurfaceをつなぐ　239

6.5.1	**ViewRootImpl概要**	240
6.5.2	**ViewRootImplの生まれる場所**　WindowManagerのaddView()	240
6.5.3	**IWindowとしてのViewRootImpl**　IWindow概要	242
6.5.4	**ViewRootImplでEGL呼び出しが行われる場所** ThreadedRendererのinitialize()	243
	Column　WindowManager周辺の複雑さ	243
	Column　BufferQueueProducerの作成はどこで行われるか 筆者がソースを読み切れなかった部分について	244
6.5.5	**ViewRootImplのperformTraversal()メソッド** Viewツリーに関わるさまざまな処理	245
6.5.6	**ViewRootImplがViewへタッチイベントを届けるまで**	246

6.6
Surfaceをアプリ開発者が使う例
「フローティングウィンドウ」「SurfaceViewとMediaCodec」　247

6.6.1	**フローティングウィンドウ**	247
6.6.2	**SurfaceViewとMediaCodec**	249

6.7
まとめ　251

	Column　stagefrightバグとAndroid 7.0 Nougatでの MediaFrameworkの改善	252

第7章
バイトコード実行環境
DalvikとART　253

7.1
Androidのバイトコード実行環境の基礎知識
仮想マシンとART　256

7.1.1	**スマホにおけるバイトコードの課題**	256
	厳しいリアルタイム性の要求　秒間60フレームを求めて	256
	少ないメモリ	257
7.1.2	**Androidのバイトコード実行環境の変遷**　JIT、AOT、そしてprofile guided JITまで	258
	最初は、Dalvik VMだった　最初〜2.1	258
	次に、Dalvik VMにJITが入った　2.2〜4.4	258
	そして、AOTコンパイルがやってきた　5.0〜6.X	259
	AOTコンパイルとJITのハイブリッドに　7.0〜	259
7.1.3	**本章で扱うバイトコード実行環境のバージョンとその方針**	260

7.2
Dalvikバイトコードとdex
仮想マシンの二大派閥、レジスタ型とスタック型 …………………………………………… 261

- 7.2.1 **dexファイルができるまで** …………………………………………………………… 261
- 7.2.2 **仮想マシンの2つの派閥** スタック型とレジスタ型 ……………………………… 262
  - Column　Jackコンパイラ ……………………………………………………… 263
  - レジスタ型でのaddの呼び出し ………………………………………………… 264
    - Column　その他のレジスタ型仮想マシンシステム　Elate OSとintent ……… 264
  - スタック型でのaddの呼び出し ………………………………………………… 265
- 7.2.3 **2つの仮想マシンの比較** スタック型とレジスタ型はどちらが良いか? ……… 266
- 7.2.4 **バイトコード比較** JavaとDalvik …………………………………………… 268
- 7.2.5 **dexフォーマットとその制約** ……………………………………………………… 270

7.3
メモリ節約の工夫とZygote
バイトコード実行環境をサポートする技術群 …………………………………………………… 273

- 7.3.1 **フラッシュメモリの仕組みとAndroidのスワップ事情** …………………………… 274
  - Column　Androidでスワップが行われるのは、どのような時? ……………… 274
- 7.3.2 **使用しているメモリの分類** ………………………………………………………… 276
  - Column　本当にフラッシュメモリでスワップを使うべきではないか? ……… 276
  - Column　mmapとメモリ確保 ………………………………………………… 277
- 7.3.3 **Cleanなメモリとmmap** …………………………………………………………… 278
- 7.3.4 **Androidにおける、実メモリを節約する2つの工夫** mmapとZygote ……… 280
  - Cleanを増やすためにmmapを有効利用 ……………………………………… 280
  - Sharedを増やすためにクラスをロードした状態からforkして新プロセス開始 …… 281
    - Column　Androidでクラスを列挙するリフレクションが好まれない理由 …… 281

7.4
これまでのバイトコード実行環境
7.0以前の背景から学べること …………………………………………………………………… 282

- 7.4.1 **Dalvik VM時代** 初期〜4.4まで ………………………………………………… 283
  - Column　最初のバージョンとは何なのか ……………………………………… 283
- 7.4.2 **JIT入門** トレースJITとメソッドベースのJIT ………………………………… 285
  - トレースJIT ……………………………………………………………………… 285
  - メソッドベースのJIT …………………………………………………………… 286
  - JITとメモリ ……………………………………………………………………… 287
  - JITとバッテリー ………………………………………………………………… 287
  - JITとリアルタイム性 …………………………………………………………… 288

| | JITが有効なケース | 289 |

- 7.4.3 **AOT時代** 5.0〜6.Xまで 289
  - AOTコンパイルの欠点　アップデートが遅い 291

7.5
Nのバイトコード実行環境
Android 7.0 Nougatの進化　292

- 本節の構成 292
- 7.5.1 **Nのバイトコード実行環境概要** 293
  - なぜ一部JITに戻ったのか? 293
  - なぜJITがトレースJITからメソッドベースのJITになったのか? 294
- 7.5.2 **Nのバイトコード実行環境、構成要素** 295
- 7.5.3 **ProfileSaverによるプロファイルの保存** 296
- 7.5.4 **BackgroundDexOptServiceの起動と処理内容**
  profmanによるプロファイル情報のマージ 297
  - JobSchedulerへの登録と起動条件 297
  - プロファイルのマージとprofile guidedコンパイルの始動
    profmanとdex2oat呼び出し 298
- 7.5.5 **dex2oatによるprofile guidedコンパイル** 299
- 7.5.6 **イメージファイルによる起動の高速化**　.artファイル 301
- 7.5.7 **Nのバイトコード実行環境、まとめ** 302

7.6
まとめ　303

- Column　次の時代のAndroid、Lollipop　Androidバージョン小話❽ 304

おわりに 305

索引 307

第 **1** 章

AndroidとGUIシステムの基礎知識
モバイルプラットフォームの今と基本を知るために

第1章 AndroidとGUIシステムの基礎知識

　本書は、AndroidのGUIシステムについての本です。第2章より先では、GUIシステムの各パートについてかなり詳細に扱っていきます。それに先立ち、本章では全体的な話や本書全体を読んでいくために役立つ補足的な話をしていきます。

　最初に1.1節で、なぜ本書でGUIシステムを扱うのか、その重要性やAndroidにおける位置付けなどを説明します。

　1.2節で、実際のAndroidのGUIシステムの全体的な構成を概観します。

- **GUIシステムの基礎部分**
- **ハードウェアアクセラレーションを用いた描画部分**
- **バイトコード実行環境**

の3つに分けて解説していきます。

　1.3節では、本書で関連があるけれどGUIシステムではない部分について簡単に役割を見ていきます。Activityのような基本的な話から、Zygoteやinit.rcといったやや発展的な話まで扱います。

　GUIシステムは単独では存在していないため、Androidのその他の部分とのやり取りは必ず発生します。ですが、GUIシステムを理解するという目的からすると、それら「その他の部分」の詳細を知っている必要はありません。そこで1.3節では、本書を理解する上で必要十分なように「要するに何をしているか」に集中して関連部分を見ていきます。

　1.4節では、本書の以後の章で扱う話題がアプリ開発者からどのように見えるかを追うために、簡単なHello WorldやカスタムのViewの作成を取り上げます。ここで出てくるコードが内部ではどのように動いているのかというのが、本書全体のテーマとなります。

　それでは、順番に見ていきましょう。

図1.A　Android robot（通称ドロイドくん）

Cupcake時代から現在も活躍中。

第1章 AndroidとGUIシステムの基礎知識

1.1
Androidと最先端のモバイルGUIシステム
高まり続ける期待と要求

　本書は、AndroidのGUIシステムについて書かれた本です。数あるトピックの中からGUIシステムを選びました。本節では、なぜGUIシステムが大切なのかという話をしていきます。

1.1.1
GUIシステムに対する要求は年々高まっている

　AndroidがバージョンごとにGUI周辺に多くの大幅な改善を入れていった理由の一つに、GUIシステムの要求が年々高まっていることが挙げられます。その勢いは現在進行形で続いています。近年はあまりCPUが高速にならないので、ハードウェアの進歩のほとんどは解像度の向上とそれを処理するGUIのグラフィックスハードウェアに注がれています[注1]。

　ここでは、GUIシステムに対する皆の要求がどのくらい厳しいものなのかを見ていきます。

解像度の向上によるGUIの複雑化

　初期の頃のAndroidのスマホであるG1は320 × 480ピクセルの画面サイズでした。最近のAndroidのスマホであるNexus 6Pは1440 × 2560ピクセルです。ピクセル数は24倍です。

　小さい画面では画面内で表現できるものは限られていたため、それほど複雑なGUIを構築する必要はありませんでした。ところが、現在では画面内のピクセル数がかなり増え、表現できることも増えました。「画像処理はハードウェア資源を浪費するので、小さい解像度の画像でシンプルなUIにしてください」と言っても、もはや誰も相手にしてくれません。

ユーザーの期待値が高まった

　ユーザーの期待値も、近年かなり上がっています。解像度が高くなってくると、アイコンの品質などを気にするユーザーもずいぶんと増えました。小さな解像度の画像を適当に拡大してぼやっとしたアイコンでは、誰も最新機種とは

注1　CPUの並列度は増していますが、それもほとんどGUIの応答性の向上に費やされています。

認めてくれません。また、画面の狭さを補うために、半透明などを使って後ろと前という前後関係を表現したりもして欲しいと思っています。

そして、本書の主要なテーマの一つである「リストをスクロールした時に60fpsをキープする」というのも、最新機種ではもはや必須となりました。「たまに引っ掛かるけど機能としては変わらないから良いよね」とは誰も思ってくれません。

新機種、特にある程度のハイエンドの機種なら、操作を行った時の描画処理で60fpsを死守するのは当然期待されることになってしまいました。

開発者の期待値も高まった

GUIシステムで最も使われたのはWebアプリケーションでしょう。2番めによく使われたのはおそらくWin32 APIだと思います。

Win32 APIの頃のGUIというのは、今から見るとずいぶんと素朴でした。リソースはビルド時にコンパイルされて、その結果をDOM（*Document Object Model*）のように触ることもできないし、GPUを活かして高速にアニメーションを処理するのも難しい構成でした。動的にGUIの一部を構築する時にはハードコードする必要もありました。

ところが、Webアプリケーションの発展に伴い、現在では、開発者はより動的にいろいろできることを期待するようになっています。マークアップでツリーを生成し、そのツリーについての操作をしたいというのは当然の欲求となっています。より計算リソースを消費するWebアプリケーションの開発スタイルがPCで行えるようになったのは、ブラウザの信じがたいレベルでの高速化と、ハードウェア資源の向上の、両方の成果の結果でした。しかし、ひとたびWebアプリケーションの開発スタイルに慣れてしまった開発者としては、当然モバイルでもこのような柔軟性を持った開発が可能であることを期待しています。

このように、GUIシステムに対する期待は非常に高いものとなっていて、以前の組み込み開発の常識ではとても対応できないレベルの複雑なシステムをモバイルのプラットフォームに要求しています。

AndroidとGUIシステム

Androidがこれほど普及し、また今となっては他に変えにくくなっている重要な要素の一つとして、非常に高機能なGUIシステムを提供しているという点が挙げられます。

AndroidにとってのGUIシステムの位置付けやその特徴などをここで見ていきましょう。

第1章 AndroidとGUIシステムの基礎知識

Androidのスマホは GUI のシステムである

今となっては当たり前ですが、Androidのスマホと言えばGUIのシステムです。キーボードがつながっていなくてもGUIだけで操作できますし、むしろキーボードをつなげる人の方がずっと少ないでしょう。

そんなことは当たり前と思うかもしれませんが、PCのLinuxはそこまでGUIを前提とはしていません。かつての携帯電話、いわゆるガラケーでもタッチはあまり一般的ではなかったのでハードウェアキー主体の操作が一般的で、システムとしてもそれほど複雑なGUIシステムは持っていないのが一般的でした。

これほど豊富なGUIベースのシステムというのは、携帯電話のシステムとしては実はわりと新しい話なのです。そして、AndroidのGUIシステムは、その高機能さとグラフィックスハードウェアを活かせる作りとを合わせて考えると、今ではPCまで含めてもかなり先進的なGUIシステムと言えるほどに育っています。

AndroidのGUIシステムの、アプリ開発者から見た特徴

Androidは、スマホというシステムの制限によく対応していながら、開発者にデスクトップのGUIアプリケーション開発に勝るとも劣らない先進的な環境を提供しています。以下について順番に取り上げていきます。

❶マークアップによる記述と動的なツリーの操作
❷システムのかなりの部分がJavaで書かれている
❸IDEサポート
❹豊富なGUI部品と高機能なレイアウト
❺解像度非依存な記述
❻GPUなどを活かした高速な半透明処理やアニメーション

❶マークアップによる記述と動的なツリーの操作

マークアップでUIを記述し、プログラムからはツリーに対する操作としてUIを実現できます。WebプログラミングとかなりⅣていたスタイルでの開発ができますが、Webに比べてAndroidはずっとリソースが限られているので実現方法は大きく異なっています。その代わり、提供されている柔軟性から考えると信じられないほど高パフォーマンスで動きます。かなりのレベルのUIまで、カスタムのViewを作ることなく、既存のViewの組み合わせとツリーに対する操作で実現できます。

❷システムのかなりの部分がJavaで書かれている

「Javaのラッパーが提供されているのではなくJavaで書かれている」のは重要な要素です。システムの多くの部分やGoogleから提供されているアプリなども

多くがJavaで書かれているからこそ、Javaで書かれた部分のパフォーマンスが大切で、Googleは精力的にバイトコード実行環境の改善を続けているのです。また、Viewの構造もJava言語を前提としたものになり、ラッパーだからという理由で妙な変換やよくわからない引数などが追加されたりもしません。大部分がC++で書かれてJavaのラッパーが提供されているシステムではないのは、重要なポイントです。

❸IDEサポート

GUIのアプリ開発では、Androidに限らず一つの例外を除いてIDEでの開発が一般的です[注2]。そして、現在Android開発で標準的に使われているAndroid Studioは、現存しているIDEの中でもトップクラスに良くできているIDEと言えます[注3]。IDEサポートはJavaを言語として採用している直接の恩恵の一つで、Androidにとって重要な要素です。

❹豊富なGUI部品と高機能なレイアウト

AndroidはモバイルのGUI部品を豊富に備えていて、また多くの画面サイズに対応するべく豊富なレイアウトの機能も持っています。バージョンを追うごとにどんどん追加されて、現在ではモバイルの中でもトップクラスに豊富なGUI部品を備えるシステムとなっています。

❺解像度非依存な記述

Androidではさまざまな解像度、さまざまなスクリーンサイズのデバイスがあります。何も考えずに作ってもすべてのデバイスで動くとは残念ながら言えませんが、サポートしたい範囲のデバイスを妥当なコストでサポートするための仕組みは揃っています。解像度に依存しないサイズ指定、代替リソースの仕組みを使ったデバイスに合わせたリソースの選択、ミップマップ(*mipmap*)を使った比較的綺麗な拡大縮小、そして豊富なレイアウトなどがそのための道具立てです。

❻GPUなどを活かした高速な半透明処理やアニメーション

デスクトップなどのGUIシステムでは、2000年代の中盤頃からGPUなどのグラフィックスハードウェアを活かしたシステムが一般的になりました。Androidも、3.0 Honeycomb以降はモバイルでは考えられないほどグラフィックスハードウェアを活用する構造となっています。グラフィックスハードウェアを活用

注2 唯一の例外はWebアプリケーション開発です。
注3 個人的にはVisual Studioに続いて世界で2番めに良くできていると思います。

することで高い解像度でも高速なアニメーションを低消費電力で実現できています。近年CPUの高速化は頭打ちとなり、ハードウェアの発展の多くはグラフィクスハードウェアの向上に注ぎ込まれている現状があります。GUIシステムがこのグラフィックスハードウェア資源を有効に使えることは、最新の端末の機能を引き出すには必須の要件です。

以上のように、AndroidのGUIシステムはモバイル用としては最先端のものとなっています。本書では、Androidがどのようにこの最先端のモバイルGUIシステムを実現していくかを詳細に解説していきます。

1.1.3 Androidのバージョンの話

Androidでは、バージョン番号とコードネームが伝統的に併用されています。コードネームはお菓子から付けられていて、頭文字がCからD E F G H I J K L M Nと、アルファベット順に進んでいきます。現在はNのNougatです。

Lあたりから頭文字のみの呼び方も使われるようになりました。最初のCはCupcakeです。本書ではHのHoneycomb、LのLollipopとNのNougatあたりがよく出てきます。また、GingerbreadとIce Cream Sandwichは、GBとICSという略称がよく使われます。

バージョン番号との対応関係は結構適当で、Cupcakeが1.5、Donutが1.6と順に進むのですが、2.0のEclairの次は2.2がFroyoで、「2.1はどこ行った？」という感じです。なお、2.1もEclairと呼ばれていました。Honeycombに至っては3.0、3.1、3.2全部Honeycombです。

一見するとバージョン番号の方がわかりやすいのですが、違いがよくわからないのに数字が上がったり、大きな変更があったのになぜかマイナーバージョンだけ変わったりとバージョン番号の方は今一つ一貫性に欠けるので、大きな変更を表したい場合はコードネームの方が妥当なことの方が多いのも実状です。

Column

組み込みシステムとGUIのツールキット

AndroidがGUIのシステムだというのは今や当然と思うかもしれませんが、モバイルでGUIのシステムが当然になったのはかなり最近のことです。特にモバイルのプラットフォームでは、この豊富なツールキットを備えたGUIシステムの決定版というのは長らく存在していませんでした。

まず、iPhoneは言うまでもなく、豊富なGUIシステムを備えたモバイルシステムの

決定版と言えます。しかしながら、iPhoneはハードウェアもソフトウェアも両方Appleが持っていて他のメーカーなどが使えないので、まったく別の立ち位置となっています。

Symbian OSは、Androidが出た当時ならAndroidに遜色ないGUIシステムを提供していました。Windows Mobileは、Androidが出た当時ならAndroid以上に高機能なGUIシステムを提供していたかもしれません。ただ、GUIシステムとして十分な機能を提供できていたのはこの2つくらいで、またこの2つはタッチ対応が大きく遅れました。

この2つ以外のモバイルプラットフォームでは組み込みLinuxの上にGUIシステムを構築するのが一般的でしたが、GUIシステムは大きく2つの選択肢がありました。

❶ Q̇ t 系列のモバイル版を使う
❷ GTK+(*GIMP Toolkit*)をカスタマイズしてモバイル対応にする

❶はかなり有力で、組み込みLinux＋Qt系列が最終的な組み込みLinux勢の標準となると皆が思ったのですが、QtがNokiaに買収されてしまったり方針が二転三転したりして、皆がここに乗ってくる状態ではなくなってしまいました。今でも「あの時、組み込みLinux＋Qtで皆がまとまっていれば…」と悔しい想いをしているガラケーエンジニアは結構いることでしょう。

❷のGTK+の方は、そのままではモバイルに辛いということで各社大きくカスタマイズが入っていきましたが、音頭を取って標準のプラットフォームまで持っていけるだけの中心となる存在がなく、各社のカスタマイズが相当好き勝手やってしまった結果、1つのカスタムGTK+で作られたものを別のカスタムGTK+に移植するのは別のプラットフォームに移植するのとほぼ変わらないという状況になってしまいました。

また、当時のGUI開発では必須だったIDEサポートも、Windows Mobile以外はかなり弱かったのが実状です。初期のAndroidもUIエディタの出来は相当悪くて他のモバイルプラットフォームと五十歩百歩でしたが、Javaを採用することでEclipseが使えたのでIDEの出来としてはかなりライバルを引き離せました。また、初期のAndroidのGUIシステムのドキュメントは、その他のモバイルプラットフォームと同様非常にお粗末でしたが、ソースコードが公開されている所が違いました。Eclipseでステップインしていける範囲でもかなり多くのことがわかるというのは、初期の開発者がAndroidを支持した重要な理由でもあります。当時のモバイルの開発ではほとんど空っぽのドキュメントで、どうやっても期待通りに動かない不思議なAPIに対してひたすら試行錯誤を繰り返すのは実は一般的な光景でした。Androidのようにソースを読むことで実機での不思議な振る舞いの謎が大部分解けるというのは、画期的なことでした。

なお、現在のAndroidはUIエディタも相当に良くできていますし、グラフィックスハードウェアの活用も最先端、タッチ中心のシステムであるのは言うまでもなく、GUIシステムとしてはライバルになりそうなのはもはやiOSくらいしかいない、非常に洗練された環境へと進化しました。Apple以外の端末では実質GUIシステムでライバルはいないと言ってしまって良いでしょう。

GUIシステムだけが勝負を分けたわけではありませんが、GUIシステムが極めて重要な要素だったのは明らかです。

第1章 AndroidとGUIシステムの基礎知識

本書でも、バージョンがたくさん出てくる第7章以外では、大体コードネームの方を主体としています。コードネームをよく覚えていない時は、頭文字に着目して2009年のCから始まって2016年現在の最新版がNだということを踏まえてどの辺かを何となくイメージすると良いでしょう。

Column

Microsoft OfficeはWPFで書かれていない

「JavaのラッパーではなくてJavaで書かれている」というのは一見するとあまり違いはないと感じるかもしれませんが、これはAndroidととても共通点の多い.NETとWPF（Windows Presentation Foundation）と比較すると重要性がわかります。.NETとWPFは、登場時OSの多くの部分やMicrosoftから提供される多くのアプリケーションがWPFで書かれていませんでした。特にMicrosoft OfficeがWPFで書かれていないということは、WPFを期待していた開発者の多くを失望させました。その結果、WPFは開発者が必要とする機能がなかなか実装されず、パフォーマンスも遅いなど、実用上解決しなくてはならない多くの問題が長らく解決されませんでした。

一方で、Androidはシステムのパフォーマンスを向上させる過程で必要な改善がどんどん行われて、最終的にはJavaで凄く高速に動くアプリを開発できるようになりました。実際バイトコード実行環境の改善では、Google MapやGmailなど多くのGoogle製のアプリをターゲットに改善が行われています。これらのターゲットも、通常のAndroidのアプリ開発と同様にJavaを用いて皆と同じクラスライブラリを使用して開発されています。これらのターゲットを改善することは、自然とその他のアプリ開発者の作ったアプリの実行環境も改善されていくことになります。

AndroidがシステムのC++でアプリを書けるようにして自分たちだけC++でプレインストールアプリを作るということをやらなかったのは、Androidが真のバイトコードOSである証です。Androidはモバイルの世界でバイトコードOSを真の意味で実現した最初のプラットフォームである、と筆者は思っています。

プラットフォームを考える時に、提供元の人たちが使っているかどうかは重要です。初期のAndroidでいろいろな問題がありながらも、このテクノロジーに自分のエンジニアとしてのキャリアを賭けようという気を起こさせた重要な要因として、Googleから出てくるアプリがちゃんとAndroidの通常のアプリだったということは、いくら強調しても強調し過ぎることはないでしょう。

プラットフォームの提供元が使っていないテクノロジーは、必要な問題が解決されないまま長いこと放置されることがあります。そんなものに会社の浮沈をかけてソフトウェアを開発するなど、やはり行えません。もしAndroidのGUIシステムの多くがJavaで書かれていなかったら、きっと今頃はアプリの多くがC++で書かれるようになっていたと思います。

Column

Honeycomb Androidバージョン小話 ❶

　どれか一つバージョンについて想いを語れと言われたら、多くのAndroid開発者が挙げるのはHoneycombでしょう。Androidのバージョンについての小話を語っていく本コラムでも、トップバッターはやはりHoneycombです。

　Honeycombはタブレット用として開発の始まったバージョンです。本書で扱うハードウェアアクセラレーションを活かしたGUIシステムが最初に採用されたバージョンでもあります。

　率直に言ってHoneycombは非常に出来が悪く、Honeycombのタブレットは少し使っているとクラッシュしたり動かなくなったりするのが日常でした。使いものにならないため出荷の台数も非常に少なく、ソースコードは公開すると言いながら全然公開されず、APIの互換性も低いためなかなかメーカーの移行も進まず、その一つ前のバージョンのはずのGBがバージョンアップされてしまって、しかもこっちの出来は結構良かったため、しばらくHoneycombとGBは併存して開発が進みました。当時はHoneycombがタブレット用のバージョンでGBは携帯電話用のバージョンということになっていましたが、このような状態ではアプリ開発者は誰もHoneycombサポートをしないため全然普及しなかったことから、次のバージョンのICSで統合が果たされました。

　Honeycombの時には多くのAPIが変更となりましたが、この出来が極めて悪く、Honeycombを作った人達はAndroidというものをまったくわかっていないようにすら見えます。この出来の悪いAPIは今でも残っていて、Androidを開発していて「あれ？何でここうなっているの？おかしくないか？」と思って最初に入ったバージョンを見るとHoneycombというのは、もはやお約束と言っても良いレベルです。例えば、CursorLoaderがなぜかContentProviderに依存しているのはその最たるものです。Fragmentが以後のAndroidのアプリ開発に与えた影響も甚大です。1チームのプログラミングのレベルが、これほど広範囲の世界中のプログラマに長く深く影響を与えてしまった例もそう多くはないでしょう。

　不安定さとAPIの出来の悪さ、そして全然公開されなかったコードを合わせると、当時の開発チームの状況が想像できますね。Cupcake以降では最も大変だったバージョンがHoneycombだと思います。

　余談になりますが、当時筆者が友人と作っていたアプリはお絵描きアプリでした。Honeycombは最初にスタイラスがオフィシャルにサポートされたバージョンなので、我々も期待してHoneycomb対応を行いました。単なるバグとしか思えない大量の変な挙動を回避するためにいろいろなことをして、我々のアプリはGoogle Playで公開されている全アプリの中で、Honeycombでまともに動く唯一のアプリじゃないかなどと友人と冗談交じりに話したものです。実際、システム設定が起動しなくなった後でも我々のアプリは起動しました。

第1章 AndroidとGUIシステムの基礎知識

1.2 AndroidのGUIシステムの全体像と変遷
最初期からNougatまでの3区分

本節では、まずAndroidのGUIシステムの全体像を概観します。続いて、AndroidのバージョンとGUIシステムの変遷について見ていきます。

1.2.1 AndroidのGUIシステムの全体像について

前述の通り、本書はAndroidのGUIシステムについての本です。本書の特徴は、GUIシステムをAndroid側がどう実現しているかに焦点を当てている点です。本書はGUIシステムをどう使うかという本ではなくて、それがどのように作られているかという本です。

大雑把に本書の概略を描くと**図1.1**のような図になります。

図1.1 GUIシステムの全体像

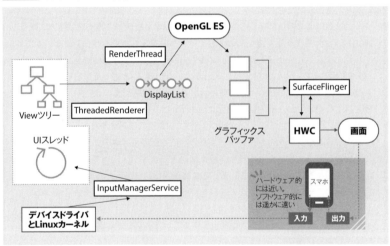

本章で登場するGUIシステムの全体像。入力のデバイスから始まって、Linuxのデバイスドライバ、InputManagerServiceと入力のシステムが続き、その後UIスレッドとViewツリーというGUIプログラムの部分に到達し、そこからThreadedRendererなどがOpenGL ES呼び出しを行って、その結果をSurfaceFlingerやHWC（*Hardware Composer*）が合成して画面に表示している。

入力にあたる左下の部分から始まって、長い長い行程を経て最終的に画面へと出力する、大きな図となっています。ただし、この図にはバイトコード実行

環境（第7章）が入りません。バイトコード実行環境はJavaで書かれているすべての部分に関わるので、このようなブロックの図では表せないからです。

本書の内容は基本的には本書執筆時点の最新版であるAndroid 7.0のNougatを対象としていますが、それぞれの部分が作られた時期は大きく異なります。GUIシステムは、それがおもに作られたAndroidのバージョンで3つのパートに分けられます。1.2.2項から1.2.4項にわたって3つのパートを順に取り上げていきます。

1.2.2

GUIシステムの基礎　Android初期からGBまで

GUIシステムの基礎とは「リソースでツリーを作り、タッチに対応したGUI部品を提供する」という部分です（**図1.2**）。Androidの初期から大体この形で、GBには完成していた内容となります。本書では第2章から第4章で、このGUIシステムの基礎的な部分を扱います。

図1.2　GUIシステムの基礎

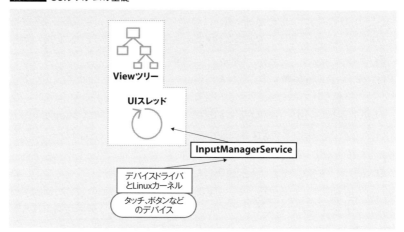

GUIシステムのうち、初期の頃に作られた構成要素。入力周辺の処理とUIスレッドでイベントの処理が提供され、Viewツリーやレイアウトの仕組みと合わせてViewの組み合わせによるGUIの構築を実現する。

GUIシステムには、大きく3つのテーマがあります。

❶イベント処理
❷レイアウト
❸描画

このうち、❶のイベント処理は第2章と第3章で扱います。❷のレイアウトは第

第1章 AndroidとGUIシステムの基礎知識

4章で扱います。❸の描画は基礎の時代よりも少し後に作られた所となるので、次項の「ハードウェアアクセラレーションを用いた描画処理」のパートで扱います。

　❶InputManagerServiceが、さまざまな入力デバイスのデバイスドライバからJavaの世界のイベントに変換し配信します。Androidはさまざまなデバイスをサポートするために、LinuxのInputサブシステムをうまく活用します。そうすることで、多様なデバイスのサポートという困難な仕事の多くをLinuxに任せることができます。このInputManagerService周辺を見ていくことで、LinuxとAndroidのつながりの部分を見ることができます。第2章ではこのInputManagerServiceの周辺を見ていきます。

　GUIのイベント処理と切っても切れない関係にあるのが、UIスレッドとメッセージループの仕組みです。と言うのは、メッセージループで実際にイベントの配信を行うからです。AndroidではLooperというクラスがメッセージループの実装となっていて、このLooperのメッセージループの底でInputManagerServiceからのイベントを受け取り、ループ内で配信します。

　また、別のスレッドからUIスレッドに処理を頼むHandlerというクラスもLooperと深くつながっています。第3章はUIスレッドとメッセージループについての処理を扱い、そこでHandlerについても説明します。第2章と第3章の両方を合わせると、イベント処理の仕組みの基礎がわかるようになっています。

　❷Androidのレイアウトは、Viewツリーを構築してこれをレイアウトすることで行います。Androidのレイアウトはmeasureとlayoutの2パスの構成となっていて、この単純な仕組みでさまざまな複雑なレイアウトが可能となっています。ひとたびViewツリーのレイアウトが終われば、このレイアウトされたViewツリーを用いて、タッチをヒット判定することでイベントを配信したり、描画を行ったりすることができます。第4章では、レイアウトとViewツリーについて扱います。

　❸Viewツリーのレイアウトが完成したら、各Viewを描画していきます。各Viewのdraw()メソッドを呼ぶと、その中で渡されるCanvasに対して描画関連のメソッドを呼んでいきます。このdraw()の呼び出しがどう画面に描かれるかは次の描画処理の話で、Honeycomb時代に完成した部分となります。

1.2.3 ハードウェアアクセラレーションを用いた描画処理　HoneycombからICSで完成

　Androidのスマホが軌道に乗った頃に、タブレットというデバイスが登場しました。それと同じ頃に画面の解像度も上がってきたのと、ハードウェアの性能が上がってきてグラフィックスに関する要求も上がってきたため、AndroidではHoneycombからICSにかけて描画周辺を刷新しました。本書の第5章と第6章で、このHoneycomb以降に刷新されたハードウェアアクセラレーションを

用いた描画システムの話を扱います。

ハードウェアアクセラレーションを用いた描画処理の概要を図1.3に示します。Androidの描画処理は、2つのレイヤに分けることができます。Viewツリーのdraw()をOpenGL ES呼び出しへと変換してOpenGL ESを呼び出す部分と、OpenGL ES呼び出しの結果を合成して実際に画面に描く部分です。

図1.3 ハードウェアアクセラレーションを用いた描画処理

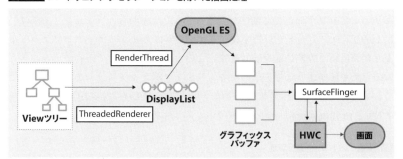

ハードウェアアクセラレーションを用いた描画処理。Viewのツリーから一度DisplayListというOpenGL ESの命令列を表すデータ構造を生成し、そのDisplayListを描画するという構成になっている。OpenGL ESの呼び出しは直接グラフィックスバッファに描かれ、それをSurfaceFlingerとHWCが合成する。

第5章では、その前の章で見たViewツリーのdraw呼び出しが、どのようにOpenGL ESの呼び出しに変わるのか、それを用いてどう高速なアニメーションを実現するかという話をします。

第6章では、OpenGL ES呼び出しが、実際にどのように画面に合成されるか、そのためのハードウェアやグラフィックスバッファの端末依存部とAndroid部のインターフェースがどうなっているのかを見ていきます。

グラフィックスのハードウェアを活かせるような構造になったことで、高い解像度でも半透明の描画や高速なアニメーションが実現できています。

1.2.4
AOTコンパイルとprofile guidedコンパイル LollipopからNougat現在まで

ICSまでで、ハードウェアアクセラレーションを用いたグラフィックスで高いフレームレートが出るようになると、今度は「たまに引っ掛かる」というのが気になってくるようになりました。また、アプリが肥大化していく過程でパフォーマンスに対する要求も高まりました。AndroidのGUIシステムはその大部分がJavaで書かれているため、GUIシステムの高速化のためにはバイトコード実行環境の高速化が欠かせません。

第1章 AndroidとGUIシステムの基礎知識

　そこで、LollipopからNougatにかけて、バイトコード実行環境の改善が大きく行われています[注4]。Lollipopから導入されたAOTコンパイル（*ahead-of-time compile*）はJIT時の引っ掛かりをなくし、またGCの改善と相まって高いフレームレートが安定するようになり、引っ掛かりがなくなりました。

　しかし、AOTコンパイルはシステムアップデート時にかなりの時間がかかるという問題がありました。同じ頃、Androidの普及に伴い、セキュリティ的なアタックのターゲットにされることも増えました。そのため、より頻繁なセキュリティアップデートの必要性が高まってきたことから、Nexusシリーズは月に1回のアップデートを目指すなどスマホ業界はセキュリティアップデートをより頻繁に行う方向に舵を切ります。このような、それまでの組み込みシステムの常識を覆すような最先端のセキュリティを備えるシステムを可能とするため、NougatからはすべてをAOTコンパイルするのではなく、AOTコンパイルとJITとprofile guidedコンパイルのハイブリッド構成となりました（図1.4）。

図1.4 バイトコード実行環境

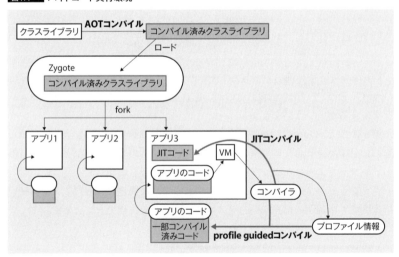

Nougatのバイトコード実行環境の全体像。全アプリで共通の部分はAOTコンパイルしたものを使い、それをZygoteがロード。アプリはここからforkすることでメモリを共有し各アプリはJITコンパイルを行いつつ、よく使う部分のプロファイル情報を集めて、よく使う部分だけ裏でprofile guidedコンパイルする。

　第7章では、これまでAndroidが遭遇したバイトコード実行環境での課題や

注4 本書では扱いませんが本文で言及している通り、引っ掛かる対策としてはこの他にGC（*Garbage Collection*）の改善もあります。

解決策を一つ一つ見ていき、現時点の最新版であるNougatのバイトコード実行環境について、その構成要素と個々の処理について詳細に解説します。

1.2.5
描画処理の概要

　作られた時代という切り口だとViewツリーやそのレイアウトと、そのツリーを描画するシステムは別の時代になるのですが、GUIシステムの描画という視点で見ると、この2つは合わせて1つのトピックです。

　本書では、GUIシステムの描画というトピックは、前述の通り第4章、第5章、第6章の3つの章で扱っています。これらの各章はお互い関連が深いのですが、各章を別々に見ていると、お互いのつながりがわかりにくい部分があります。

　そこで、ここでは作られた時代とは別の切り口で描画システムの全体像という視点から、各構成要素のつながりと、描画システム全体の中の位置付けを見ておきます(**図1.5**)。

図1.5 描画処理

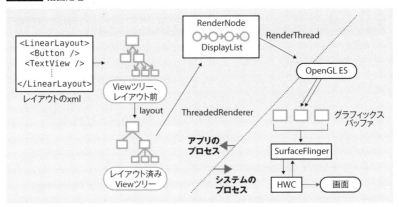

描画処理の全体像。レイアウトのxmlからViewツリーを生成、そのViewツリーを用いてRenderNode内にDisplayListを構築する。構築したDisplayListを解釈してOpenGL ES呼び出しを発行し、描かれたグラフィックスバッファをSurfaceFlingerやHWCが合成して画面に表示する。

Viewツリーとレイアウト

　描画は、まずViewツリーをレイアウトすることから始まります。レイアウトはViewのツリーに対して行われます。Viewがボタンやテキストフィールドなどの GUI部品を表し、アプリ開発者はこれらのViewを組み合わせてアプリの画面を構成します。Viewツリーはレイアウトのリソースファイルに記述して、そこから生成します。生

成されたViewツリーを、measureとlayoutという2つのパスでレイアウトします。

レイアウトが終わると、次は描画を行います。描画を行う時は、Viewのツリーから見るとViewのツリーを辿ってdrawが呼び出されていくので、そこで渡されるCanvasに自身のViewで必要な描画を行います。ここまでが第4章の内容となります。

DisplayListの構築とOpenGL ES呼び出し

このViewツリーを巡回してdrawを呼んでいくのが、ViewRootImplの保持するThreadedRendererというクラスです。ThreadedRendererがレコーディング用のCanvasを生成してViewのdraw()メソッドに渡していき、結果をRenderNodeというオブジェクトに格納していく様子を第5章で見ていきます。

描画はViewのdraw()メソッドの時点では行わずに命令列を保持するだけにして、実際の処理は別のスレッドで非同期に行います。UIスレッドで行う描画の時間を最小限に抑えて、時間のかかる実際の描画処理は別のスレッドで行う

Column

デスクトップでのグラフィックスハードウェア活用とWindows Vista

かつてデスクトップのGUIシステムとして圧倒的なシェアを持っていたのが、Win32 APIのシステムです。Win32 API自体はWindows 3.1やそれ以前から存在していたのですが、一般的に普及したのは1995年のWindows 95からだと思います。

この時点ではAndroidで言うところの2.3 Gingerbreadまでのものと似たシステムで、各ペイント用のイベントで直接画面に描くシステムでした。このGUIシステムはシンプルですが、グラフィックスハードウェアをうまく使うことはできません。このシンプルなGUIシステムはWindows XPまで続きました。

Windows Vistaからは本書で扱う、Android 3.0 Honeycomb以降のAndroidのGUIシステムと似たシステムとなっています（もちろん時代的にはAndroidの方が真似しています）。また、WPFというマークアップとツリーを用いたシステムを提供していて、これはAndroidやWebなどと似た開発スタイルでの開発を可能にしています。細部は違いますが、Honeycomb以降のAndroidのGUIシステムは、このVistaと同世代と言えそうです。

Windows Vistaは2006年リリースなので、1995年に登場したGUIシステムが2006年にグラフィックスハードウェアを活用するように刷新されるまで10年近くかかっていますが、Androidは2009年に1.5がリリースされてHoneycombのリリースが2011年なので、わずか2年で10年近くのWindowsの歴史を高速に追体験したことになります。このスピードは驚きですね。

ことで、イベント処理やアニメーション処理のためにUIスレッドを常時空けておくことが可能になります。これが、応答性の良いイベント処理やなめらかなアニメーションを実現するための助けとなります。RenderNodeに格納される命令列の実体は、OpenGLの命令列を表すDisplayListというものです。

　ThreadedRendererは、DisplayListを生成するまでが仕事です。生成されたDisplayListを画面に描画するのは、RenderThreadというクラスが担当します。RenderThreadは名前の通り独自のスレッドで動き、DisplayListを解釈して、実際のOpenGL ESのAPI呼び出しを行っていきます。ここまでが第5章の内容です。

EGLによるグラフィックスバッファ指定とSurfaceFlingerによる合成

　OpenGL ESの呼び出しが何に描かれるかを指定するのが、EGLです。EGLで指定する対象は、grallocで確保するグラフィックスバッファとなっています。gralloc、EGL、OpenGL ESは端末移植者の実装する部分となり、Androidとしてはこれらのモジュールが実装されているという前提で、これらのモジュールを用いてGUIシステムを構築します。

　そして、EGLで指定した対象にOpenGL ESで描画した後、合成を行うのがSurfaceFlingerの仕事となります。SurfaceFlingerはHWCという合成用のハードウェアを最大限使いつつ、足りない部分はソフトウェアで補って、グラフィックスバッファを合成して画面に表示します。以上が第6章の内容となります。

描画処理のまとめ

　このように、AndroidではViewツリーを用いてDisplayListを構築し、それを描画用のスレッドが解釈してOpenGL ES呼び出しを行います。そのOpenGL ES呼び出しをSurfaceFlingerが合成して画面に出しているというのが、Androidの描画システムの全体像です。

1.3
[速習]本書で登場するAndroidの構成要素のうち、GUIシステム以外の部分
Activity、ActivityThread、プロパティ、Binder、システムサービス

　本書のテーマはAndroidのGUIシステムです。本書ではAndroidの中で、なるべく関連のない部分が入らないように解説を行っていますが、Androidの中でGUIシステムだけが独立して存在しているわけではないので、どうしても直接はGUIシステムと関連の薄い部分も一部入ってしまいます。

第1章 AndroidとGUIシステムの基礎知識

そこで本節では、「本書で少し登場してしまうが本書で扱うほどGUIシステムと近いわけでもない部分」について、簡単に概要を説明します[注5]。

ここで解説するのはAndroidで、「GUIシステム以外だが本書で登場する部分」です。いずれも最低限の説明に留めていますので、扱っている話題にまとまりがなく散漫に思えるかもしれません。読んでいて今一つ何の話をしているかよくわからないと感じたら、ざっと項目だけ確認した上で先に進み必要に応じて戻ってきてもらえたらと思います。

1.3.1
Activity

Androidには「Activity」というものがあります。Activityとは、画面を占有し何かの機能を提供する再利用の単位のことです。

アプリ開発者はActivityを継承して実装し、この継承したクラス名をAndroidManifest.xmlというマニフェストファイルに記述することで、Androidにアプリとして認識させることができます。簡単なHello Worldなどのアプリでは、開発者が実装するのはActivityのサブクラスだけなのが一般的です。つまり、まったくの初心者にとっては「アプリ==Activity」と言っても良いほどに、Androidにおいては重要なクラスとなります。

Activityの実装側の詳細については本書では扱いませんが◇、本書を読む上で必要な基本はここで簡単に説明しておきます。

Activityとスタック

Activityは組み合わせることができて、関数呼び出しのように結果を取得することができます。例えばお絵描きアプリがファイルを開く時には、ファイラーのアプリのActivityに「ファイルを選んでくれ！」とお願いし、ファイラーでファイルを選んだ結果を取得することができます。

なお、ActivityからさらにActivityを呼んで、そこからさらにActivityを呼んで…というふうに、関数のように多段に呼ぶこともできます。関数のように多段に呼ぶことができるので、当然関数のように呼び出しスタックに相当するものが必要になりますが、このスタックもAndroidが提供しています。

裏に行ったActivityとkill 表と裏のActivity

Activityは画面を占有するものなので、他のActivityを呼び出すと、呼び出し

注5　ここで扱う内容の多くは、第Ⅱ巻で詳細に扱います。

た他のActivityが画面の上に載ることになります。この呼び出しスタックの1番上にいるActivityが画面を描くことになるのですが、この1番上にいるActivityを「表にいるActivity」と呼び、スタックの2番めより下のActivityを「裏に行ったActivity」と呼んでいます。Androidでは裏に行ったActivityは、メモリが不足してくるとプロセスごと容赦なくkillされます。

もちろん裏に行ったActivityもやがては表に戻ってくるわけで、この時に「プロセスがkillされたままなのでクラッシュします」では困ってしまいます。そこでkillされたプロセスが表に来る時には、半自動的に再開する仕組みがAndroidにはあります。

開発者は「裏に行ったActivityはkillされることがある」ということは知っている必要がありますが、その事実を知った上で、コールバックの作法に従ってActivityを書くと、killされた場合とそうでない場合でコード上はほとんど違いが出ないように書くことができて、メンテナンスが比較的容易になるように配慮されています。

そのコールバックの作法が「Activityのライフサイクル」(*Activity Lifecycle*)と呼ばれるものです。

Activityのライフサイクル

はじめに、アプリ開発者の視点から見たActivityやActivityのライフサイクルに関しては、公式のドキュメントが参考になります。アプリの開発者の方なら、このページを何度も読んだことがあるでしょうし、実装の上でいろいろ苦しんだこともあることでしょう。

URL https://developer.android.com/guide/components/activities.html#Lifecycle

さて、Activityには、その状態に応じた「ライフサイクル」という概念があります(図1.6)。

Activityが作成されるとonCreate()が呼ばれて、それに続きonStart()、onResume()が順番に呼ばれて、その後、前面で通常の対話的な処理を行う状態となります。

それからホームボタンや別のActivityが上に来るなどして自身のActivityが前面ではなくなる時には、onPause()とonStop()が呼ばれます。この状態でまた前面に来るとonRestart()、onStart()、onResume()などが呼ばれて通常の処理状態になります。

そして、裏にある状態でプロセスがkillされるとonCreate()、onStart()、onResume()などが呼ばれて、さらにonRestoreInstanceState()なども呼ばれます。

開発者は細かいことを気にしなくても、このライフサイクルに沿ってコールバックを実装しておくと、Androidが裏に行ったプロセスをkillしたり、それを再生成したりすることをそれほどは意識せずに、まるでずっと立ち上がり続け

第1章 AndroidとGUIシステムの基礎知識

図1.6 Activityのライフサイクル

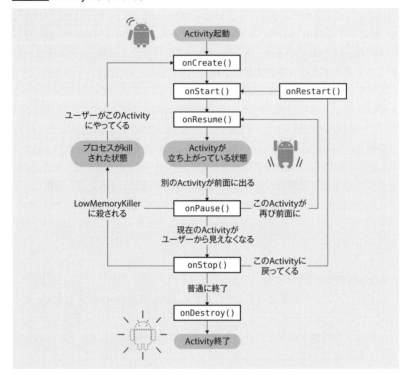

画面の前面に出ているか、背後に回ったかをコールバックで通知している。それに合わせてプログラミングをすると、裏に回っている時にkillされて、表に出てきた時に再生成されるケースにも比較的簡単に対応できる。

ているかのように開発ができる、というのがライフサイクルの考え方です（現実は、そう甘くはありませんが…）。

　これらの各メソッドの詳細な意味や、それぞれのメソッドが呼ばれる条件などはかなり細かい話となる上に本書の内容からは不要なので扱いませんが、Androidのアプリ開発においては重要なポイントであり、初めてAndroidのアプリを作ろうとする開発者は、このライフサイクル周辺のドキュメントを理解しておく必要があります。

　本書との関わりでいくと、一番重要なのはonCreate()です。普通Activityを開発する時は、onCreate()でViewツリーを構築してActivityにセットしておきます。すると、AndroidがこのViewツリーに対応したIWindowというものを生成して管理し、画面に表示してくれます。onCreate()で生成しておいたViewツリーがどうAndroidで処理されるのかについては、6.5.2項で扱います。

ActivityThreadとmainメソッド

　前項で説明したActivityは大抵の入門書に書いてあると思いますが、本項で説明する「ActivityThread」はほとんどの入門書に書いていないと思います。と言うのは、Activityは開発者が継承するものですが、ActivityThreadはクラスライブラリのものを皆が共通して使うことになる上にフレームワークが使う部分の処理を行ってしまうので、あまり開発者には接点がないからです。しかし、本書では重要な役割を果たします。

　ActivityThreadはアプリのエントリポイントとなるクラスで、バイトコード実行環境の初期化が終わって最初に実行されるクラスがこのActivityThreadです。そして、ActivityThreadの`static void main()`な`main()`メソッドが、バイトコード実行環境の初期化が終わった後に最初に呼ばれるメソッドです。ActivityThreadには、おもに3つの役割があります。

❶UIスレッドとなるメッセージループを回す
❷UIスレッドでActivityのライフサイクルに関する処理を行う
❸アプリのプロセスのエントリポイントとなる main() メソッドを提供する

　❶のUIスレッドとイベントループは、第3章で扱います。第3章で登場するLooperを実際に呼び出すのが、このActivityThreadのmain()メソッドになります。

　❷のライフサイクルに関する処理とは、いくつかの下準備を行った上でActivityのstart、stop、suspend、resumeといったメソッドを呼び出していくということです。本書の範囲では、ActivityThreadのresume処理を担当するhandleActivityResume()の所で、ViewツリーをWindowManagerServiceに登録しているというのが、重要なポイントになります（6.5.2項で後述）。

　❸について、アプリが開始される時にはActivityThreadのmainメソッドが、Javaの世界で最初に呼ばれるメソッドになります。このActivityThreadのmain()メソッドが実際にアプリのapkをロードしてActivityを開始します。後述するZygoteがforkした後に最初にロードして実行するのが、このActivityThreadクラスのmain()メソッドです。コードを見ると、以下のようになっています。

```
ActivityThreadのmainメソッド
public static void main(String[] args) {
    // ❶Looperの初期化処理。3.2.2項で扱うprepareとほぼ同じメソッド
    Looper.prepareMainLooper();

    // ❷ActivityThreadのインスタンスを作って、ActivityManagerServiceと接続する
    ActivityThread thread = new ActivityThread();
    thread.attach(false);
```

```
    // ❸メッセージループ。このループは無限ループ
    Looper.loop();

    // ここには永遠に来ない
}
```

　各処理の詳細は置いておいて、❶と❸でLooperというクラスを使ってloop()というメソッドを呼び出していることを見ておいてください。Looperは、メッセージループを回すクラスです（第3章で後述）。

　このmain()メソッドが、1.3.6項で後述するZygoteがforkした後に最初に呼ばれるメソッドとなります。

　なお、❷の所でapkの情報とプロセスが結合します。以後、ActivityThreadはActivityManagerServiceと協力してActivityのライフサイクルを実現しています。ActivityManagerServiceとの連携の部分の処理の詳細は本書では扱いません◇。本書の範囲ではこのActivityThreadクラスが、

❶メッセージループを回している
❷Activityのライフサイクルに関する処理の起点となっている
❸アプリのエントリポイントとなっている

の3つのことをしている、あたりを押さえておけば十分です。

1.3.3
プロパティによる設定の管理

　Androidには「プロパティ」（*property*）という、システムの設定を覚える機能があります。Windowsで言うところのレジストリのようなものです。

　キーと値があって、キーに対応付けた値を取り出すことができます。Androidのadb shell（*Android Debug Bridge shell*）などのシェルには、getpropやsetpropなどのコマンドが提供されていて、プロパティの値を読み書きすることができます。

　例えば、getpropコマンドを実行すると以下のような出力となります。

```
getpropの例
$ getprop
[dalvik.vm.dexopt-flags]: [m=y]
[dalvik.vm.heapgrowthlimit]: [64m]
[dalvik.vm.heapsize]: [256m]
[dalvik.vm.heapstartsize]: [8m]
[dalvik.vm.stack-trace-file]: [/data/anr/traces.txt]
[debug.hwui.render_dirty_regions]: [false]
[dev.bootcomplete]: [1]
...
```

Androidの設定画面から設定する内容の多くは、このプロパティに保存されます。また、現在割り振られているIPアドレスなどの情報もここに記載されます。

本書で登場するプロパティの使われ方の例としては、grallocの共有ライブラリのファイル名を取得する所でro.hardwareプロパティの値に応じてロードする共有ライブラリを切り替えるという例が挙げられます。

また、実験的機能はプロパティでon/offできるようになっていることが多く、本書の例ではprofile guidedコンパイルを有効にするか無効にするかはプロパティで設定できます[注6]。

プロパティの処理はinitプロセスが行います◇。本書の範囲では、プロパティというシステムを保存する仕組みがあるということだけ理解しておけば、実際の値や付随する機能などは知らなくても問題ありません。

1.3.4
Binderとシステムサービス

Androidには「Binder」という分散オブジェクトの仕組みがあります。Binderは、以下の2つを気にせずにオブジェクトを呼び出す仕組みです。

❶オブジェクトが動いているプロセス
❷実装されている言語（C++かJavaのどちらか）

Androidでは、このBinderを用いた分散オブジェクトとして機能を提供するオブジェクトを「システムサービス」と呼んでいます。本書でも、いくつかのシステムサービスが登場します。第2章のInputManagerService、第6章のSurfaceFlingerとWindowManagerServiceとmediaserver、第7章のBackgroundDexOptServiceなどがシステムサービスです。

システムサービスは1つのプロセスに複数のシステムサービスが存在できる、という特性があります。システムサービスがプロセスに存在することを、そのプロセスにホストされると言います。同じプロセス内にホストされているサービス同士だと、呼び出しも単なる仮想関数呼び出しで高速に行うことができます。プロセス自体も資源を消費するものなので、なるべく1つのプロセスに大量のサービスを詰めると資源をあまり用いず効率的なシステムとなります。その反面、そのプロセスにいろいろなものが集中してしまい、ハードウェアスレッドの有効利用やセキュリティなどで問題が起こります。

注6　ただし、設定できるからといって設定したら動くとは限りません。いくつかのプロパティは、設定を変更すると壊滅的な状態になって起動すらしなくなります。

第1章 AndroidとGUIシステムの基礎知識

Binderの仕組みとそれを用いたシステムサービスの全体像についての話は、それだけで1冊の本になるほどなので本書では扱っていません[注7]。

ただし、Binderの仕組みで2つほど本書を読む上でも知っておくと良いことがあります。

❶ ファイルディスクリプタを別のプロセスに送ることができる
❷ オブジェクトを転送する時にはハンドルというint値が送られるだけで、実体は送られない

❶ Binderはデバイスドライバで実装されているので、カーネルのデータ構造にアクセスできます。そこで、お互いのプロセスのファイルディスクリプタテーブルを操作することができるのです。この仕組みを使って、第2章のInputManagerServiceがsocketpairを送り、第6章のViewRootImplがそのディスクリプタを受け取っています。

❷ Binderではオブジェクトを転送する時はハンドルが送られるだけで、オブジェクト自身は送られません。ハンドルは単なるint値なので転送されるものは数バイトとあまり大きくありません。ハンドルを渡されたプロセスは、このハンドルをプロキシオブジェクトと呼ばれるオブジェクトと合わせて使うことで、このハンドルの表すオブジェクトが存在するプロセスでそのオブジェクトを呼び出すことができます。

ハンドルを送るだけで実体が送られるわけではないことは、第6章でグラフィックスバッファがどれだけコピーされるかを考える時に重要になります。

1.3.5
SystemServerとsystemユーザー

システムサービスはJavaで実装されていようとC++で実装されていようと、同じように使うことができます。そこでシステムサービスには、Javaで実装されたものとC++で実装されたものの両方があります。

Javaで実装されたシステムサービスは、ほとんどはSystemServerというクラスから起動されます。プロセスとしてはsystem_serverプロセスという名前が付いています。このSystemServerを実行しているLinuxの意味でのユーザーは、systemユーザーになります。systemユーザーは比較的高い権限で、システムに関わる作業を行うユーザーです。本書で登場するシステムサービスの中では、第2章のInputManagerService、第6章のWindowManagerService、第7章のBackgroundDexOptServiceなどがsystem_serverプロセスにホストされている

注7　Binderについてのいきさつや解説は、本書のサポートページを参照してください。

システムサービスとなります。

かつては、ほとんどのシステムサービスがJavaで書かれて、system_serverプロセスにホストされていました。しかし、時代とともにsystem_serverプロセスから分離していき、現在ではsystem_server以外にもたくさんのシステムサービスをホストしているプロセスがあります。システムサービスは、ホストされているプロセスも実装されている言語も呼び出し側からは重要ではないという素晴らしい性質があるので、システム全体にあまり影響を与えずにシステムサービスの一部を置き換えていくことができます。

p.252のコラムで述べる「stagefrightバグとAndroid 7.0 Nougatでの

Column

Unixドメインソケットとsocketpair

本書ではネットワークは扱わないため、ソケットはマシン内での通信にのみ使われます。ソケットは一般にはさまざまな通信をサポートするため複雑なインターフェースとなっていますが、本書で登場するソケットはUnixドメインソケットのみで、しかもすべてコネクションがあるタイプという最も簡単なものだけとなっています。そこで、本書で登場するソケットのプログラミングに絞ることで、ソケットの話を簡単にしておこうと思います。

マシン内だけでプロセス同士の通信でのみ使うためのソケットとして、Unixドメインソケットというものがあります。Unixドメインソケットは、ネットワークに必要なさまざまな機能を排除することで、効率的に、シンプルに動きます。本書で登場するソケットはすべてUnixドメインソケットです。

ソケットはファイルディスクリプタとして実装されていて、epoll()などで他のI/Oと一緒に待つことができます[※]。また、AndroidのBinderはファイルディスクリプタを送ることができるという機能があるため、このソケットのファイルディスクリプタもBinderで別のプロセスに送ることができます。

そして、比較的マイナーだけど本書では重要なUnixドメインソケットの一種に、socketpairというものがあります。socketpairは名前の通りソケットのペアを生成するAPIで、片方に書いたものを、もう片方から読むことができます。forkの前にsocketpairを作っておいて、子プロセスでこの片方のsocketpairにwriteして、親プロセスでもう片方のsocketpairをreadしたりすることで、親プロセスと子プロセスの間の通信に使えたりします。

本書の内容ではInputChannelなどがこのsocketpairを用いています。第2章のInputManagerServiceが片方のソケットにwriteして、第6章のViewRootImplがもう片方のソケットをreadすることで、タッチなどの入力をViewに届けます。

※ epoll()についてはp.54のコラムを参照のこと。

MediaFrameworkの改善」などは、本書原稿執筆時点2016年12月時点でこの書き換えが現在進行形で進められている実例と言えます。

1.3.6 Zygoteによるアプリの開始

　Javaのアプリを実行するためには、クラスファイルをロードしたり実行環境を初期化したりといった、どのアプリでも行わなくてはならない共通の初期化作業がたくさんあります。

　そこでAndroidでは、バイトコード実行環境の初期化を終えて、クラスライブラリなどの皆が共通で使うコードをロードした状態で待機するプロセスを用意し、新たなアプリを起動する時にはこのプロセスをforkして開始することにしています。こうすることで、巨大なクラスライブラリのメモリも共有されて、起動も素早く行えます。

　この待機しているプロセスをZygoteと呼びます。発音は[zaigout/záɪgoʊt]で、カタカナだと「ザイゴート」という感じでしょうか。意味は遺伝子の接合子（最初の細胞）とか受精卵とかそういった感じらしいです。Zygoteは必要な初期化が終わった後はソケットで要求を待って、要求があったらforkしてActivityThreadのmain()を呼び出します。以後の処理はActivityThreadが行います。

1.3.7 init.rcから起動されるシステムサービスとデーモン達

　Androidでは、システムサービスやデーモンなどの多くはinit.rcと呼ばれるファイルから起動します。本章で登場するシステムサービスやデーモンも例外ではありません。システムサービスやデーモンの起動時の引数などを調べるには、このinit.rcを見ていく必要があります。ここでは簡単にinit.rcの概要と、起動されるサービス達のうち本書で登場するものを眺めておきましょう。

Column

fork()システムコールとプロセスの生成

　Linuxも含めUnix系のOSでは、新たなプロセスはfork()系のシステムコールで作成します。いくつかあるfork()系のシステムコールのうち、本書で一番関連があるのはノ

ーマルのfork()なので、以下ではこのfork()システムコールについて説明します。

fork()システムコールを呼び出すと、概念的にはプロセスが丸ごともう1つコピーされて、コピーされた方のプロセスはfork()を呼んだ次の行から実行が開始されます。fork()システムコールのコードが特別に慣れていないと読みにくいのは、「forkを呼び出しているプログラムもコピーされる」のが原因だと思います。プログラム自身もメモリにあるため、プロセスをコピーするとそのプロセスで実行中のコードもコピーされます。そして、子供のプロセスも親のプロセスも同じプログラムを実行していきます。1つのコードが2つのプロセスに分かれて実行される、その辺がforkのコードが特殊に感じられるポイントでしょう。例を見てみましょう。

> **forkのサンプルコード**
> ```
> printf("ここは親プロセスのみ\n");
> 
> int pid = fork(); // ❶ここで子プロセスが作られる。
>                   // 以後のコードは親プロセスも子プロセスも実行される
> 
> printf("ここは親も子プロセスも、両方実行される。だから2回出力される。\n");
> 
> if(pid == 0) {
>     printf("子プロセスの時は、forkから0が返ってくる\n");
>     pirntf("だからここは子プロセスしか実行されない\n");
> } else {
>     printf("親プロセスの時はforkからは生成される子プロセスのpidが返ってくる\n");
>     printf("だからこちらのブロックは親プロセスしか実行されない\n");
> }
> printf("ここは親も子もどちらも実行される。つまり、この行も2回実行される。\n");
> ```

このように、forkを呼んだ所から先は親と子のプロセス、2つのプロセスで同じコードが実行されます。ローカル変数などの状態もすべて同じ値で、fork()システムコールの戻りの値だけが異なります。そこで、この戻り値に応じて親プロセスと子プロセスの処理を手動で分けるわけです。

forkがこのようなヘンテコなプロセスの生成の仕方をするのは、いろいろな事情がありますが、一番のポイントとしては、親のプロセスと子のプロセスで、資源の共有が簡単にできることが挙げられます。例えば、開かれているファイルのディスクリプタは、すべてリファレンスカウントを増やしてコピーされるだけで済みます。

メモリの領域も最初は共有されて、どちらかのプロセスで書き込みが行われた時に初めて2つに分裂します。この挙動をcopy on writeと言い、第7章のZygoteを考える上では重要なポイントとなります。

通常親プロセスと子プロセスで同じコードを実行すると相当ややこしいので、多くの場合、子プロセスでは無限ループなり何なりでまったく違うコードが実行されるのが普通です。ソースコード上は両方のコードが目に入るのでややこしいのですが、子プロセスの分岐からは戻ってこないことが多いということに慣れてくるとソースを読むのも楽になります。

第1章 AndroidとGUIシステムの基礎知識

▍init.rcファイルの今と昔　mount_all

　Androidではinitプロセスの初期化が終わると、引き続きinitプロセスはAndroid独自の初期化スクリプトの文法で書かれたinit.rcファイルを読み、それを実行していきます。AndroidのMarshmallowまではinit.rcファイルとそこから明示的にimportされる.rcファイルにすべての必要な初期化が全部書かれていたのですが、7.0 Nougatから mount_all というコマンドが実行されると、マウントされたファイルシステムの特定のフォルダにあるrcファイルも読み込み実行されるようになり、init.rcの中身も複数のファイルに分割されるようになりました。以下の場所にあるファイルが mount_all 時にロードされます。

- /system/etc/init/
- /vendor/etc/init/
- /oem/etc/init/

　説明する時は上記の事情を一々説明するのも面倒なので、本書ではinit.rcから起動されるサービスも mount_all 時に自動読み込みされる.rcファイルからの起動されるサービスも区別せずに「init.rcから起動」と呼んでしまうことにします。
　init.rcは、多くのシステムサービスが起動する起点となるファイルです。ネイティブの多くのサービスはここから起動します。そこで、このスクリプトファイルの文法や処理の詳細にまでは踏み込みませんが◇、本書で登場するサービスやデーモンの起動周辺を理解できる程度には簡単に説明しておき、関連するエントリも軽く見ておくことにします。

▍serviceセクション

　init.rcでのシステムサービスやデーモンの起動は、serviceというセクションで記述します。serviceの記述は以下の形で行います。

```
service <name> <pathname> [ <argument> ]*
    <option>
    <option>
    ...
```

　この記述の詳細は第Ⅱ巻で扱いますが、このserviceセクションの記述がどのような実行ファイルをどのような引数で実行するか、あたりが読めるようになっておくと以下の説明で便利なので簡単に説明しておきます。
　例として、surfaceflingerのサービスを見てみましょう。surfaceflingerは、画面を表示するためのシステムサービスです。第6章で扱います。surfaceflingerのserviceセクションは、次のようになっています。

Column

Androidの「サービス」 4つの「サービス」

　本書で言う「サービス」はAndroidの用語ですが、なかなか定義の難しい言葉です。と言うのは、微妙に似ているけれど違う4つのことを皆サービスと呼ぶからです。

　❶1つめは「システムサービス」です。システムサービスとは、システムの機能をServiceManagerを通して公開しているものとなります。本書で登場するシステムサービスとしてはInputManagerService、WindowManagerService、SurfaceFlingerなどがあります。システムサービスについては1.3.4項で簡単に説明しました◇。

　❷2つめには、ActivityManagerServiceに管理される「Service」というものがあります。皆さんが普段アプリ開発の時に実装するJavaのServiceは、この2番めのServiceのことです。本書ではこれを「SDKのService」と呼ぶことにします。基本的にはこのJavaのServiceクラスは、システムサービスとは関係がありません。ただし、Binderを用いたプロセス間通信の仕組みはシステムサービスと共通のため、まったく関係ないと言い切るのも少し抵抗があり、その辺の煮え切らない態度が事態をややこしくしています。本書では、このSDKのServiceはシステムサービスとは関係ないという立場をとります。本書では7.5.4項で登場するBackgroundDexOptServiceなどがSDKのServiceにあたりますが、あまり登場回数は多くありません。

　❸3つめは、init.rcで定義されるserviceセクションです。これは任意のネイティブのデーモンを、名前を付けて起動や再起動などの管理をできるようにするための仕組みです。このserviceセクションにはシステムサービスの実行ファイルがかなり含まれています。ややこしいことに、システムサービスではない単なるデーモンも結構あります。

　❹4つめには、これらサービスとはまったく関係ないけれど、システムの機能を提供するものを漠然とサービスと言ったりします。例えばinitはプロパティのサービスを提供するなどとはよく言われますし、ソースの中でも例えばstart_property_service()などとサービスという言葉が使われていますが、このプロパティは上記のどの意味でもサービスではありません。

　これら4つのかなり異なるものが、Androidの文書ではどれも「サービス」と区別なく呼ばれる傾向にあります。技術的にはそれぞれかなり異なったものです。ただし、多くの場合1つのトピックでそれらが混在することはないので、ひとたびどのサービスのことかがわかれば、そのページの中では混乱がないことがほとんどとなります。

　本書でサービスと言った時は、❶か❸のどちらかです。init関連の話をしている時には❸のサービスとなり、それ以外の場所では❶のシステムサービスとなります。なお、surfaceflingerなどは❶と❸の両方なので、どちらの意味でサービスと言っているかという区別にはあまり意味はありません。ややこしい所ではなるべくシステムサービス、SDKのService、initのサービスと呼び分けることにし、❹の用途はなるべく使わないことにします。

第1章 AndroidとGUIシステムの基礎知識

```
surfaceflingerのserviceセクション
# ❶surfaceflingerという名前のサービスを定義
service surfaceflinger /system/bin/surfaceflinger
    # クラスはcoreクラス (クラスは複数のサービスをまとめて止めたり立ち上げたりする時に使える)
    class core
    # ❷このサービスを実行するユーザーはsystemユーザー
    user system
    # ❸このサービスを実行するグループはgraphicsとdrmrpc
    group graphics drmrpc
    # ❹surfaceflingerを再起動する時は、zygoteも再起動する
    onrestart restart zygote
```

❶サービスの名前を定義します。ここではsurfaceflingerという名前です。名前の次に、このサービスを開始する時に実際に実行するファイルのパスが書いてあります。この場合は/system/bin/surfaceflingerが実行ファイルのパスです。

❷❸このサービスを実行する時に、どのuidで実行するかを指定します。initプロセスはrootユーザーのプロセスとして動いているけれど、そこから起動するserviceはもっと権限の弱いユーザーで起動する場合が多く、その場合はここで記述します。uidについては一般のLinuxのuidと同じものです。

❹init.rcから起動するプロセスは、親プロセスとなるinitが異常終了時などの管理を行い、そのサービスを再起動する時に、合わせて再起動が必要となる依存しているサービスなどの再起動も指定できます。本書では特に重要ではないので、これ以上は説明しません◇。

本書の範囲ではこのうちおもに❶が重要で、他はあまり見る必要はありません。

もう一つ例を見てみましょう。これはinstalldというサービスのエントリです。installdはおもにアプリのインストール周辺で活躍するデーモンで、アプリのインストールは本書の範囲外ですが◇、本書の中でも7.5節のprofile guidedコ

Column

Flingerとは何か?

筆者の英語力が低いだけかもしれませんが、「Flinger」「Fling」という単語はネイティブでない我々にはあまり馴染みのない単語に思います。しかしながら、AndroidではSurfaceFlinger、AudioFlingerなど、いくつかのシステムサービスでFlingerという言葉が使われています。Flingは投げつけるのような意味で、SurfaceFlingerは表示関連のデータをSurfaceに投げつけるもの、AudioFlingerは音声関連のデータをAudioシステムに投げつけるもの、のような意味のようです。

ンパイルで、このinstalldが登場します。

```
installdのserviceセクション
service installd /system/bin/installd
    class main
    # installdというファイル名でソケットを作成
    socket installd stream 600 system system
```

ここでsocket... という行が出てきました。この行は先頭から、

- パケットではなくてストリームのソケット
- 権限は600で
- 所有者はsystem
- 所有グループもsystemグループ

でソケットを作成、という意味になります。

　initはinstalldサービス用にプロセスをforkした後、実行ファイルをexecveする前に、socket行で指定されたソケットを生成し、環境変数のANDROID_SOCKET_installdなどの名前にこのソケットのfdを入れます。各デーモンは、このソケットのディスクリプタをandroid_get_control_socket("installd")という呼び出しで取得することができます。

　initから起動されるサービスの多くは、このようにして作られたソケットをlistenし、外部からメッセージが来たらそれを処理するというふうに振る舞います。そこで、init.rcにソケットを生成するという共通の仕組みが入っているわけです。このサービスを使いたいクライアントは、/dev/socket/installdというパスのソケットに対してメッセージを送れば、installdに目的の動作をさせることができます。どのようなメッセージを送るかは各サービスが勝手に決めていて、Androidとしては特に標準化はされていません。

　以上でserviceセクションの文法についての概要は、説明が終わりました。次に、本書で登場するサービスやデーモンを起動するためのserviceセクションの記述を抜粋していくことで、本書で登場するサービスやデーモンについて眺めていきましょう。

Zygoteサービス

　Zygoteについては1.3.6項で説明しました。すべてのJavaのアプリの起点となるサービスです。Zygoteを起動するサービスのエントリは、以下のようになっています。

第1章 AndroidとGUIシステムの基礎知識

```
# serviceの名前はzygoteとなっているが、実行ファイルは/system/bin/app_processとなっている
service zygote /system/bin/app_process -Xzygote /system/bin --zygote --start-system-server
    class main
    socket zygote stream 660 root system
    onrestart write /sys/android_power/request_state wake
    onrestart write /sys/power/state on
    onrestart restart media
    onrestart restart netd
```

　サービスの名前は「zygote」なのに、実行ファイルは/system/bin/app_processとなっています。起動オプションに-Xzygote /system/binや--zygoteなどが付いていますね。1.3.6項で述べたように、基本的にはこのサービスが新たなJavaのアプリのプロセスを生成します。Zygoteやapp_processの詳細については第II巻で取り上げます。

installdサービス

　次に見るのはinstalldです。

```
service installd /system/bin/installd
    class main
    socket installd stream 600 system system
```

　installdはPackageManagerServiceと協力して、アプリのインストールをする時に使われるサービスです。アプリのインストール周辺の話は本書の範囲外ですが◇、本書でもこのデーモンが少し登場します。本書では、AOTコンパイルとprofile guidedコンパイルの起点となるdex2oatの呼び出しや、プロファイル情報のマージを行うべくprofmanを実行する所で処理を受け付けるデーモンとして登場します(7.5.4項、7.5.5項を参照)。
　installdの末尾の「d」は、「daemon」(デーモン)の略です。バックグラウンドで動きUIを持たないプロセスのことをLinuxではデーモンと呼びます。init.rcで定義されるサービスの多くはデーモンです。

surfaceflingerサービス

　最後に見るのはsurfaceflingerです。serviceの例の所で挙げたサービスですね。

```
service surfaceflinger /system/bin/surfaceflinger
    class core
    user system
    group graphics drmrpc
    onrestart restart zygote
```

　Androidでは画面に実際に描画を行うのはこのsurfaceflingerサービスだけで、

Column

CupcakeとG1　Androidバージョン小話❷

　最初に一般の開発者が触ることができたAndroidが、Cupcakeでしょう。そして、端末としてはG1と呼ばれる端末が新し物好きの間ではそれなりに出回りました。かく言う筆者も、このG1を友人から借りてアプリを作ったのが最初のAndroid体験となります。

　Cupcakeは携帯のOSとしてはいろいろと足りないものもあり、まだまだ作りかけという印象でしたが、G1というデバイスの出来がなかなか良く、ガジェット好きの心をくすぐる良いバランスだったのがAndroid全体の印象を上げていたと思います。この頃はまだAndroidのデバイス自体が少なかったので、多くの開発者にとってはCupcake == G1でした。

　G1は、今から見ればずいぶんと小さい携帯電話でした。Cupcakeにはまだマルチタッチがなかったので、タッチのみのオペレーションではいろいろと不足もありましたが、この端末はスライド式のQWERTYのキーボードとトラックボールが付いていて入力の不便を補っていました。実際トラックボールは結構便利で、慣れてくるとキーボードをしまった状態で使うことが増えてきますが、その時にトラックボールとタッチが両方使えるのは、今から見てもなかなか良かったと思います。この頃は端末ごとにさまざまな入力機器があり、Androidと言えば、さまざまな入力機器をサポートする必要があるという印象が強かった気がします。

　画面が小さいので非力なハードウェアの割にはパフォーマンスも良く、物理的にも操作的にも軽くて小さくて、何だか可愛い奴だなという印象でした。実際、この後に大々的に登場するNexus Oneを触った時に、「あれ？ G1の方が良いのではないか？」と思った人も結構いたのではないでしょうか。

　SDKをダウンロードして自分の書いたプログラムを簡単にUSBで転送して動かすことができる、ターミナルアプリを入れたら普通にシェルが動くというのは、今としては当たり前ですが当時はかなり衝撃的でした。キーボードが付いていてターミナルがあるというのは、結構多くの開発者を引き付けたようです。最初は、Linuxザウルスとか好きな人達が触っていた印象があります。

　個人で自分のアプリが動かせるというのは、Symbian OSやWindows Mobileなど前例がないわけではなかったのですが、下のLinuxが丸見えな感じや、フレームワークのソースまでステップインで入って行けたり使っているエミュレータがQEMUだったりと、オープンで自由な感じにはずいぶんとびっくりしました。G1の出来が今から見ても結構良かったのが、Androidの立ち上がりにかなりの影響を与えたと思います。p.283のコラム「最初のバージョンとは何なのか」でもCupcakeとG1の話を少ししています。

それ以外のすべてのアプリはこのsurfaceflingerに画面の描画を依頼するという形式をとっています。

　画面の描画はGPUやハードウェア合成などのハードウェアアクセラレーションをなるべく有効に使いつつ、そうしたハードウェアの違いをアプリからは隠ぺいしたい、しかもフレームレートはスマホのようなリアルタイムにユーザーとやり取りするシステムでは極めて重要ということで、大変重要なサービスとなっています。

　surfaceflingerとその周辺の構造については6.4節で扱います。

1.4 [入門] AndroidのGUIプログラミング
View周辺の基本とカスタムのView

　本書では、Androidのアプリ開発の経験がある読者の方々を想定しています。とは言え、Android以外の環境でのプログラミングに深い理解がある方なら、少しAndroidでのアプリ開発がどのようなものかを見れば、大体は本書の内容が理解できると思います。

　そこで本節では、そのような読者を対象に、簡単にAndroidのアプリ開発の基本を見ておきます。ただし、詳細な話を始めると1冊の本になってしまうので、本書にとって重要な所のみを説明します。最初からちゃんと学びたい人は、公式のGetting Startedなど他の所で学ぶことをお勧めします[注8]。

　本節の説明はGUIプログラミングというものをまったく知らない初心者に向けたものではなく、他の環境で深い知識を持っている人がAndroidにその知識を応用できるようにと書いたものです。そのような意図で書いた入門のため、他の環境のGUIプログラミングで一番人口が多いと思われる、Win32 APIプログラミングやWPFといったWindowsデスクトップとの比較を折に触れて補足してあります。Win32 APIなどを知らない場合にその部分は読み飛ばしても解説は理解できるように書きましたので、適宜読み進めてみてください。

1.4.1
HelloWorld

　まずは簡単に、ボタンを画面に配置して、それをクリックしたら「Hello World」という表示が一定時間出るアプリを作ってみます。

注8　URL https://developer.android.com/training/index.html

レイアウトのリソースを用意

まずレイアウト用のリソースファイルを用意します。xmlです。

```xml
res/layout/activity_main.xml
<LinearLayout xmlns:android="http://schemas.android.com/apk/res/android"
    android:layout_width="match_parent"
    android:layout_height="match_parent"
    android:orientation="vertical">

    <Button
        android:text="Click Me!"
        android:layout_width="match_parent"
        android:layout_height="wrap_content"
        android:id="@+id/buttonClickMe" />
```

　LinearLayoutとは、その子要素を順番に並べるというViewGroupです。WPFで言うところのStackPanelです。

　その中にButtonを配置しています。そこにidで"@+id/buttonClickMe"と指定されています。このようにidを振ることで、後からidでこのButtonを取得できます。htmlのDOMで言うところのgetElementById()のようなものです。レイアウトのリソースがAndroid内でどう扱われるかについては、4.2節と4.3節で扱います。

レイアウトのリソースをsetContentView()で指定

　このように書いたリソースファイルをビルドすると、JavaからR.layout.activity_mainなどのように、「R.layout」にファイルのbasenameを付けたもので参照できるようになります。それを自分が実装するActivityのonCreate()の時に自身に設定します。例えば、以下のようなコードです。

```java
public class MainActivity extends Activity {

    // ❶onCreateをオーバーライド
    @Override
    protected void onCreate(Bundle savedInstanceState) {
        super.onCreate(savedInstanceState);

        // ❷setContentView()でレイアウトのリソースファイルを指定
        setContentView(R.layout.activity_main);
    }

}
```

　❶でonCreate()をオーバーライドして、❷でsetContentView()というメソッドを呼び出しています。このsetContentView()メソッドに、先ほど書いたレイアウトのリソースファイルを指定します。すると、先ほどのレイアウトファイルに書かれたViewツリーが生成されて、Activityにセットされます。Viewツリ

ーの生成については4.3節で、setContentView()については4.4節で扱います。

これで画面に「Click Me!」というボタンが表示されますが、このボタンを押しても何も起こりません。

ボタンがタップされた時の処理を書く

ボタンが押された時の処理は、ボタンにOnClickListenerというインターフェースをセットして行います。これはsetContentView()呼び出しでViewツリーが作られた後に、idを元にButtonオブジェクトを取り出してlistenerをセットするという手順で行います。

```java
@Override
protected void onCreate(Bundle savedInstanceState) {
    super.onCreate(savedInstanceState);
    setContentView(R.layout.activity_main);

    // ❶ボタンをidで探し出す
    Button button = (Button)findViewById(R.id.buttonOpen);

    // ❷OnClickListenerを指定
    button.setOnClickListener(new View.OnClickListener() {
        @Override
        public void onClick(View view) {
            // ❸ここに何か処理を書く
        }
    });
}
```

❶で、リソースファイルで指定したid、buttonOpenというものから生成されるIDを用いてfindViewById()メソッドで対応するボタンを取り出します。これは、htmlのDOMのgetElementById()とほとんど同じです。

取り出したButtonインスタンスのsetOnClickListener()を呼び出すことで、OnClickListenerを設定します(❷)。この辺のコードはほとんどAndroid Studioが自動生成するので、あまり中を気にすることはありません。

この生成された❸の部分に、行いたい処理を書きます。ここでは、クラスライブラリToastを呼び出して、「Hello」と数秒間、下の所に通知が出た後に消える処理を行います。

```java
Toast.makeText(MainActivity.this, "Hello", Toast.LENGTH_LONG).show();
```

これで、ボタンをタップすると画面に「Hello」と一定時間表示されて消えます。
ToastのmakeText().show()は簡単なメッセージを出すprintfデバッグのような目的で気軽に使えるクラスですが、UIスレッドから呼ばなければException

が上がります。UIスレッドについては第3章で扱います。

1.4.2
カスタムのView

　Androidでは、開発者が独自にViewを作ることもできます。Win32 APIで言うところのオーナードロー、Windows Forms、WPF、ASP.NETなどで言うところのカスタムコントロールに相当します。カスタムのViewについては、以下の公式ドキュメントも参照してください。

> URL https://developer.android.com/training/custom-views/create-view.html

　GUIプログラミングの入門というのが本節の位置付けですが、Viewを独自に定義するのはやや中級者向けに思います。さらに、measureなどを自分で実装するのは上級者向けと言っても良いかもしれません。Viewを独自に定義する場合は、第1引数にContext、第2引数にAttributeSetを持ったコンストラクタが必要です（詳細は4.3.5項）。

Column

AndroidにUserControlはないの？

　Microsoft関連の技術に詳しい方なら、カスタムコントロールがあると聞くと「じゃあUserControlはないの？」と思うかもしれません。AndroidにはUserControlに相当するものはありませんが、レイアウトのリソースからViewサブツリーを動的に生成することができるので、それを保持するViewを定義することで代用します。UserControlほど簡単には使えませんが、ASP.NETなどでカスタムコントロールを作るほど面倒なわけではないので筆者としては我慢できる範囲です。レイアウトのリソースから動的に生成と聞くとパフォーマンスが気になるところですが、バイナリ形式のリソースからのViewツリー生成はカリカリにチューンされていて、相当速く動きます。この周辺の話題は4.3節で扱います。

　また、レイアウトだけを再利用するなら<include>という要素と<merge>という要素があります。その他ViewStubなど似たようなものはいろいろとありますが、それぞれUserControlとは少々違った目的で作られています。

```
コンストラクタに、ContextとAttributeSetをとるものが必要
public class HelloCustomView extends View {
    public HelloCustomView(Context context, AttributeSet attrs) {
        super(context, attrs);
    }
}
```

このようなクラスを用意しておけば、レイアウトのリソースに、完全修飾名でこのクラスを用いることができます。

```
レイアウトには完全修飾名で
<LinearLayout...>
    <com.example.hellocustom.HelloCustomView
        android:layout_width="match_parent"
        android:layout_height="100dp" />
```

これだけだと何も描画されないので、HelloCustomViewのonDraw()でテキストを書くことにしましょう。

```
onDraw()でテキストを描く
Paint fgpaint = new Paint();

@Override
protected void onDraw(Canvas canvas) {
    // ❶Paintオブジェクトを設定
    fgpaint.setColor(Color.BLACK);
    fgpaint.setTextSize(100);

    // ❷適当な場所にテキストを描く
    canvas.drawText("Hello Custom", 10, 100, fgpaint);
}
```

onDraw()で渡ってくるCanvasオブジェクトに描画関連のメソッドがあり、これを呼び出すことでViewは自身を描画します。CanvasはWin32 APIのHDC (*handle to a device context*) のようなものです。こうして画面が描画されます。

onTouchEvent()でタッチに反応する

このViewがタッチされた時は、onTouchEvent()が呼ばれます。そこでタッチを処理したければonTouchEvent()をオーバーライドします。ボタンでもチェックボックスでも、タッチを処理するものはこのメソッドを起点として処理が書かれています。

例えば、タッチされた時にToastを出すコードは以下のようになります。

```
タッチの処理
@Override
public boolean onTouchEvent(MotionEvent event) {
```

```
    if(event.getAction() == MotionEvent.ACTION_DOWN) {
        Toast.makeText(getContext(), "touched!", Toast.LENGTH_LONG).show();
        return true;
    }
    return super.onTouchEvent(event);
}
```

タッチがどのようにViewRootImplに配信されるかは第2章で、ViewRootImplに配信されたタッチがどう目的のボタンまで辿り着くかについては4.8.3項と6.5.6項で扱います。

invalidate()とHandlerで内容を動的に変える

5秒に1回、表示される内容を変えるとします。5秒に1回というタイマー関連の処理は、Handlerを用いて行うのが普通です。

```
// Handlerで5秒に1回、every5Secondes()を呼ぶ
// ❶Handlerを作る
Handler handler = new Handler();

void every5Secondes() {
    // ❷ここに何か行いたい処理を書く

    // ❸5秒後にRunnableの中を実行する。その中では...
    handler.postDelayed(new Runnable() {
        @Override
        public void run() {
            // ❹every5secondes()を呼ぶ
            every5Secondes();
        }
    }, 5000);
}
```

このようにすると、5秒に1回every5Secondes()が呼ばれます。HandlerのpostDelayed()メソッドを呼ぶと内部では実際に何が起こるかについては3.3.4項で扱います。

このままではevery5Seconds()を呼ぶだけで、他に何も行いません。実際には❷の所に5秒に1回実行したい処理を書きます。ここでは「Hello」と「Custom」を5秒ごとに切り替えることにしましょう。

描画の内容を変えたい場合は、GUIシステムからonDraw()を呼んでもらう必要があります。そのためには、自分が担当しているViewの範囲の描画内容が無効になった、とシステムに通知します。

この目的で使われるのがinvalidate()です。例えば、5秒ごとにこのinvalidate()を以下のように呼ぶと、5秒に1回onDraw()がやってくることになります。

第1章 AndroidとGUIシステムの基礎知識

```
// ❶「5秒に1回がどちらか?」を表すフラグ
boolean isAltText = false;

Handler handler = new Handler();

void every5Secondes() {
    // ❷ここに何か行いたい処理を書く
    invalidate();
    isAltText = !isAltText;

    handler.postDelayed(new Runnable() {
      @Override
      public void run() {
          every5Secondes();
      }
    }, 5000);
}
```

　前回と違うのは❶でbooleanのフィールドを作ったのと、❷でinvalidate()とisAltTextの更新を行っているだけです。
　こうすることで、5秒に1回onDraw()が呼ばれます。そこで、onDraw()の内容もisAltTextをチェックして、交互に表示するテキストを差し替えます。

```
交互に表示するテキストを変えるonDraw()
@Override
protected void onDraw(Canvas canvas) {
    fgpaint.setColor(Color.BLACK);
    fgpaint.setTextSize(100);

    // ❸isAltTextの値に応じて交互に表示するテキストを変更
    String text = isAltText ? "Custom" : "Hello";
    canvas.drawText(text, 10, 100, fgpaint);
}
```

　❸でisAltTextをチェックして、trueの時は「Custom」、falseの時は「Hello」が表示されます。
　AndroidはDisplayListを用いた描画システムとなっているので、他のViewが上に来たりいなくなったり、といったくらいではonDraw()は呼ばれません。Win32 APIで言うと、Windows XPくらいまでの毎回WM_PAINTが来るシステムではなく、Vista以降の最初の1回しかWM_PAINTが来ないシステムということです。
　invalidate()を呼ぶとDisplayListの無効フラグが立ち、ViewRootImplのperformTraversal()呼び出しがスケジューリングされます。performTraversal()での描画処理では、Viewツリーのルートから DisplayListを再構築しますが、RenderNodeが有効なままのViewサブツリーはただそのDisplayListをDrawRenderNodeOpで再接続するだけで、onDraw()を呼び出すことはありません。

DisplayListの構築とDrawRenderNodeOpを用いたViewのサブツリー単位でのキャッシュについては5.2節で、invalidate()時のDisplayListの再構築については5.3.3項で扱います。

1.4.3
カスタムの属性を定義する

xmlでカスタムのViewを作れるようになりましたが、これでは属性が追加できていません。マークアップから属性を受け取るようにするためには、リソースでdeclare-styleableの定義が必要です。詳細は、以下の公式ドキュメントを参照してください。

🔗 https://developer.android.com/training/custom-views/create-view.html

ここでは、firstTextとsecondTextという属性を定義してみましょう。どちらもstring型とします。

styles.xmlなどresources要素のあるリソースのxmlで、以下の定義を書きます。

```
declare-styleableで属性を定義
<resources>
    <declare-styleable name="HelloCustomView">
        <attr name="firstText" format="string" />
        <attr name="secondText" format="string" />
    </declare-styleable>
    ...
```

このように書いて、レイアウトのxml上で、ネームスペースとして"http://schemas.android.com/apk/res-auto"というURIを指定すると、ここで定義した属性が使えるようになります[注9]。例えば、以下のようなcusというプレフィクスを定義します。

```
ネームスペースを定義
<?xml version="1.0" encoding="utf-8"?>
<LinearLayout xmlns:android="http://schemas.android.com/apk/res/android"
    xmlns:cus="http://schemas.android.com/apk/res-auto"
    ...
```

このようにcusというプレフィクスを定義すると、cus:firstTextやcus:secondTextでカスタムの属性を定義できます。

注9　公式ドキュメントとはURIが違いますが、Android StudioではこのURIを使うことになっています。

第1章 AndroidとGUIシステムの基礎知識

```
カスタム属性でfirstTextとsecondTextを定義
<com.example.hellocustom.HelloCustomView
    android:layout_width="match_parent"
    android:layout_height="100dp"
    cus:firstText="First!!"
    cus:secondText="Second!!" />
```

　こうして指定した値は、コンストラクタの引数のAttributeSetに入って渡ってきます。この属性をカスタムのViewの中で処理する時には、このコンストラクタに渡ってくるAttributeSetから値を取得することもできるのですが、スタイルやテーマの解決をするために、ContextのobtainStyledAttributes()というメソッドを使って値を取得する方が推奨されています。

　declare-styleableを定義してGradleでビルドをすると、R.styleableの下に以下の3つの定数が定義されます。

- R.styleable.HelloCustomView
- R.styleable.HelloCustomView_firstText
- R.styleable.HelloCustomView_secondText

　コンストラクタの中で、ContextのobtainStyledAttributes()を使って属性を取得するコードは以下のようになります。

```
obtainStyledAttributes()を使ってカスタム属性を取得
// ❶フィールドを定義
String first;
String second;

public HelloCustomView(Context context, AttributeSet attrs) {
    super(context, attrs);

    // ❷引数のattrsからTypedArrayを取得
    TypedArray a = context.obtainStyledAttributes(attrs, R.styleable.HelloCustomView, 0, 0);

    // ❸TypedArrayから属性値を取得
    first = a.getString(R.styleable.HelloCustomView_firstText);
    second = a.getString(R.styleable.HelloCustomView_secondText);

    // ❹取得が終わったらrecycle()を呼び出す決まりになっている
    a.recycle();
}
```

　この辺になると、入門と呼ぶには少し辛くなってきましたね。スタイルやテーマについては4.3.7項と4.3.8項で扱うので、そちらも参照してください。

1.4.4
AndroidのGUIプログラミング入門、まとめ

　ここまでで、普段Androidのアプリ開発者が書いているView周辺のコードについて、ざっと見てきました。リソースでViewツリーを生成し、イベントハンドラを登録してGUIプログラミングを行います。また、カスタムのViewを作成することで、システムが提供しているさまざまなViewと同等の機能を持つ独自のViewを定義することもできます。カスタムのViewを定義する時にはこの他にmeasureとlayoutを実装する場合がありますが、そこは入門には少し難しいので第4章で改めて扱います。

　開発者の視点からこのように見えるAndroidのGUIシステムが、内部ではどのように実装されているのかというのが本書のテーマとなります。

1.5 まとめ

　本章では、本書全体のテーマであるGUIシステムについて、なぜそれを本書で扱うのか、どう重要なのかについて解説を行いました。画面の解像度や画面サイズが上がり、高機能なGUI部品を組み合わせた、複雑で高速に動くGUIの必要性は年々高まっています。その要求に対しAndroidは洗練されたIDEによるGUI開発環境、豊富なGUI部品と高機能なレイアウトなどを提供していて、しかもその高機能なGUIシステムは内部でGPUなどのハードウェアを有効に利用して、少ないメモリやそれほど速くないCPUでも高速に動くように作られているという話をしました。

　次に、そのようなGUIシステムが実際にどのように実現されているのかという概要を見ました。作られたバージョンという切り口と、描画システムという切り口でAndroidのGUIシステムの構成と、本書のどの章に対応するかということを簡単に説明しました。GUIシステムの基礎、ハードウェアアクセラレーションを用いた描画システム、そして高速でリアルタイム性も高くバッテリーやメモリをあまり消費しないバイトコード実行環境の3つの要素でAndroidのGUIシステムが実現されていることを概観しました。

　続いて、本書を読む上で必要となるけれど本書では詳しくは扱わないAndroidの基礎的な話をしました。ActivityやZygoteなどの基礎となるクラスやサービスの、本書を読む上で必要となる程度の基礎を取り上げました。

　最後に大まかにはなりますが、一般の入門書にあるようなGUIプログラミングの基礎的な話を見ていくことで、本書で以後説明していくAndroidのGUIシステムが、開発者からはどう見えるのかを解説しました。

Column

SoCとSnapdragon

　スマホでは、CPUは単独の部品としてではなく、GPUや動画のデコーダなども一つにまとめたチップとすることが一般的です。これらのまとめられたチップをSoCと呼びます。SoCはSystem on Chip、またはSystem on a Chipの略です。SoCの利点は、小さくできるというのが一番大きいようです。最近では、デジタルのプロセスとして製造できるものは、大体一つにまとまっているそうです。現在チップに含まれていないデジタル回路でおもなものと言えば、メモリくらいでしょうか[※]。逆に、オーディオや多種多様なセンサーなど、製造方法が大きく異なるアナログ的なものはチップとは別のモジュールとして積むことになります。

　SoCは多くの要素を含むため、PCのCPUに比べるとスペックの優劣をつけるのが難しい印象です。特にグラフィックス処理性能とCPUの処理速度はどちらも重要な項目なので、1つの指標でチップを評価することは難しくなっています。さらにモバイルでは省電力というのも大きな項目となっていますが、これは通常のベンチマークではうまく測れません。実際問題としても、最近のSoCではCPUコアを複数載せますが、そのうちハイパフォーマンス用のコアと省電力用のコアを両方載せています。当然すべてをハイパフォーマンス用にした方が処理性能は上がるわけですが、電力を優先して複数の性質のコアを載せているわけです。これを単純に処理性能だけで比較するのは、あまり適切ではありません。

　AndroidのSoCとして最も有名なのは、本書原稿執筆時点ではSnapdragonでしょう。Snapdragonは、Qualcommの作っているSoCです。Qualcommは元々CDMA（*Code Division Multiple Access*）の特許を押さえていた都合で3G以降の通信チップとして非常によく使われていたため、プロセッサもQualcommのものを使うということになりがちという強みがありましたが、最近はGPU性能も極めて高く名実ともにスマホのSoCのトップの存在となったと言えるでしょう。

　本書原稿執筆時点で最新のSnapdragonは821です。CPUはKyroの4コアのうち、2つはハイパフォーマンス用に高クロックで、残りの2つは省エネ用に低クロックで動かす4コア構成です。GPUはAdreno 530で、その他イメージ処理用のISP（*Image Signal Processor*）や信号処理用のDSP（*Digital Signal Processor*）などいろいろなものが載っています。

　モバイルでの近年のGPUスペックの向上は、本書で扱うGUIシステムで相当うまく活用できるようになりましたが、異なる性質のコアを複数持つCPUまで含めたヘテロジニアスな（*Heterogeneous*、異種の）並列コンピューティングの環境の力を最大限引き出すプラットフォームの提供は、これからのAndroidの課題と言えそうです。

※　メモリコントローラやPHY（*physical layer interface*）は、IP（*Intellectual Property core*）として存在していてチップに含めます。

第2章
タッチとマルチタッチ
スマホがスマホであるために

第2章 タッチとマルチタッチ

　スマホというモノをどこからそう呼ぶのかは各論あると思いますが、iPhone以前と以後で分けるのは一つの有力な区切りだと思います。その区切りで大きく分かれる要素の一つに、フリックとマルチタッチがあります。ハードウェア的には、iPhone以前のタッチパネルは抵抗皮膜による感圧式のものが多かったのですが、これはマルチタッチを精度良く行うのは難しい構造となっています。また、フリックのような入力も困難でした。

　それが静電容量方式になることで、軽く触れるだけで反応するようになり、フリックなどが使えるようになりました。そして、マルチタッチも可能になった結果、さまざまなジェスチャーが可能となり、タッチだけで行えることがそれまでよりも増えました。

　これが画像の解像度の向上と相まって、ハードウェアのボタンがなくても操作できるようなUIが作れるようになり、画面以外の部品を減らしていくことで、コンパクトでありながら広い画面を提供できるようになりました。広い画面と少ないハードウェアボタン、今となってはこれこそがスマホの典型であると言うことに異論はないでしょう[※]。

　本章では、そのようなスマホの画期となったマルチタッチについて、詳しく見ていきます。ただし、Viewツリーまでやってきたタッチのイベントを対象とするViewへと届ける部分は、4.1.4項と4.8.3項で見ることにします。本章では、その手前、デバイスドライバからViewツリーに渡すまでの部分を見ていきます。

　この入力の処理はまた、Androidとデバイスやlinuxとの関わりを見る典型的な例にもなっています。それは簡単に言ってしまうと、Linuxの世界ではデバイスはファイルとして公開されて、そのファイルとAndroidの世界の間をシステムサービスが取り持って、Javaの世界に機能を提供するという構造です。

　本章で扱う内容は、Linux一般の入力を扱う仕組みであるInputサブシステムと、そのInputサブシステムを用いてAndroidの世界にサービスを提供するInputManagerServiceの2つの部分に分けられます。

※ 歴史的には、Androidの初期のバージョンではマルチタッチは対応していませんでした。2.x系列のFroyoからマルチタッチが入りましたが、Froyo自体はかなり実験的なバージョンだったので、多くの人に使われ出したのは2.3系列のGBからです。しかし、さすがに今となっては2系列のAndroidは遠い過去の話なので、Androidと言えばマルチタッチに対応したものと言ってしまって良いでしょう。

まず2.1節で、その2つの部分を含んだ全体の概要を見ます。

そして、2.2節でLinuxのInputサブシステムについて、マルチタッチを例に見ていきます。InputサブシステムはAndroidに依存していないLinux一般の話題となりますが、Androidの入力はこのInputサブシステムと強く結び付いているため、この話題は避けては通れません。

次に、2.3節から2.5節までで、Androidの入力を処理するシステムサービスである、InputManagerServiceについて扱います。InputManagerServiceは、Inputサブシステムを使用してタッチなどの入力をViewツリーに届ける部分です。2.3節でこのInputManagerService全体について説明し、2.4節と2.5節ではInputManagerServiceの中心的な構成要素であるInputReaderとInputDispatcherについて扱います。

図2.A 入力関連のクラス群をどの節で解説するか

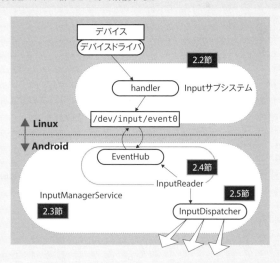

本章で扱う入力関連のクラス群の全体像。2.2節でInputサブシステム、2.3節でInputManagerService全体の話、2.4節でその構成要素のInputReaderを扱い、2.5節でもう一つの構成要素であるInputDispatcherを扱う。

第2章 タッチとマルチタッチ

2.1 Androidでのマルチタッチ、基本のしくみ
LinuxとAndroidの関係

　マルチタッチの詳細に入る前に、タッチ処理全般の概要を見てみましょう。まずAndroidで普段アプリ開発者がマルチタッチをどう処理しているか、ということを見ます。次に、それを実現するための全体的な構造を説明していくことで、本章の後続の節の導入としたいと思います。

2.1.1 ViewのonTouchEvent()メソッドとMotionEvent

　タッチイベントは、Androidでは最も一般的なイベントです。多かれ少なかれアプリ開発者は処理したことがあるでしょう。それらを眺めてみることで、本章の内容が最終的にはどのような形に辿り着くのかという答えを先に見ることができます。

　Androidでは、Viewを継承してonTouchEvent()をオーバーライドするとタッチのイベントを受け取ることができます。例えば、以下のようなコードです。

```
class MyView extends View {
...
    @Override
    public boolean onTouchEvent(MotionEvent event) {
    }
}
```

　タッチされた座標や、タッチダウン-アップ-ムーブのどれかなどの情報は、引数でやってきているMotionEventのオブジェクトに問い合わせて取得します。

　タッチの座標はevent.getX()やevent.getY()などで取れます。

　マルチタッチの処理も、このMotionEventのメソッドで行えます。MotionEventクラスにgetPointerCount()というメソッドがあり、これで何点タッチかがわかります。各座標はgetX(int pointerIndex)、getY(int pointerIndex)でとります[注1]。例えば、以下のようなコードとなります。

```
if (event.getPointerCount() >= 2) {
    initialPos = new PointF(event.getX(), event.getY());
    initialPos2 = new PointF(event.getX(1), event.getY(1));
}
```

注1　0番めはシングルタッチしかなかった頃から存在するAPIである、引数無しのgetX()、getY()を呼び出します。

このようにマルチタッチとはViewのonTouchEvent()にMotionEventでやってくるものというのが、アプリ開発者の視点となると思います。また、後の説明との兼ね合いで重要になることとして、マルチタッチによる複数のタッチ、例えば親指と人差し指でタッチした時は親指の点と人差し指の点の2つの点が、MotionEventという1つのオブジェクトにまとまってやってくるというところにも注目しておいてください。

マルチタッチの処理においては、その時タッチされている座標だけでは十分ではありません。それぞれの座標が、どちらの指が辿った軌跡かという情報も追えるようになっています。これは軌跡の情報を詳細に必要とするようなアプリを開発する時には重要になってきます。軌跡を追うには、ハードウェアからの情報が欠かせません。

アプリ開発者からは、タッチイベントはこのように見えます。これをどう実現しているのかというのが、本章のテーマとなります。

2.1.2
マルチタッチ概要

マルチタッチに関わるコードを大きく分けると、以下のとおりです(**図2.1**)。

❶デバイスドライバがイベントをカーネルのファイル(/dev/input/event0など)として公開
❷eventファイルをepoll()して待ち、イベントが来ていたらread()して処理し、ViewRootImplへ送る
❸ViewRootImplからターゲットとなるViewへのルーティング

❶のデバイスドライバからファイルとしてのイベント公開までは、通常のLinuxカーネルの話で、Android特有の事項はありません。Linuxカーネルが入出力を扱うのに用意しているInputサブシステムの枠組みをそのまま使っています。しかし、Androidの入力周りのサービスはこのInputサブシステムと密接に関わるため、Androidを理解するためにも、ある程度はLinuxのInputサブシステムの構造を理解している必要があります。Inputサブシステムでは、最終的に入力は「eventファイル」と呼ばれる/dev/input/event0などのファイルとして公開されます。

❷のeventファイルを読む所からViewRootImplまでの所を担当するのは、Androidの入力全般を扱うシステムサービスであるInputManagerServiceと呼ばれるサービスです。InputManagerServiceがeventファイルをepoll()[注2]し、入力があったらそれをAndroidのイベントに変換して送り先のViewRootImplへ送信します。

注2　epoll()についてはp.54のコラムを参照してください。

第2章 タッチとマルチタッチ

図2.1 入力関連のクラス群

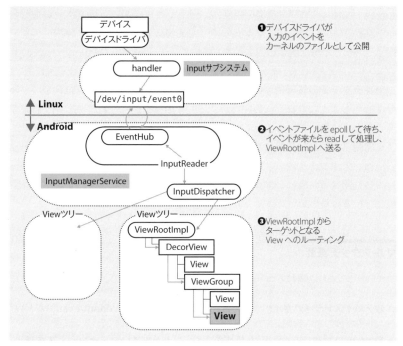

入力関連のクラス群の概要。デバイスからの入力はデバイスドライバとしてユーザーランドに公開され、それをLinuxのInputサブシステムが処理してeventファイルとしてユーザープログラムに公開する。AndroidはこのeventファイルをInputManagerServiceが用いて、Javaの世界へとイベントを送信する。Javaの世界ではViewRootImplがこのイベントを受け取り、それをレイアウトされたViewツリーを用いて対応するViewを探し出し、そのViewへと配信する。

　InputManagerServiceはタッチを受け取るだけではなく、キーボードやジョイスティックなどのデバイスもサポートしています。それらのハードウェアはすべての機種にあるわけではなく、キーボードがある機種もあればない機種もあります。それら多様な端末を同一のInputManagerServiceで対応するために、InputManagerServiceはさまざまなデバイスの追加や削除に動的に対応できる構造となっています。そして、デバイスがあれば、それに対応した処理を担当するオブジェクトが追加されて動くという構造になっています。

　InputManagerServiceは、SystemServerがホストするシステムサービスの一つです[注3]。

　❸はViewのツリーを辿り、座標に応じて送り先のViewを割り出し、そのViewへとイベントをルーティングする部分となります。基本的には4.1.4項と4.8.3項

注3　SystemServerやシステムサービスについては1.3.5項を参照してください。

で扱う内容となります。さらにViewRootImpl周辺の話題は6.5.6項でも扱います。

本章では❶と❷を扱います。

なぜInputManagerServiceを扱うのか？

2.1.3

InputManagerServiceの話を始めるにあたり、なぜ本章を本書に含めたのかということ、言い換えれば本章の狙いについて触れておきたいと思います。

まず、イベント処理というものがGUIプログラミングにおいては重要な要素で、スマホにおいてはタッチのイベントがその中で最も重要なイベントだと思うので、その重要なタッチのイベントについて一番下から追えるように取り上げたというのが1つめの狙いです。なぜかタッチが来ない時や振る舞いが自分の思ったことと違うといった時に、ドライバからすべてを一通り把握していたら、コードを読んで原因を追究するのもずっと容易になります。また、タッチ以外のイベントを追う時もタッチの基本的な構造を知っていれば、その知識を援用して大体の入力機器の調査は簡単にできるようになります。

2つめに、入力を下の方まで見ていく理由としては、ここを見ていくことがLinuxとAndroidの関係を見る良い例となっているからです。さまざまなデバイスへの対応は、Androidにおける重要な課題です。Androidに限らず、組み込みシステム全般においてさまざまなデバイスへの対応は重要な課題で、入力デバイスはその典型となります。

組み込みのシステムだと、独自色が強いものだとデバイスのサポート周辺のドキュメントが不整備だったり、テストされてない種類のデバイスがうまく動かないコードになっていたりと問題が多く出る所です。AndroidはLinux標準の仕組みをうまいこと使ってデバイスサポートを行っているため、新規のシステムでありながらドライバ周辺は十分に実績もドキュメントもあるLinuxのドライバをサポートすれば良くなっています。

Androidによるデバイスのサポートは通常、以下のパターンで扱います。

❶Linuxのデバイスドライバによりファイルとして公開
❷ファイルを扱うシステムサービスを作り、それをJavaから利用

このパターンは、タッチやキーボードなどの入力機器に限らず、カメラなどのハードウェアのサポートでも一般的な形となっています。

Linuxの標準的なドライバを、Binderを用いたシステムサービスというものをうまく活用することでAndroid独自のGUIシステムとつなげている、このつなぎの部分を詳しく見ることで、AndroidとLinuxの関係を見ていきたいとい

第2章 タッチとマルチタッチ

うのが2つめの狙いとなります。

それでは実際にAndroidの入力周辺について、まずはドライバ側から見ていきましょう。

Column

epoll()による複数のファイルディスクリプタ待ち

epoll()は、selectの高機能版です。selectを知っている読者なら「epoll()はselectみたいなものか」でこのコラムはスキップしてもらってかまいません。しかしながら、selectにあまり馴染みのない読者もいるかもしれないので、ここでepoll()について少し詳しく扱っておきます。なお、Windowsに喩えると、WaitForMultipleObjects()に少し似た機能です。

Linuxでは、タッチやハードウェアキーなどの入力もファイルとして表されます。これらのデバイス由来のファイルやソケットなどは、read()をすると相手から何か来るまではブロックします。

ハードウェアが1つならこれでもかまわないのですが、例えばキーボードとタッチというように複数のハードウェアがある場合、入力が来るどちらかから読みたいが、どちらから入力が来るかは前もってはわからないという状況に遭遇します。キーボードをread()してしまうとそこでスレッドがブロックしてしまい、たとえタッチがやってきても読むことができません。

このように、Linuxでは複数のファイルから入力を待ち、どれかのファイルが読めるようになったら読むということをしたくなるシチュエーションがよくあります。この目的で使うのがepoll()です。

epoll()は、待つファイルディスクリプタが増えてもパフォーマンスが低下しないという特徴があります。それは、カーネル側で待つファイルディスクリプタに対応するファイルオブジェクトを管理しておくことで実現しています。

APIとしては、epoll_ctl()というAPIでファイルディスクリプタを登録した後に、epoll_wait()で待つという形になっています。あらかじめepoll_ctl()で登録する所で、カーネル側でファイルを保持するため、epoll_wait()の都度ファイルディスクリプタの配列を渡さなくて良いというわけです。

パフォーマンスが重要になる低レベルな所、例えば本書では第2章のInput ManagerServiceなどではepoll()が頻繁に使われています。また、epoll()は3.2.3項で扱う、MessageQueueのnext()で次のイベントを待つ時にも使われて、キューに詰められているイベントを待つ間にタッチなどの入力による割り込みが来た場合に、ちゃんと起きられるようになっています。

2.2
LinuxのInputサブシステムとinput_event
入出力機器に共通して使えるフレームワーク

本節では、タッチ処理のうち、ドライバからカーネルが入力イベントをファイルとして公開する所までを取り上げて説明します。

2.2.1 LinuxのInputサブシステムについて

Linuxも含めてUnix系のOSでは、デバイスはファイルを通して公開されます。タッチも最終的にはファイルを通して公開されるのですが、直接タッチのデバイスがファイルとして公開されるのではなく、間に入出力機器で共通に使えるLinuxのフレームワークが挟まります。

Linuxには入出力機器に共通として使えるinputモジュールとevdevというフレームワークがあり、これらをまとめて「Inputサブシステム」と呼んでいます(**図2.2**)。各デバイスドライバの実装者は、Inputサブシステムで公開されているドライバ用のイン・カーネルAPIを呼び出すだけで、後はLinuxのInputサブシステムが標準化されたeventファイルという形で入力のイベントをユーザーランドに公開してくれます。

図2.2 Inputサブシステム

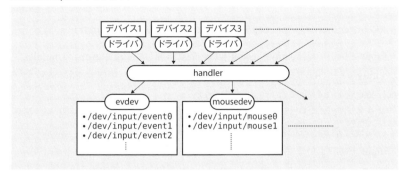

Inputサブシステムは、さまざまなデバイスのドライバがhandlerへとイベントを送信することで、残りの処理をカーネルが行ってくれる。カーネルはeventファイルという形で入力のイベントをユーザーランドに公開する。

Androidのタッチでも、このLinux標準のInputサブシステムが使われていて、タッチはこのInputサブシステムを通して、eventファイルとして公開されます。

タッチをサポートするだけで良ければ、あまりこの周辺のことを理解している

必要はないのですが、Androidはタッチ以外にもさまざまな入力があり得る、多様なデバイスをサポートするシステムです。タッチがなくてキーボードがあるシステムや、トラックボールなどの入力機器が付いているデバイスもあります。

そこでAndroidは、Inputサブシステムがさまざまなデバイスの違いを吸収して統一的に扱ってくれることを活用することで、この多様なデバイスのサポートという困難な課題の大部分をLinuxカーネルに任せて、Android側は比較的少しのコードでさまざまなデバイスをサポートすることに成功しています。

さて、Inputサブシステムはさまざまなデバイスをサポートする都合で抽象的な構成要素が多く、一般的な説明ではいまいち実際の挙動がよくわかりません。そこで本節の以降では、マルチタッチという具体的な例に絞って、Inputサブシステムを見ていきたいと思います。

2.2.2
Linuxの入力関連デバイスドライバとinputモジュール

Linuxでは、ハードウェアからの入力はデバイスドライバとして組み込む形になっています。ドライバは割り込みを待ち、割り込みが呼ばれたら何らかの形でカーネルに通知するというのが、一般的なデバイスドライバの役割です。

デバイスごとにドライバを書いていくことはできるのですが、入力デバイスは似たようなコードになりがちなので、入力デバイス全般を共通に扱うフレームワークがあります。それがInputサブシステムで、大きくinputモジュールとevdevで構成されています。詳細は、以下の公式のドキュメントなどを参照してください。

🔗 https://www.kernel.org/doc/Documentation/input/input.txt

inputモジュールは、input_eventを統一的に処理してくれるeventのhandler[注4]がLinuxカーネル側にあり、各ドライバはinput_eventを生成してhandlerに送れば良いという作りになっています(**図2.3**)。

ドライバはロードされると自身の生成するイベントの種類をカーネルに伝えて、以後は割り込みの都度input_eventをカーネルに送信します。

input_eventという名前は、関数名でもあり構造体の名前でもあります[注5]。

input_eventを送信する場合はinput_event関数を使えば送ることができるのですが、input_event関数はタッチに限らずキーボードやその他さまざまな入力

注4 ここで出てくるhandlerはLinuxの用語であり、第3章で扱うHandlerとは関係ありません。
注5 ややこしいので、本書では本項を除き、input_eventと言えばinput_event構造体を指す場合だけに用いることにし、関数のinput_event()はなるべく登場させずに、代わりにそのラッパー関数であるinput_report_abs()関数などで代用していきたいと思います。

図2.3　デバイスドライバとInputサブシステムの役割分担

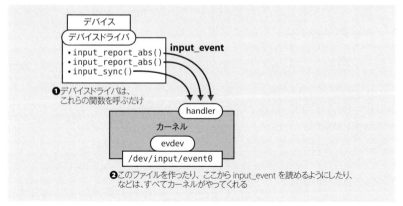

デバイスドライバがイン・カーネルAPIを呼び出すと、以後の処理はカーネルが行ってくれる。まずhandlerが input_event を受け取り、eventファイルとして公開する。

のイベントを送れるような汎用のインターフェースとなっているため、よくあるイベントに関してはそれを送るラッパー関数が用意されています。

シングルタッチの場合

シングルタッチの場合は、input_report_abs() と input_sync() という2つのラッパー関数を使います。典型的なコードは、以下のようになります。

```
// X座標とY座標を送信。引数はデバイス、座標の種類、値の順
input_report_abs(dev, ABS_X, x);
input_report_abs(dev, ABS_Y, y);

// 一区切りの送信終わりを示す呼び出し
input_sync(dev);
```

上記の各呼び出しを行うと、ドライバからそれぞれ別個の input_event として入力がカーネルに送信されます。つまり、上記コードでは3つの input_event が送信されます。

タッチのイベントとしては、アプリ側ではXとYの座標をまとめて1つのイベントとして扱いたいですが、このレイヤーでは別々のイベントとして送信されます。さまざまな入力を共通のインターフェースで送るためにはこの方式は合理的と言えますが、受け取る側では何らかの方法で同時に発生しているイベントは1つにまとめた方が扱いやすくなります。そこで、これらの input_event は本当は同時に発生した1つのイベントだよという区切りを送信しておくことで、もっと上のレイヤーでこの区切りを見て1つのイベントに変換できるようにしておきま

す。それがinput_sync()というAPIで送信されるinput_eventの役割です。

上記コードの引数のdevは、このデバイスを表すinput_dev構造体です。デバイスが認識される時にドライバが作成する構造体で、初期化時にこのデバイスがどういったイベントを生成するかをカーネルに通知します。

デバイスドライバは、割り込みが起こるとタッチされた座標をデバイスから取得し、このinput_report_abs()等の関数で現在の座標をカーネルに送信します。すると、カーネルが入出力に共通な処理をいろいろ行ってくれて、eventファイルという形でinput_eventをユーザープログラムに公開するという構成になっています。

以上は、マルチタッチでない1点のシングルタッチの話です。

マルチタッチの場合

マルチタッチは、シングルタッチのinput_eventを拡張したものとなっています。ドライバはinput_report_abs()や同種のinput_eventのラッパー関数を使って、マルチタッチのイベントをinputモジュールに送ります。

実際にはマルチタッチでも上記のシングルタッチのコードと同様に、input_report_abs()などのAPI呼び出しを行っていくわけですが、マルチタッチくらいの複雑さになるとAPIの羅列を解読するのは少し大変になります。そこで、もう少しシンボル化して、それぞれのAPIが送信するinput_eventのタイプと引数だけを並べて書くのが一般的です。

ここでもこの流儀に従うと、ドライバがマルチタッチをLinuxに送ることは、概念的には以下のようなイベントを送ることに相当します。

```
マルチタッチのドライバからカーネルへの通知
# スロット0についての記述開始
ABS_MT_SLOT 0
# スロット0のトラッキングID、つまりどの軌跡かを表すID
ABS_MT_TRACKING_ID 45
# スロット0で伝えるタッチの、XとYの座標
ABS_MT_POSITION_X x[0]
ABS_MT_POSITION_Y y[0]

# スロット1についての記述開始
ABS_MT_SLOT 1
# スロット1はどの軌跡かを表すID
ABS_MT_TRACKING_ID 46
# スロット1で伝えるタッチの、XとY座標
ABS_MT_POSITION_X x[1]
ABS_MT_POSITION_Y y[1]

# ここまでの記述が、すべて1つのイベントにまとめられるという印。input_syn()で送られるイベント
SYN_REPORT
```

マルチタッチの時には、スロットという概念が登場します。タッチの数だけスロットが作られます。それぞれのスロットが各タッチを表します。

また、タッチは通常、軌跡が辿れるデバイスが主です。毎秒何回もやってくるタッチが、それぞれその以前のどのタッチの続きなのかがデバイスのレベルで管理されています。例えば、人差し指と中指がそばを通っている時に、ある時点のタッチが人差し指由来のタッチなのか中指由来のタッチなのかを区別できるように、ドライバからそれぞれの軌跡をトラッキングIDとして送ることができます。ドライバのレベルでどちらの座標かを認識できていることにより、ピンチなどの2つの指がそばに行くようなジェスチャーでも、どちら由来のタッチなのかが混ざってしまうようなことがないようになっています（**図2.4**）。

図2.4 トラッキングIDとSYN_REPORT

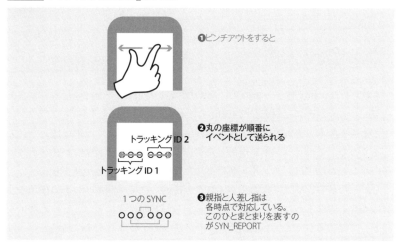

トラッキングIDと実際のタッチの軌跡の対応。そして、各時点の親指と人差し指のイベントをSYN_REPORTでまとめる様子。

2.2.3
eventのhandlerとeventファイル

カーネルは、ドライバからはinput_eventを受け取り、eventファイルという形でユーザーランドに公開します。カーネル内でinput_eventを受け取ってからユーザーランドに公開するまでの部分は、eventのhandlerと呼ばれています（**図2.5**）。

eventのhandlerは、ファイルとしてイベントを公開します。このファイルの種類は一般的なイベントを扱う汎用のファイルの他に、PS/2コネクタなどのレガシーとの互換性維持のためのファイルがいくつかあります。

第2章 タッチとマルチタッチ

Androidで使われるのは、evdevという最も汎用的で最新の仮想デバイスだけです。/dev/input/event0 などといったファイルとして公開されます。最後の数字は0から増えていき、複数のeventファイルがその内容に応じて作られます。

図2.5 eventのhandlerとドライバとeventファイル

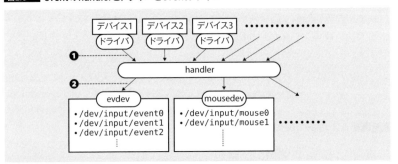

デバイスドライバとhandlerとeventファイルの関係。❶さまざまなデバイスドライバがまずhandlerへとイベントを送信し、❷handlerがそれをさまざまなファイルとして公開する。ただし、Androidで使うのはevdevという仮想デバイスのみで、これはファイルのパスとしては/dev/input/eventXXなどと公開される。

それぞれが、例えばタッチのデバイスに対応したeventファイルだったり、キーボードのデバイスに対応したeventファイルだったりします。

さまざまな入力デバイスがすべて/dev/input/eventXXという形に統一されてしまうので、そのイベントを送信したデバイスがキーボードなのかタッチスクリーンなのかなどは、ファイル名やパスだけからは直接はわかりません。

しかしながら、やはり入力デバイスごとに送られてくるイベントの種類や性質は大きく異なるわけで、インターフェースが共通化されていても、処理する側としては、それぞれのeventファイルがどのようなデバイスなのかという付加情報がどうしても必要となります。Androidが必要とする付加情報の一例としては、どのような種類のイベントがやってくるデバイスなのか、例えばタッチの座標が来るのかキーボードのキーが来るのかなどが挙げられます。これらの付加情報がアプリケーション側、つまりAndroid側には必要です。

あるeventファイルについてどれだけの付加情報が必要かは、処理する側の事情で決まります。そこで、インターフェースとしては必要な情報を必要な人が問い合わせるという形が良いでしょう。実際Inputサブシステムでも、必要な付加情報はioctlで問い合わせることができるようになっています。

Androidでは、2.4.2項で説明するEventHubがこの/dev/input下のeventファイルを見ていって、そのファイルにioctlでそのeventファイルの種類を問い合わせて、それに応じてタッチやキーボードの打鍵などのハンドリングを行うと

いう処理を担当しています。

Androidは、あるeventファイルがマルチタッチを送信するデバイスかどうかは、ABS_MT_POSITION_XとABS_MT_POSITION_Yをレポートするかで判定します。

ここで注目して欲しい点は、各デバイスのドライバは通常のデバイスドライバの規約に従って別の場所に置かれていますが、「Androidが入力を受け取るファイルは必ず/dev/input下にあるeventファイルだけ」ということです。パスが統一されているため、このパスのディレクトリを監視するだけで、BluetoothやUSBなどで、キーボードやマウスなどの入力デバイスが動的に追加されたり削

Column

ioctl()システムコール

　ioctlは通常のLinuxのシステムコールですが、open()やread()、write()に比べると少し馴染みが薄いかもしれないので補足しておきます。

　Linuxのデバイスドライバは、通常ファイルという形で公開されます。Linuxではデバイスを操作するAPIとしてread()とwrite()というインターフェースを用意していて、読み書きという抽象で扱えそうなものに関してはこれが用いられます。

　とは言え、デバイスにはさまざまなものがあり、読むとか書くといったふうに捉えるのが難しいデバイスもあります。そうしたその他大勢のデバイスや、読み書き以外の追加の操作や付加情報の取得などを扱うための共通の汎用的なAPIがioctlです。ioctlは「read()でもwrite()でもない、それ以外の操作全部」を対象とするシステムコールと言って良いでしょう。プロトタイプ宣言は以下のようになっています。

```
int ioctl(int fd , int reqid, ...);
```

　引数の意味はドライバによってまちまちですが、第1引数がデバイスファイルのファイルディスクリプタ、第2引数が何かしらのリクエストのIDを意味するint値です。リクエストIDはドライバごとに勝手に決めるもので、Linuxカーネルは関知しません。ioctlとは何なのかを学ぶには、Linuxを学ぶよりも具体的なドライバ達がそれぞれioctlをどのように解釈しているかを見てみる必要があります。

　本書におけるioctlの使用例と言うと、eventファイルの付加情報の扱いが挙げられます。eventファイルは、ioctlで付加情報を問い合わせることができます。

　もう一つの例としては、binderドライバが挙げられます。binderドライバでは、ioctlを用いてBINDER_WRITE_READという名前で定義されたリクエストIDを用いて、メッセージの送受信を行います[※]。

[※] binderドライバとBinderについては本書のサポートページを参照してください。

除されたりする場合も対応できるわけです。

実際EventHubではこの監視するディレクトリのパスも、以下のようにハードコードされています。

```
static const char *DEVICE_PATH = "/dev/input";
```

eventファイルをread()するとinput_event構造体が得られます。input_event構造体は大体input_report_abs()などで呼び出している引数がそのまま詰まったような構造体です。

input_event構造体は以下のような定義となっています。

```
struct input_event {
    struct timeval time;
    __u16 type;
    __u16 code;
    __s32 value;
};
```

32bit環境のAndroidなら、__u16はunsigned short、__s32はintです。typeは座標ならEV_ABS、キーコードならEV_KEYなどが入ります。codeはX座標ならABS_X、y座標ならABS_Yが入ります。valueには実際の座標が入ります。

こうして、マルチタッチのイベントは/dev/input下のeventファイルを読むことで、input_eventという形で取ることができるというのが、Linuxが提供しているInputサブシステムの仕組みです。

さて、以上でLinuxカーネルの提供している入力の概要は理解できたので、次にそれをAndroidはどう使っているのかに話を移していきましょう。

2.3 Androidフレームワークでの入力イベントの基礎
InputManagerService

ここまでで、Linuxのカーネルは/dev/input/event0などのeventXXというファイルでタッチの入力を公開しているという仕組みを見てきました。Linuxでは、ユーザープロセスに対し、このファイルをopen()してepoll()で待ち、通知があったらread()すれば良いという構造を提供しています。Androidのフレームワークでは、このeventファイルをどう使っているのでしょうか。

Android側でLinuxの提供するこの入力の仕組みを直接使って、Androidのフレームワークとつなげているのは、システムサービスの一つであるInput

ManagerServiceです。プロセスとしてはSystemServerとなります[注6]。まずは、このInputManagerServiceの概要から見ていきましょう。

2.3.1
InputManagerServiceとその構成要素

　InputManagerServiceは、第1章で触れたシステムサービスの一つです。Zygoteの初期にforkされるSystemServerプロセスに存在しています。InputManagerServiceはInputReaderとInputDispatcherという2つのオブジェクトを持っています（図2.6）。

図2.6　本節以降で解説するInputManagerServiceが全体のどこにあたるか

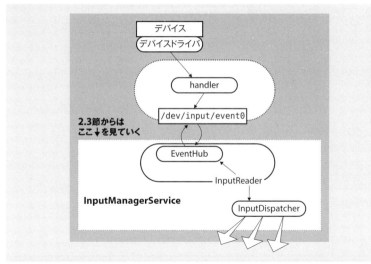

入力関連の処理のうち、本節以降で解説する部分と、それらがどう関連しているか。一番外側にはInputManager Serviceがあり、その内部にInputReaderとInputDispatcherがある。これらを順番に解説していく。

　InputReaderは、2.2節で解説した/dev/input/eventXXファイルを開いてinput_eventを読み出し、内部のイベントに変換して、InputDispatcherに投げるという仕事をします。
　InputDispatcherは、そのイベント送信先に対応するsocketpairの片方に書き込みます（図2.7）。そのsocketpairのもう片方はViewRootImplが保持しています。ViewRootImplより先は、簡単に述べるとViewのツリーを辿って目的のViewの

注6　SystemServerプロセスについては1.3.5項を参照してください。

第2章 タッチとマルチタッチ

メソッドを呼び出すことになります。詳細は4.1.4項と4.8.3項で扱います。

図2.7 InputDispatcher

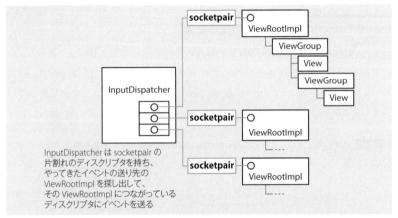

InputDispatcherは複数のsocketpairを持ち、やってきたイベントから送るべきsocketpairを探し出して、そのsocketpairにイベントを送信する。各socketpairの反対側はViewRootImplが持つ。

本章の残りの部分では、以上のAndroidの入力の仕組みのうち「Inputサブシステムから読み出してInputDispatcherがsocketpairに書き込むまで」を見ていきます[注7]。

InputManagerService自身は大した仕事はせず、ほとんどの処理は、その下のInputReaderとInputDispatcherが行っています。そこで次節からは、InputReaderとInputDispatcherをそれぞれ見ていくことにします。

2.4 InputReader
InputManagerServiceの二大構成要素❶

本節ではInputManagerServiceの二大構成要素の一方である、InputReaderを扱います。

InputManagerServiceの中で、eventファイルをepoll()して待ち、イベントがやってきたらイベントを読み出してInputDispatcherに投げるという仕事をするクラスがInputReaderです。なお、この過程で、ひとまとまりのinput_event列

注7　socketpairについてはp.27のコラムを参照してください。

を1つのイベントに変換する作業も行います。

InputReaderの構成要素

　前述の通りInputReaderは、eventファイルをepoll()して待ち、入力イベントが来たら読み出して変換し、InputDispatcherに投げるクラスです。

　eventファイルは複数あります。そして、それらを扱うAPIもLinuxの低レベルのAPIとして提供されているため、直接扱うには少し煩雑です。そこで、それらをまとめて扱い、ファイルとしてではなくもう一段抽象化したイベントを送信するオブジェクトの集まりとして扱うEventHubというクラスがあります。InputReaderはEventHubを通してeventファイルを扱い、直接eventファイルを操作することはありません。EventHubは「/dev/inputディレクトリを抽象化したもの」と言えます。

　そして、eventファイルごとにそれぞれ処理を行うクラスがInputDeviceです。基本的にはeventファイル1つにつきInputDeviceが1つ対応します。

　InputReaderはEventHubにイベントがやってくるのを待ち、やってきたら対応したInputDeviceを探し出して、そのInputDeviceに処理を任せるということを行うクラスと言えます（図2.8）。

図2.8 InputReader、input_eventが来た場合の振る舞い

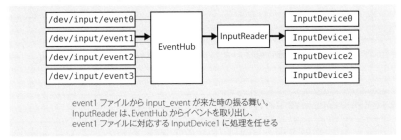

eventファイルからEventHub、InputReaderと通ってInputDeviceへとイベントが届く様子。

　以上の内容を、本節では解説していきます。最初に次の2.4.2項でInputReaderの中心となるloopOnce()メソッドを扱います。このメソッドを見ることで、InputReaderとその構成要素である2つのクラス、EventHubとInputDeviceの関係がわかります。

　その関係がわかったところで、そこから先はその2つの構成要素であるEventHubとInputDeviceの話をしていきます。2.4.3項ではEventHubの解説を行い、2.4.4項と2.4.5項でInputDeviceの説明をしていきます。

InputReaderのloopOnce()メソッドとRawEvent

2.4.2

InputReaderは独自のスレッドを持ち、その中で処理を行います。スレッド内ではループ処理を行っていて、ループ1回で行う処理はloopOnce()というメソッドになっています。

loopOnce()ではEventHubからRawEventを読み出し、このRawEventを処理しています。RawEventは、大体は「input_event＋デバイスの追加や削除のイベント」をまとめて扱うための構造体です。

EventHubからRawEventを読み出す所は2.4.3項で詳しく扱いますが、内部的にはepoll()で待ってイベントが来たらread()するという構造になっています。入力をepoll()で待つのは、ここになります。

InputReaderが読み出したRawEventに対して行う処理は、おもに以下の3つです（図2.9）。

❶ RawEventがeventファイルの追加なら対応するInputDeviceを追加
❷ RawEventがeventファイルが消失したことを表すイベントなら、対応するInputDeviceを削除
❸ 上記❶❷以外のイベントなら、そのRawEventに対応したInputDeviceのprocessメソッドにこのイベントを渡す

InputReaderは、以上の処理をループでずっと繰り返し続けます。❸のInputDeviceのprocess()メソッドの中で、InputDispatcherへの送信が必要に応じて行われます。以降で、❶〜❸の各ステップをそれぞれ詳しく見ていきましょう。

EventHubのgetEvents()メソッド

2.4.3

前述の通りEventHubは、概念的には「/dev/inputディレクトリ自身を抽象化したもの」と言えます。InputReaderは直接eventファイルを扱わずに、このEventHubを通して扱います。EventHubは、たくさんのデバイスのeventファイルをまとめて管理するクラスです。

EventHubの中心となるのはgetEvents()メソッドです。InputReaderはEventHubのgetEvents()メソッドを呼んでeventファイル関連の処理を行わせます。

getEvents()メソッド概要

getEvents()メソッドの型は、以下のようになります。

```
size_t EventHub::getEvents(int timeoutMillis, RawEvent* buffer, size_t bufferSize)
```

図2.9 loopOnce()の振る舞い

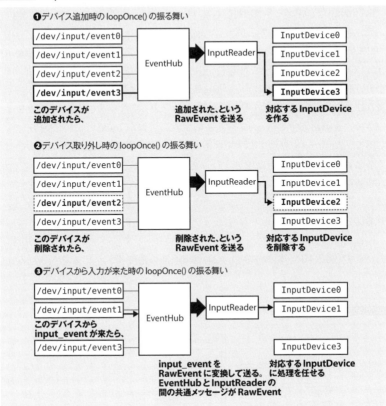

デバイスの追加、削除、デバイスからの入力が来た場合の3つのケースでのloopOnce()の振る舞い。❶デバイス追加時の処理。❷デバイス取り外し時の処理。❸デバイスから入力が来た場合の処理。すべてのケースでEventHubとInputReaderの間の共通のメッセージフォーマットとしてRawEvent型が使われている。

　結果は、引数のbufferに入れることで呼び出し元に返します。この型はRawEventの配列になっていて、このRawEventは、大体で「input_event＋デバイスの追加や削除のイベント」となっています。

　EventHub::getEvents()は、おもに3つの仕事を行います。以下では、このそれぞれの場合を見てきましょう。

❶入力デバイスが追加されたらDeviceオブジェクトを作成
❷入力デバイスが取り外されたらDeviceオブジェクトを削除
❸各デバイスの入力を待ち、入力が来たらRawEventとして返す

第2章 タッチとマルチタッチ

入力デバイスの追加や削除に応じた処理　Deviceオブジェクトの作成と削除

EventHubは、各デバイスに対応した「Device」というオブジェクトを生成します。

デバイスを表すクラスはいろいろな所に似たようなクラスがたくさんあってわかりにくい部分もありますが、EventHubのDeviceクラスはほとんど/dev/input/eventXXファイルと一対一に対応するものです。つまり、/dev/input自身を抽象化しているのがEventHubで、その下のeventファイルはDeviceオブジェクトとして表されます。これは、ほとんどeventファイルと思ってもらって間違いありません。

さて、その対応するeventファイルの生成 - 削除はLinuxカーネルが行っている所で、Androidの管理する所ではありません。そこでAndroid側のDeviceクラスの管理は、自身で寿命管理を行うというよりは、定期的にファイルシステムとsyncしているようなイメージとなります。Linuxがeventファイルを削除したら、EventHubもDeviceオブジェクトを削除します。Linuxがeventファイルを追加したら、EventHubもDeviceオブジェクトを生成します。

EventHubはDeviceオブジェクトを、Idをキーとするハッシュとして保持しています（**図2.10**）。Idは単純に、Device追加の都度インクリメントされるint値です。

図2.10　DeviceIdとDeviceオブジェクト

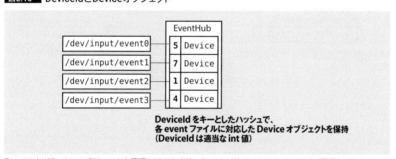

EventHubがDeviceオブジェクトを管理している方法。DeviceIdをキーとしたハッシュで管理している。

EventHubは/dev/inputディレクトリ下に、ファイルの追加や削除が行われているかを監視します。そして、このgetEvents()メソッドの中で、ファイルの追加や削除に対応した処理を行います。

2.2節で解説した通り、LinuxのInputサブシステムはドライバから受け取ったinput_eventを内部で処理して、/dev/input下にevent0、event1、...というファイルとして公開しています。EventHubが/dev/input下に追加されたり削除されたりするファイルを監視しているということは、新しい入力デバイスが追加されたり、既にある入力

2.4 InputReader

デバイスが取り外されたりした場合の処理を行っているということになります。

/dev/input下にeventファイルが追加されたら、ioctlを用いてこのeventファイルが生成するinput_eventの種類を調べ、それらの結果からDevice構造体にクラスという属性を割り振ります。例えば、Deviceのクラスには**表2.1**のようなフラグ値があります。

表2.1 Deviceのクラス一覧

ID	説明
INPUT_DEVICE_CLASS_KEYBOARD	キーボード、およびキーを入力できるデバイス全般
INPUT_DEVICE_CLASS_CURSOR	位置を表すカーソルのあるデバイス。マウスやトラックボールなど
INPUT_DEVICE_CLASS_TOUCH	シングルタッチをサポートしているデバイス
INPUT_DEVICE_CLASS_TOUCH_MT	マルチタッチをサポートしているデバイス

マルチタッチのクラスはINPUT_DEVICE_CLASS_TOUCH_MTです。普通マルチタッチをサポートしているデバイスはシングルタッチもサポートしているので、クラスにはシングルタッチを表すINPUT_DEVICE_CLASS_TOUCHとorした値が入ります。

EventHubは対応するDeviceクラスを作ったら、追加されたファイルをopen()し、epoll()で待つfd群に加えます（**図2.11**）。

このように、各eventファイルが追加されたり削除されたりすると、それに対応したDeviceクラスを作ったり削除したりします。

細かい話になりますが、Deviceオブジェクトの削除のタイミングは早過ぎると上のレイヤーで後始末の時に必要な情報が取れなくなってしまうことがあるので、実際は次のgetEvents()呼び出しまで遅延してから削除します。

最後に、追加の場合も削除の場合も、それらの出来事を表すRawEventを生成し、引数のbufferに追加することで呼び出し元に返します。

input_eventを読み出した時の処理

EventHubは/dev/input下のeventファイルをすべてopen()し、それらのディスクリプタをepoll()で待ちます。このepoll()はgetEvents()メソッドの中で呼び出しています。つまり、getEvents()を呼び出すとepoll()で入力を待つわけですね。

そして、/dev/input/eventXXファイルから何か読み込めるようになったらread()します。2.2節で説明した通り、read()の結果はinput_eventです。

getEvents()メソッドはそのinput_eventをRawEventに変換し、このRawEventを引数のbufferに追加することで呼び出し元に返します。RawEventはほとんど

69

第2章 タッチとマルチタッチ

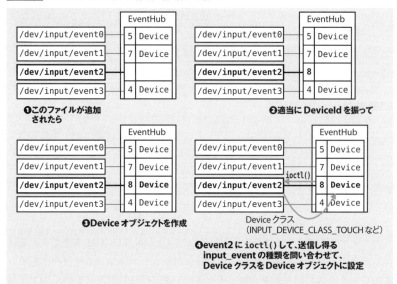

図2.11 Deviceオブジェクトの作成と初期化の過程

EventHubが新たなデバイスが追加された時に行う処理の概要。デバイスが追加されるとeventファイルが現れるので、このeventファイルが現れたらDeviceオブジェクトを作りDeviceIdを割り振る。その後このeventファイルの性質をioctl()で問い合わせて、どのようなDeviceオブジェクトかを表すDeviceクラスを設定する。

input_eventそのままですが、唯一追加されるのはこのeventファイルに対応するEventHubが保持するDeviceのIdを表すint値です。

こうしてRawEventにDeviceIdを追加することで、InputReaderが対応するDeviceオブジェクトをEventHubに問い合わせることができて、このイベントを送り出したデバイスの情報を知ることができます（**図2.12**）。

以上のように、EventHubのgetEvents()メソッドは、デバイスの追加-削除とタッチなどの入力を表すinput_eventをRawEventという形にまとめて返します。

2.4.4
InputDeviceとInputMapper

InputReaderはEventHubのgetEvents()を呼んで、返ってきたRawEventを処理します。RawEventにはデバイスの追加や取り外しと、タッチなどのイベントの両方が入っています。

デバイスの追加のイベントが来た場合、InputReaderはInputDeviceというオブジェクトを作ります。これはEventHubの持つDeviceと一対一に対応しているオブジェクトです（**図2.13**）。

図2.12 RawEventにはinput_eventの内容に、さらにDeviceIdが付加される

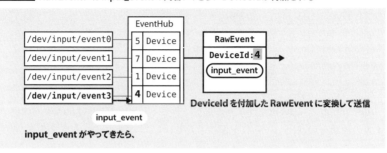

input_eventがやってきた時に送信されるRawEventの内容の模式図。RawEventにinput_eventとそれが発生したデバイスのDeviceIdの両方を持たせる。

図2.13 DeviceとInputDeviceの関係。InputDeviceはInputReaderが保持する

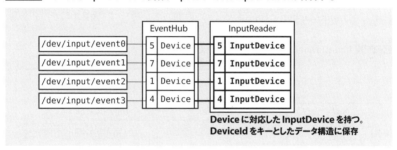

DeviceオブジェクトもInputDeviceもeventファイルに対応したオブジェクトだが、DeviceオブジェクトはEventHubが保持し、InputDeviceはInputReaderが保持する所が違う。ただし、DeviceIdは両者で同じものを使う。

　デバイスごとの違いは、InputDeviceではなくInputDeviceに登録するInput Mapperで吸収します。Androidではタッチの他に、キーボードやトラックボールなどさまざまな入力機器があり得ます。これらさまざまな入力イベントの違いを吸収するのがInputMapperというわけです。

　InputMapperは基底クラスで、実際にはそれぞれのデバイスの性質に応じたサブクラスのInputMapperがあります。主要なものを挙げると**表2.2**のようなクラスがあります。

第2章 タッチとマルチタッチ

表2.2 InputMapperのサブクラス

サブクラス名	説明
SwitchInputMapper	スイッチ状のデバイス用
KeyboardInputMapper	キーボード状のデバイス用
MultiTouchInputMapper	マルチタッチ用。シングルタッチも一緒に処理できる
SingleTouchInputMapper	シングルタッチ用

/dev/input/下にeventファイルが追加されると、EventHubはioctlをしてデバイスの種類を取り出し、それを保持したDeviceオブジェクトを作ると2.4.3項で説明しました。

InputReaderは、このデバイス追加を表すRawEventがやってきたら、それに対応するInputDeviceを作成します。この時にRawEventにあるDeviceIdを元にEventHubにDeviceオブジェクトを問い合わせて、このDeviceオブジェクトに応じたInputMapperをInputDeviceに追加していきます（**図2.14**）。

図2.14 InputDeviceにInputMapperを追加していく様子

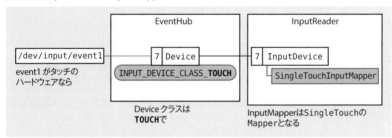

入力デバイスに対応したSingleTouchInputMapperが選ばれてInputReaderに追加されるロジックの概要。SingleTouchInputMapperはDeviceクラスがTOUCHの時に作られるInputMapperで、このDeviceクラスは/dev/input/event1にioctl()で問い合わせた時の内容で決まる。こうしてeventファイルに対応したInputMapperが作成されて追加されることになる。

Deviceオブジェクトの性質に応じて、それに対応したInputMapperをInputDeviceに追加していくわけです。InputMapperは、1つのInputDeviceに複数登録することができます。

InputMapperはさまざまなデバイスからのイベントを、InputDispatcherが処理できるイベントに変換します。この変換については、次の2.4.5項でマルチタッチを例に見ていきます。

2.4.5
タッチの処理とMultiTouchInputMapper　　InputMapperの具体例として

ここまで、RawEventがデバイスの追加を表す場合の処理を見てきました。こ

の場合はInputDeviceを生成し、そこにInputMapperを付けるのでした。

RawEventにはもう一つ、実際の入力由来のイベントも運搬します。これはLinuxのinput_eventに対応したRawEventです。入力を表すRawEventが来ると、InputReaderはこのRawEventに対応したInputDeviceを取り出し、このInputDeviceにRawEventの処理を委譲します。

InputDeviceは、自身に登録されているInputMapperに順番にRawEventを渡していきます。この時イベントの順番やsyncのタイミングなどに応じて少し凝った回り方をしなくてはなりませんが、概念的には登録されている各InputMapperに処理を任せていると言えます。

マルチタッチのデバイスの場合、マルチタッチの処理を行うMapperはMultiTouchInputMapperです。ここではこのMultiTouchInputMapperを見ていきましょう。2.2.2項で説明した通り、ドライバからは、マルチタッチは以下のようなinput_eventとしてやってきます。

```
ABS_MT_SLOT 0
ABS_MT_TRACKING_ID 45
ABS_MT_POSITION_X x[0]
ABS_MT_POSITION_Y y[0]
ABS_MT_SLOT 1
ABS_MT_TRACKING_ID 46
ABS_MT_POSITION_X x[1]
ABS_MT_POSITION_Y y[1]
SYN_REPORT
```

それぞれの行が別々のRawEventとしてやってきます。つまり上記の例なら、9個のRawEventがやってくるわけです。

ここで、2.1.1項で見た通り、最終的にはマルチタッチは2つの指のタッチの両方を合わせて1つのイベントオブジェクトで表します。X座標とY座標も2つ合わせて初めて画面上の位置を表せます。X座標のイベントとY座標のイベントが別々のオブジェクトで来ても、GUIアプリ開発者としてはうれしくありません。そこで、MultiTouchInputMapperが、これらのRawEvent達をまとめて1つのイベントに変換します。MultiTouchInputMapperはSYN_REPORTが来るまで各イベントを配列に貯めていき、SYN_REPORTがやってきたらそこまでのイベントをまとめて1つのInputDispatcherが処理できるイベントへと変換します。マルチタッチの場合は、RawEvent達をまとめて1つのNotifyMotionArgという型に変換します。

MultiTouchInputMapperはInputReaderからRawEventをどんどん受け取って、SYN_REPORTが来る都度そこまでのRawEventをまとめて1つのNotifyMotionArgに変換し、InputDispatcherに送るということを行っています

（図2.15）。

図2.15 MultiTouchInputMapperがSYNCの都度input_eventをまとめて送信する様子

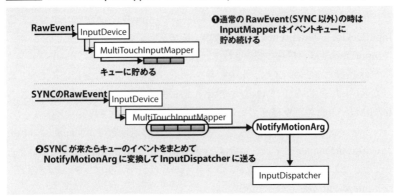

SYNCとそれ以外のRawEvent（input_event由来のもの）の処理の関係。SYNC以外のRawEventをキューに詰めていき、SYNCのRawEventが来たらキューに詰まっている一連のRawEventをまとめて1つのNotifyMotionArgに変換し、送信する。

　NotifyMotionArgは、同じタイミングで複数箇所タッチされている時のタッチ入力を1つのNotifyMotionArgとするような単位です（同じタイミングで複数箇所タッチするのが、まさにマルチタッチというものですね）。

　名前から想像できるように、このNotifyMotionArgを送るメソッドはnotifyMotion()です。コードとしては以下になります。NotifyMotionArgsのコンストラクタに渡している引数はたくさんあって複雑ですが、まずは個々の引数はあまり頓着せずにNotifyMotionArgsを作ってInputDispatcherに渡す流れを確認してください。

```
MultiTouchInputMapperのnotifyMotion()呼び出し
// 貯めたRawEventをNotifyMotionArgsに変換
NotifyMotionArgs args(when, getDeviceId(), source, policyFlags,
        action, flags, metaState, buttonState, edgeFlags,
        mViewport.displayId, pointerCount, pointerProperties, pointerCoords,
        xPrecision, yPrecision, downTime);

// InputDispatcherに送る
getListener()->notifyMotion(&args);
```

　getListener()の返すものの実体は、次の2.5節で扱うInputDispatcherです。
　このように、MultiTouchInputMapperはRawEventを以下の2つの方法で処理していきます。

❶SYNC以外のRawEventはキューに貯めていく

❷SYNCのRawEventが来たらキューに入っている全イベントをまとめて1つのイベントに変換し、InputDispatcherに送る

こうして、X座標とY座標を別々のイベントとして送信するeventファイルのinput_eventの単位から、1回のタッチをまとめて1つのイベントとして扱うという、よりアプリ開発の時に処理しているイベントオブジェクトに近い単位のオブジェクトに変換が行われます。

そして、input_eventの中身についての知識はこのMultiTouchInputMapperに局所化されていて、InputReaderやEventHub、InputManagerServiceなどのその他のオブジェクトは知らなくて済む構造となっています。そこで新たなこれまでまったく存在しなかったような種類のデバイスをサポートする必要が生まれても、Deviceクラス周辺のフラグ追加などの些細な変更を除けば、このInputMapperを新しく追加するだけでサポートできるわけです。

2.4.6
InputReaderまとめ

InputReaderはEventHubやInputDevice、MultiTouchInputMapperなどさまざまなクラスが出てきました。そこで、ここまでの流れをinput_eventがやってきたケースに絞って、InputReaderの全体像を簡単に振り返ってみましょう（図2.16）。

図2.16 InputReader全体の入力イベントの流れ

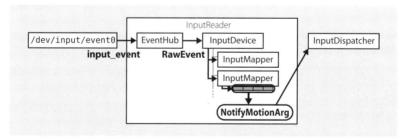

InputReaderの全体像。eventファイルからinput_eventが送信された時にいろいろな処理をした上でInputDispatcherへと送信するのがInputReaderの役割。

InputReaderはEventHubから入力を取り出し、InputDeviceに渡していきます。すると、InputDeviceは自身に登録されているMultiTouchInputMapper（図中ではInputMapperで表しています）に、このイベントをそのまま流します。MultiTouchInputMapperはSYNCを表すイベントが来るまでは入力を貯めてい

き、SYNCが来たらそこまでのRawEventを束ねて1つのNotifyMotionArgsにします。1つのNotifyMotionArgsが、1回のマルチタッチの入力に対応します。

このようにInputReaderはEventHubから来たイベントを、1回のタッチを表すイベントに変換してInputDispatcherに投げています。

以上がInputManagerServiceの2つのおもな構成要素の一つ、InputReaderです。次節では、もう一つのおもな構成要素であるInputDispatcherについて見ていきましょう。

2.5 InputDispatcherとInputChannel
InputManagerServiceの二大構成要素❷と送信相手のクラス

前節で見たように、InputReaderに登録されたlistenerはnotifyMotion()などの通知を受け取ります。このlistenerの実体が本節で扱うInputDispatcherです。InputDispatcherはInputManagerServiceの2つのおもな構成要素の一つでした。InputDispatcherはnotifyMotion()などにより通知された入力のイベントを、個々のアプリのプロセスに送る仕事をしています。そして、送る相手はInputChannelと呼ばれるオブジェクトで表されます。

InputDispatcherもInputChannelもどちらもそれほど複雑なクラスではないので、最後に軽くInputDispatcherとInputChannelクラスを見てInputManagerServiceの章を終えることにしましょう。

2.5.1 InputDispatcher概要

InputDispatcherは、InputManagerServiceが持つ2つの主要なクラスのうちの一つです。なお、もう一つは既に扱ったInputReaderです。

InputDispatcherには大きく3つの仕事があります（図2.17）。

❶入力のイベントをキューに受け入れる
❷送り先を見つけ出す
❸送り先にイベントを送る

❶に関しては難しい部分はありません。InputDispatcherには外部からの要求を受け入れるキューがあり、notifyMotion()などのメソッド呼び出しは、このキューに入力のイベントを詰めるだけとなっています。キューに詰められたイ

2.5 InputDispatcherとInputChannel

図2.17 InputDispatcherの3つの仕事

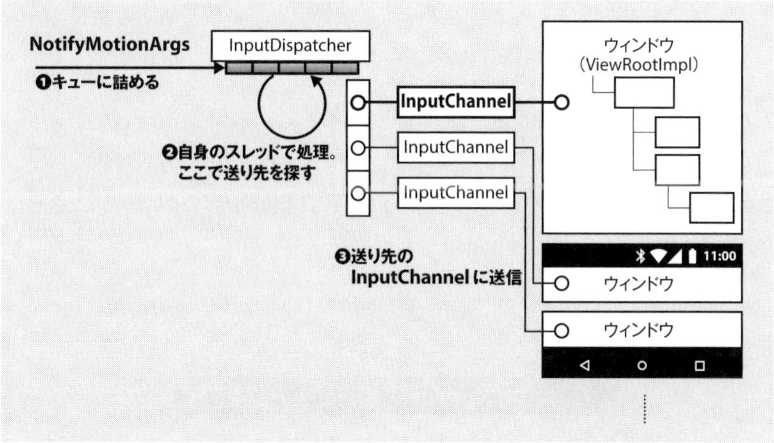

InputDispatcherには大きく、❶NotifyMotionArgsをキューに貯めるという役割、❷自身のスレッドでこの詰められたNotifyMotionArgsの送り先を探すという処理を行う役割、❸送り先のInputChannelにイベントを送るという役割の3つの役割がある。

イベントの実際の処理は、InputDispatcher自身のスレッドで行われます。

❷の送り先の単位はウィンドウです。ウィンドウに関しては6.5節で扱います[注8]。ここの説明で必要な事項としては、各ウィンドウはInputChannelというものを持っているということと、担当する画面内の長方形の領域を持つということです。

InputDispatcherはイベントの送り先のウィンドウを探して、そのInputChannelにイベントを送ります。送り先のウィンドウは、イベントの種類によって探し方も違います。タッチのイベントの場合は、タッチした場所にあるウィンドウとなります。それはタッチのイベントが発生したDisplayの中のウィンドウの一覧から、タッチした場所とマッチするウィンドウを探すという作業になります。それとは別に、キーボードの場合は現在フォーカスのあたっているウィンドウになります。これらの送り先となるウィンドウを入力のイベントから探すのはInputDispatcherの仕事です。

❸では、❷で見つけた送り先にイベントを送ります。基本的にはInputChannelに書くだけですが、実際の実装はもう少し細かい話があります。複数のウィンドウが1つのInputChannelをシェアしています。InputChannelごとにキューを

注8 クラス名としてはWindowInputHandleになります。大体は6.5.1項のIWindowに対応したものです。詳細なクラス名は重要ではないのですが、Windowというまったく別のクラスがあってややこしいので、ここではWindowInputHandleを簡単に「ウィンドウ」とカタカナで呼ぶことにします。

保持していて、一旦このキューに送るイベントを詰めます。その後、適当なタイミングでキューに詰まっているイベントを送信していきます。とは言え、本質的にはInputDispatcherはInputChannelにイベントを送るだけと思っていて問題ありません。

❶～❸が、InputDispatcherの基本的な役割です。また、キーリピートなどもここで処理されます。

InputDispatcherは外部からの要求受け入れにInboundのキューを、そしてInputChannelごとにOutboundのキューを持っています。

Column

DonutとXperia　Androidバージョン小話❸

　最初に一般の開発者が触ったAndroidがCupcakeなら、最初に一般のユーザーが触ったと言えるのはDonutでしょう。端末としては初代のXperiaが日本人にとってはそれなりに数が出た最初のAndroid端末になると思います。

　この頃はiPhone旋風が巻き起こっている真っ最中で、Androidに限らずWindows Mobileやその他のプラットフォームからも、いろいろとiPhoneと対抗するべくiPhoneを真似した端末が出ました。その中でたぶん最もまともに対抗馬になりそうだと感じさせることに成功したのが、初代のXperiaだと思います。Donutの動いているXperiaが出せたというのが、メーカーやキャリアがWindows Mobileやその他のライバルのプラットフォームを捨ててAndroidに賭ける気にさせた、直接の契機だと思います。

　実際、筆者もXperiaを見てAndroidに賭けようと友人と話し合い、LayerPaintというお絵描きアプリを作り始めました。なかなか思い出深いバージョンです。

　Cupcakeはいろいろと開発者向けで、プログラムでない一般ユーザーが使うにはどうかなぁという部分が残っていましたが、Donutは一応普通のユーザーがスマホとして使うことができる所までは来ていました。Donutの時点ではハードウェアもAndroidもまだまだiPhoneに対抗できる状態ではなかったのですが、「これを発展させていけば戦えるかも」と思わせることに成功したのは、結局このDonutがあのタイミングでリリースできたということに尽きるでしょう。

　Donutは、完成度としてはそこまで高くもなかったのですが、一応は一般ユーザーでも使える所までは持っていったという点で、大きな転換点だったと言えます。Cupcakeの完成度で世に出し、Donutくらいの完成度なのに大々的に展開するというのは、ライバルのモバイルプラットフォームが誰もできなかった、勝負を分けたシップの戦略だったと思います。Googleはシップの大切さ、ひいては物の作り方ということを知っているなぁと当時感動したのを覚えています。

InputDispatcherは独自のスレッドを持っていて、自分のスレッドで処理を行います。InputDispatcherのスレッドでは、Inboundのキューに要求が入っていたら、それを送り先のInputChannelのキューに詰め直し、InputChannelのキューに残っているイベントがあったら順番に送信をしていきます。以上がInputDispatcherの概要です。

2.5.2
ウィンドウとInputChannelの登録

InputDispatcherは、現在システムに存在しているウィンドウの一覧を持ちます。そして、デバイスから来た入力のイベントを、各ウィンドウのイベントに変換して送信するのがおもな仕事となります。

InputDispatcherにウィンドウを足すメソッドの外部からのインターフェースは、InputManagerServiceのregisterInputChannel()メソッドです。WindowManagerServiceは、このメソッドを呼び出すことで、入力を受け取ることができるウィンドウをすべてInputDispatcherに登録します。WindowManagerServiceより先の話は6.5.3項で扱います。

InputManagerServiceとしては、「イベント送信先のウィンドウとそのInputChannel」の一覧を外部からもらい、入力イベントがデバイスからやってくる都度このウィンドウ一覧から該当するウィンドウを探して、イベントを送信するという振る舞いをするわけです。

2.6
まとめ

ここで改めてp.52の図2.1を見ると、本章で扱ったすべての構成要素を含んでいるのがわかるでしょうか。本章の解説内容をまとめると、LinuxのInputサブシステムとドライバが協力してeventファイルとしてデバイスの入出力を公開します。そのeventファイルを使うのが「InputManagerService」という名のシステムサービスです。InputManagerServiceは、入力のデバイスファイルをepoll()し続けて、入力のイベントがやってきたら適切に変換してウィンドウに送るという役割を担います。

InputManagerServiceの構成要素のうち、入力を受け取り元のデバイスに応じたイベントに変換するのがInputReaderの仕事で、それを送り先のウィンドウに届けるのがInputDispatcherの仕事です。入力を受け取りたい人は、

InputManagerServiceのregisterInputChannel()を呼んで自身を登録すると、入力のイベントを受け取ることができます。

このようにして、ハードウェアの入力はInputManagerServiceに登録されているInputChannelに送信されます。

次に、他の章との関連についても触れておきます。InputChannelはsocketpairのラッパーなので、このsocketpairの反対側で受け取る人がいるはずです。このsocketpairの反対側は、ウィンドウとViewの世界になります。こちらは4.1.4項と4.8.3項で扱うことにします。また、ウィンドウとViewRootImplの関係については6.5.1項と6.5.4項で扱います。

Column

EclairとFroyo　Androidバージョン小話❹

　Donutが一つの到達点として広く使われ始めて、その後の開発途上バージョン的な扱いで出てきたのがEclairとFroyoです。バージョン2.0と2.1のどちらもEclairと呼ばれていたことからも、当時の混乱がうかがえます。

　Donutがまぁまぁ普通のユーザーでも使えないこともないくらいの出来だったのに対し、Eclairは相当不安定で品質もあまり良くありませんでした。これはEclair自身の問題と、ハードウェアがシングルタッチ用に作ったものを無理矢理アップデートするなどといった事情から来るハードウェアの品質の問題の両方があります。この頃、どれだけ皆が焦ってiPhoneに対抗しようとしていたかが伝わってきますね。Eclairの「できてない感」は組み込みの開発者から見ると相当で、この状態でよくリリースしたなぁと感心したものです。筆者は「CupcakeからDonutでせっかく安定してきたものをここまで壊すか！」と、Googleという会社が作る携帯プラットフォームというものの新しさを驚きの目で見ていました。

　Froyoもいろいろと粗い部分はありましたが、Eclairに比べればずいぶん我慢できる状態になりました。APIの観点は、Eclairから比べるとFroyoはだいぶ使いものになる感じになってきていて、DalvikのJITも入ったなど、その後の基礎となる形が作られた時期でもあります。Eclairの状態で無理矢理リリースし、それをその後力づくで安定させてFroyoまで持っていったというのは、Googleの技術力の高さをとても良く表していた出来事だったと思います。たぶん本物のエースがチームにいたのでしょうね。

　Froyoはかなりの数の端末が出て、この頃から特定の端末とバージョンがイメージで紐付く時代は終わり、たくさんの端末を見かけるようになりました。Froyoの端末はかなり長生きし、それなりの期間使われることになります。

第3章
UIスレッドとHandler
Looper と Handler が見えてくる

第3章 UIスレッドとHandler

　AndroidはLinuxの上に作られた組み込み向けのシステムですが、GUIシステムには組み込みLinuxで一般的なQtやGTK+などを使わず、独自のGUIシステムを採用しました。GUIシステムの大部分はJavaで書かれていますが、組み込みのJavaで一般的なMIDP(*Mobile Information Device Profile*)とも別のものとなっています。

　GUIシステムと言えば、「レイアウト」「描画」、それから「イベント処理」です。そして、イベント処理のうち、イベントの配信の部分はUIスレッドとの関連が深い所なので、イベント処理を理解するにはUIスレッドの理解が必須です。そこで本章では、UIスレッドを詳細に見ていきます。

　既に他のGUIシステムの知識がある人が最初に新しいGUIシステムを知ろうと思ったら、どこから学ぶでしょうか。いくつか候補はあると思いますが、最初にUIスレッドがどのように実行されるか、つまりメッセージループをどう回しているかを調べる人は多いでしょう。

　メッセージループは最もトップレベルで行われる部分なので他との依存も少なく、GUIプログラムではよくあるトラブルの「なぜかイベントハンドラが呼ばれない」という問題に遭遇した時に、コードを追う時のスタート地点となるものでもあります。他のGUIシステムの経験が豊富なプログラマなら、ここをちゃんと把握しておきたいと思うことでしょう。また、UIスレッドの中の特定の場所でメッセージループを回すトリックはあるのかとか、逆にイベントハンドラの中なのにある関数を呼ぶと勝手にメッセージループが回ってしまうケースがあるのかなどをまず調べたくなるような、相当多くの修羅場を乗り越えたベテランGUIプログラマもいるかもしれません。

　そこで本章でも、このUIスレッドやメッセージループが、Androidではどう実現されているかを見ていきます。まず、3.1節でUIスレッドとはそもそも何なのかを説明します。GUIのシステムでは一般にUIスレッドという特別なスレッドが存在し、そのスレッドでしか行えない作業があります。この3.1節ではどのような作業がUIスレッドでしか行えず、どのような作業はUIスレッドでは行えないのかを見ていくことで、UIスレッドとはどのようなものかを明らかにしていきます。

3.2節では、UIスレッドを実現しているクラスであるLooperについて解説します。Looperはスレッドと深く結び付いた実装となっていて、次の3.3節で扱うHandlerはこのLooperの実装に大きく依存しているため、Looperの理解は重要となります。

　3.3節では、UIスレッドと相互作用するためのクラスであるHandlerを説明します。Handlerは通常のアプリ開発でも皆さんが日々使っている見慣れたクラスだと思いますが、Looperをしっかり理解した上で実装を見ていくと、おまじないとしてコピペされがちなHandler関連のコードも下にあるスレッドをきちんと意識して書いていくことができるようになります。また、Handlerを理解していくことで逆にLooperやUIスレッドを別の角度から見直すことができます。

　Handlerはアプリ開発者にも馴染みの深いクラスだと思いますが、内部をちゃんと解説しているドキュメントは少ないため、本章は数少ないHandlerの内部解説の一つにもなるでしょう。

図3.A　本章で取り上げるLooperとHandler

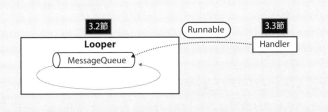

本章では3.2節でLooperによるループを、3.3節でHandlerを扱う。

第3章 UIスレッドとHandler

3.1
UIスレッド
UIスレッド周辺の構成要素を知る

　実際の細かい実装に入る前に、本節ではUIスレッドとは何かという基本を押さえます。UIスレッドについて概観してから、AndroidにおけるUIスレッド周辺の構成要素を洗い出していきます。

UIスレッドとは何か　HandlerとUIスレッドの関わり

3.1.1

　Androidのプログラムをする時に、「UIスレッドでしか実行できない操作」に遭遇したことがあるでしょう。例えば、Toastのshow()メソッドなどがその典型です。そのような時は以下のコードのようにすると思います。

```
// handler.post()の呼び出しはUIスレッド以外で実行される
handler.post(new Runnable() {
    @Override
    public void run() {
        // UIスレッドでしか行えない操作
        Toast.makeText(this, "Invalid Server response.", Toast.LENGTH_LONG).show();
    }
});
```

　上記のコードのToast.makeText().show()呼び出しは、UIスレッドでしか行うことができない操作です[注1]。handler.post()でRunnableを渡すと、その中のrunメソッドはUIスレッドから非同期に呼ばれます。そのrun()の中に、UIスレッドで行わせたい操作、この例の場合はToastのmakeText().show()を書くわけです（図3.1）。

UIスレッドは、GUIシステムの特別なスレッド　UIスレッドでしか実行できないGUI関連操作がある

　GUIシステムでは通常、ある1つの特別なスレッドがあり、その中でしか行えないGUI関連の操作があります。この特別なスレッドを「UIスレッド」と呼んでいます。AndroidでもUIスレッドが存在していて、その中でしか行えない操作がいくつかあります。

　UIスレッドは、Androidに限らずGUIシステムでは一般的に用いられる用語です。もちろんAndroidでもよく使われています。

注1　第1章でも取り上げましたが、Toastは画面上にメッセージを数秒間表示するクラスです。

3.1 UIスレッド

図3.1 HandlerとUIスレッド

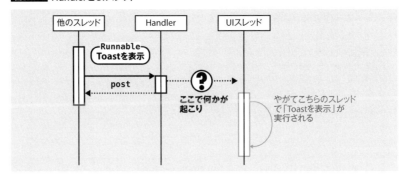

HandlerとUIスレッドがどうにかして関係しているのは間違いなさそう。

3.1.2
UIスレッドでしかできないこと　ラベルの変更やToastの表示など

　GUIに関する操作のうち、いくつかのことはUIスレッドからしか実行できません。例えば、ボタンのラベルを変更する以下のようなコードは、

```
UIスレッドでしか実行できないボタンのラベル変更のコード例
Button button = (Button)findViewById(R.id.button);
button.setText("newlabel");
```

　UIスレッド以外から実行すると、ViewRootImplのCalledFromWrongThreadExceptionが上がります。先ほど例に上げたToastのmakeText().show()なども上がるExceptionはRuntimeExceptionと違うものですが、Exceptionが上がるのは同様です。

　UIスレッドで行われるGUI関連の処理は、システムにより多少の違いはありますが、多くは(そしてAndroidも)、

❶画面の描画
❷タッチやキーボードなどのイベント処理
❸GUIを構成する部品に対するラベルなどの変更

などとなります。

UIスレッド以外からUIスレッドでしかできない操作を実行したい場合
Handlerを用いたUIスレッドでの実行

　こうしたUIスレッドでしか行えない処理を、UIスレッド以外から行いたいという場合もあります。そのような時はHandlerというクラスを使って、UIス

第3章 UIスレッドとHandler

レッドで呼んで欲しいコードをpost()するというイディオムを用います。例えば、先ほどのButtonの例では以下のようにコードを変更します。

```
// handlerはどこかで作成したHandlerのインスタンス
handler.post(new Runnable() {
    @Override
    public void run() {
        // UIスレッドで実行させたい処理
        Button button = (Button)findViewById(R.id.button);
        button.setText("newlabel");
    }
});
```

このhandler.post()で渡しているRunnableのrun()メソッドが、UIスレッドで呼ばれるわけです。

Activityの基底クラスであるContextや、Viewに実装されているメソッドを呼ぶ場合には、UIスレッドでしか呼ぶことができないメソッドが多くあります。また、ActivityのonCreate()やonStop()などのライフサイクルに関するコールバックもUIスレッドで呼び出されます。

Column

一般的なGUIシステムにおけるUIスレッド

Androidに限らず現存する多くのGUIプラットフォームにおいては、イベント処理等をするのは特別な1つのスレッドということになっています。また、ラベルに表示されている文字列の設定や変更なども、そのスレッドから行わなくてはならないシステムが多くなっています。このスレッドをAndroidに限らず、一般に「UIスレッド」と呼んでいます。

どのGUIプラットフォームでもこのUIスレッドで処理を行うための仕組みがあって、それは何らかのメッセージ送信の形をしています。Androidでは3.1節で述べる通りhandler.post()ですし、Win32 APIではPostMessage()、WPFなどではDispatcher.BeginInvoke()などを使います。

このように、UIスレッドはさまざまなGUIシステムで共通の概念であり、APIの名前はシステムごとに違っていても役割は同じようなAPIが大体存在するため、何かしらのGUIシステムでのプログラミング経験がある人はここに着目して別のGUIシステムを学ぶと学習が早いでしょう（筆者も新しいGUIシステムを学ぶ時には、この辺から学びます）。また、Androidでひとたびこの周辺をしっかり理解しておけば、他のGUIシステムを学ぶ時にも大きな助けとなるはずです。

UIスレッドではできないこと　　時間のかかる処理

　前述の通り、UIスレッドでしかできないことはいろいろとあります。一方で、UIスレッドではできないこと、および行うべきでないことというのもあります。それは一言で言ってしまえば「時間のかかる処理」です。

　UIスレッドではタッチのイベントなど、ユーザーの操作に対応しなくてはならないイベントも処理されます。ユーザーが画面をタッチした時には、それらのイベントの処理によって何かしらの反応、フィードバックが得られるわけです。このフィードバックを見て初めて、ユーザーは自分がタッチできたと感じます。このフィードバックが何らかの事情で遅れてしまうと、ユーザーから見ると「なぜか反応しない」と異常事態に感じられます。ユーザーの操作に対する反応は、素早く返さなくてはいけません。

　ところが、UIスレッドとはその名の通りスレッドなので、同時には1つの処理しかできません。そこで、このUIスレッドでユーザーのタッチの反応とは別の何か長い時間がかかる処理を行ってしまうと、ユーザーが画面をタッチしても、タッチのイベント処理がこの長い処理が終わるのを待ってから処理されることになってしまいます。これではすぐにユーザーのタッチに反応を返すことができず、GUI上でいくらユーザーが操作しても反応しないという事態に陥ります。フリーズしてしまうわけです。Androidを使っていると、出来の悪いアプリが何を押してもさっぱり反応しなくなるという体験をしたことのあるユーザーは多いでしょう。

　つまり、UIスレッドでは「時間のかかる処理」はできませんし、また行ってはいけません。GUIのアプリでは、一般にUIスレッドでの処理はなるべく短くなるように書きます。時間がかかる処理を行いたい場合は別のスレッドを立ち上げて、そこで処理を行います。

　これは推奨されるだけではなく、強制されるAPIもあります。ネットワーク系のコードなどがそれです。Androidではバージョン3.0以上からは、UIスレッドではネットワーク通信のコードなどが実行できなくなりました。UIスレッドで実行されるとNetworkOnMainThreadExceptionというExceptionを投げるようになっています。ちょっとした動作確認やテストをしたい時に、このExceptionに遭遇して面倒だと思っている開発者も多いことでしょう。

　このように実行自体が禁止されているAPIコールもありますし、また、システムによって明示的に禁止されていなくても、時間がかかる処理はなるべくUIスレッドで行うべきではありません。

　これはアプリのレスポンスに大きく影響を与えるところで、それがタッチのUXにとっては極めて大きな影響を与えるので、とても重要なポイントです。触ったら

第3章 UIスレッドとHandler

その瞬間にすぐに動くということは、実際に指で物を触っているかのようなフィーリングを与えて、指に吸い付いているかのように感じられるための大切な必要条件となっています。UIスレッドで行う作業はなるべく短くして、時間のかかる作業は別のスレッドで行う、これはタッチの反応を向上させるためにも重要な鉄則です。

そこでAndroidでは、いろいろなことをUIスレッドでやらなくても済むようにクラスライブラリが設計されています。AsyncTaskのようなクラスが提供されていたり、データベース関連の処理にはCursorLoaderというクラスが追加されたりしています。この傾向はバージョンを重ねるごとにだんだんと進んでいて、かつてはUIスレッドで行っていた作業も今では別のスレッドで行うことが推奨されているというのは珍しくありません。

第5章以降のハードウェアアクセラレーションを用いたGUIシステムでも、この方針は踏襲されています。以前は、onDraw()メソッドというUIスレッドで呼ばれるメソッドで実際に時間のかかる描画をしていましたが、Honeycomb以降で刷新された描画フレームワークでは、onDraw()メソッドで行う作業をなるべく短くして、実際の描画はRenderThreadという別のスレッドで非同期に行うようになりました。

時間のかかる処理はUIスレッドでは行ってはならない、これはAndroidのGUIプログラミングにおける鉄則で、しかもこの鉄則は年々厳格になっています。

3.1.4
メッセージループとUIスレッド　UIスレッドとLooperの関係

UIスレッドと似た言葉の一つとして、「メッセージループ」という言葉があります。UIスレッドは、メッセージを処理するループ処理で実現されていることがほとんどなので、UIスレッドとほとんど同じ意味として「メッセージループ」という言い方もします。この2つの言葉は、区別なく使われることも多いのが実状です。UIスレッドはスレッドを強調したい時に使われ、メッセージループは、UIスレッドが実際にどう実装されているかという観点が重視される時に使われることが多いと思います。

メッセージループとはその名前の通り、while文などのループで実装されます。メッセージループは大抵メッセージキューが存在していて、メッセージループはこのキューからイベントを取り出してそれを処理するというふうに実装されています。Androidでも、基本的には同様の実装となっています。

別のスレッドで、UIスレッドで処理させる必要のある処理が出てきたら、このキューに実行したいコードを入れたメッセージをポストすることで、このループ内で処理させます（**図3.2**）。

図3.2　メッセージループとキュー

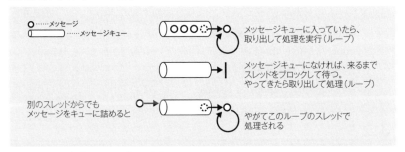

メッセージループは普通キューを使って実装されている。

Androidにおいては、このメッセージキューはLooperの保持するMessageQueueが対応します。また、メッセージループはLooper.loop()として実装されています。これらの詳細を本章で扱っていきます（図3.3）。

図3.3　Androidにおけるメッセージループ関連クラスの対応

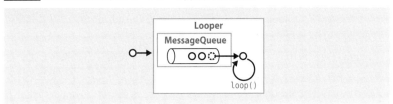

メッセージループ関連の構成クラス達。LooperがMessageQueueを持ち、loop()メソッドでループを回す。

メッセージループやUIスレッド周辺の事情は、Androidに限らず多くのGUIシステムでかなり似通っています。そこで、一つのGUIシステム上でのプログラミング経験があれば、他のGUIシステムを学ぶ時にも自分の知っているシステムと比較することで手早く学習することができます。Androidプログラミングをこれから始めようという方は、他の環境でのGUIプログラミングの経験があれば有利と言えます。本書では他のGUIシステムでのプログラミング経験を読者が持っていることは前提としませんが、他のGUIプログラミングの経験を持った人向けの説明は折に触れて補足していきたいと思います。

3.1.5
AndroidにおけるUIスレッド周辺の構成要素　LooperとHandler

Androidのメッセージループは、Looperが実装しています。Looperは「メッセージループ」を表すクラスであると言えます。Androidでは、アプリを起動す

第3章 UIスレッドとHandler

ると自動的にLooperによるメッセージループを開始します[注2]。

UIスレッド以外からUIスレッドに処理を依頼するためのクラスがHandlerです。Handlerに処理したい内容を表すオブジェクトをpostすると、その処理内容がLooperで実行しているメッセージループ内で実行されます。Handlerは、メッセージループに処理を依頼するクラスです。

本章の残りの部分で、LooperとHandlerについてそれぞれ詳細に見ていきます。

3.2 Looper
UIスレッドを実現するメッセージループ機構

Androidのメッセージループを実装しているクラスは、Looperです。Looperとは端的に言えばメッセージループを表すクラスです。Looperは1.3.2項で説明した通り、ActivityThreadのmain()で使われているクラスです。開発者はたまにしか見かけないLooperクラスですが、すべてのAndroidのアプリは起動時にLooperが実行されています。

Looper自身は汎用のメッセージループの機構で、特別GUIに特化しているわけでもありません。とは言え、ほとんどの開発者にとってLooperを見かけるのはUIスレッドで使われるケースのみでしょう。本節では、Looperの使い方と実装について見ていきます。

3.2.1 Looperの基本的な使い方　prepare()とloop()

Androidのメッセーループは、前述の通りLooperというクラスで実現されています。Looper自身はスレッドを作らず、呼ばれたスレッドでメッセージループを回します。典型的な使い方としては以下のような順序になります。

❶ Looper.prepare()を呼ぶ
❷ Looper.loop()を呼ぶ

例えば、独自のスレッドでLooperを回す場合は以下のようなコードになります。

[注2] Looperがどのタイミングでどう実行されるのかについては、1.3.2項の「ActivityThreadのmainメソッド」も参照してください。

```
// Threadクラスを継承。run()を実装することで独自のスレッドでの処理とする
class MyThread extends Thread {

    // スレッド内でnewしたHandlerを置く場所が必要。後述
    public Handler handler;

    public void run() {
        // ❶まずはLooper.prepare()を呼び出して
        Looper.prepare();

        // ❷Handlerを作る。これはloopを呼び出すスレッドと同じスレッドで作必要がある
        handler = new Handler();

        // ❸Looper.loop()を呼ぶ。
        // この呼び出しからは終了メッセージが来るまで戻ってこない。ループが回り続ける
        Looper.loop();
    }
}
```

　Looperはメッセージループを回すクラスですが、Looperだけでは誰もメッセージを投げる人がいなくてメッセージを待ち続けるだけで何もしません。そこで、Looperを使う時はいつでもメッセージを送るクラス、通常はHandlerがセットで使われます。

Column

「GUIのメッセージループ」以外のLooperの使われ方

　本文で触れた通り、Looperは汎用のメッセージループの仕組みで、GUIに特化しているわけではありません。実際Androidの初期の頃には、このLooperを自分で使ったオープンソースのアプリのコードなどもちらほら見かけました。しかし、Looperは後述するようにTLSと暗黙的に結び付き、Handlerも暗黙でLooperと結び付くため、複数のLooperが存在するととてもややこしいコードになります。また、ただのループを実現するためには仕組みが大がかり過ぎるため、最近では普通のアプリではあまり使われません。

　そのようなわけで基本的にはレアなGUIループ以外の使われ方の中で、比較的よく使われているのを見かけるパターンとしては、デバイスに近い所のシステムサービスでの使用が挙げられます。LooperのMessageQueueはファイルディスクリプタを登録してepoll()で待つことができるので、デバイスドライバをファイルとして公開して、外部からのメッセージの処理とハードウェアからのイベントを同じスレッドで処理したいという用途にはちょうど良いと言えます。システムサービスなら通常はUIスレッドのLooperも存在しないため、複数のLooperが乱立するややこしさもありません。

第3章 UIスレッドとHandler

Handlerは、「作られるタイミング」と「どこのスレッドで作られるか」が重要です。目的のLooperと紐付いたHandlerを作るためには、Handlerの作成はLooper.prepare()よりも後にnewして、しかもLooper.prepare()と同じスレッドでnewしなくてはなりません。上記コードの場合は❶でprepare()を呼んだ後に❷でHandlerを作っているので、この条件を満たしています。

これがなぜなのか、そしてHandlerとは何かについては後ほど解説します。

❸でLooper.loop()を呼ぶと、ずっと中でメッセージループが回り続けて、帰ってきません。そのため、ユーザーコードでLooper.loop()メソッドを呼ぶ場合は、普通は上記の例のように独自にこのLooper用にスレッドを作ります。

このメッセージループ内で何かをさせようと思ったら、大きく2つの方法があります。Handlerのpost()メソッドを用いる方法とファイルディスクリプタを登録する方法です。

1つめのHandlerのpost()メソッドを用いるのが、最も普通の方法です。handlerのpost()メソッドを呼び出すと、Looperのloop()でpostしたメッセージを処理させることができます。このようにLooperと（それを回している所と同じスレッドで作った）Handlerは、セットで使われることがほとんどです。

2つめの方法であるファイルディスクリプタを登録するというのは、もっと低レベルな手段で一般の開発者はあまり行わないものです。しかし、Androidのフレームワークの中では何カ所か使われています。Looperにファイルディスクリプタとコールバックを設定しておくと、メッセージキューから次のメッセージを取り出す所でepoll()でこのファイルディスクリプタも監視され、このファイルディスクリプタからreadできるようならこのLooper.loop()の内部で、つまりこのloop()のスレッドでコールバックを呼ばせることができます。epoll()からLooperにメッセージを送信する例は、3.2.3項で後述します。

3.2.2
Looperとスレッドの関連付け　myLooperとTLS

Looper自身はスレッドを作らず、呼び出されたスレッドでループを回します。そこで、Looperがどのスレッドと関連付けられているのかは重要なポイントになります。

Looperはprepare()を呼んだ時のスレッドと関連付けられます。Looperのprepare()はstaticメソッドですが、内部ではTLS（Thread-Local storage）にLooperのインスタンスを入れます。TLSにインスタンスを入れておくことで、そのTLSを保持するスレッドにLooperインスタンスが対応付けされます。TLSについてはp.94のコラムも参照してください。prepare()はstaticメソッドではあっても

内部でTLSにアクセスするため、スレッドごとに結果が変わります。コードは以下のようになっています。

```
private static void prepare(boolean quitAllowed) {
    if (sThreadLocal.get() != null) {
        throw new RuntimeException("Only one Looper may be created per thread");
    }
    // Looperを作成し、TLSに保存
    sThreadLocal.set(new Looper(quitAllowed));
}
```

sThreadLocalは、TLSを表すメンバです。

このようにprepare()メソッドを呼ぶと、prepare()メソッドの内部でTLSにLooperのインスタンスをセットします。TLSに入れることからわかるように、複数のスレッドで別々のLooperインスタンスでループを回したい場合は、Looperを回したいスレッドごとにprepare()を呼ばなければなりません[注3]。

TLSを使うので、スレッドAでのLooper.prepare()とスレッドBでのLooper.prepare()は競合しません（**図3.4**）。

図3.4 スレッドAでprepare()を呼んでもスレッドBからは取れない

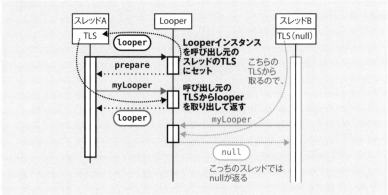

スレッドBでmyLooper()を呼び出しても、スレッドBのTLSを見てしまうのでnullが返ってくる。

このTLSにセットされたインスタンスは、LooperのstaticメソッドであるmyLooper()を使って取り出すことができます。以下は、myLooper()メソッドの実装です。

注3 もちろんそんなことをすると相当コードは読みにくくなるので、複数のスレッドで別々のLooperインスタンスのループを回すこと自体お勧めしません。

第3章 UIスレッドとHandler

```
public static Looper myLooper() {
    return sThreadLocal.get();
}
```

　sThreadLocalというTLSのget()を呼び出しているので、これはこのLooper.myLooper()を呼び出したスレッドのTLSに入っているLooperインスタンスを取り出します。つまり、あらかじめprepare()でセットしたLooperインスタンスが取得できます。逆に言うと、prepare()を呼んでいなければこのsThreadLocal.get()の結果はnullです。

　Looperには多くのstaticメソッドがありますが、これらのstaticメソッドは内部でmyLooper()を呼んで、TLSに入っているインスタンスに対して処理を行います。staticメソッドと言いつつ、スレッドごとに別の処理となるわけですね。そのため、例えばスレッドAでLooper.loop()を呼んでも、スレッドBのLooper.loop()には影響を与えません。

　さて、Looperの使い方は以下の❶❷でした。

❶Looper.prepare()を呼ぶ
❷Looper.loop()を呼ぶ

　prepare()についてはここまで見てきたので、次にloop()を見ていきましょう。loop()を理解するためには、まずMessageQueueを理解する必要があります。

Column

TLS

　スレッドでは、一般的にはメモリ空間が共有されています。したがって、同じプロセスに属するスレッドAで作った変数は、スレッドBでも触ることができます。ただ、スタックとTLSだけはスレッドごとに別々に持ちます。スレッドローカルストレージ(*Thread-local storage*)、略してTLSには、そのスレッドに紐付いたものを持たせる目的で使われます。例えば本章で扱うLooperなどはスレッドと深く結び付いた概念なので、TLSに持たせるのは自然と言えます。

　JavaでTLSを使う場合、ThreadLocalというクラスを使います。例えば、上記のprepare()の実装で出てきたsThreadLocalの定義は以下のようになっています。

```
static final ThreadLocal<Looper> sThreadLocal = new ThreadLocal<Looper>();
```

　このようにインスタンス化したsThreadLocalには、get()とset()というメソッドがあります。sThreadLocal.get()とすると、そのget()を呼び出したのと同じスレッドでset()したものが取り出せます。たとえ同じプロセスであっても、スレッドが違えばsThreadLocal.get()の結果は異なります。

MessageQueueとnext()メソッド

ここまでLooper.prepare()が、LooperのインスタンスをTLSにセットする様子を見てきました。では、Looper.loop()の中身はどのようなものでしょうか。それを知るためには、loop()の実装で中心的な役割を果たす「MessageQueue」というクラスについて知る必要があります。Looperの各インスタンスには、MessageQueueのインスタンスが紐付いています。

Looperのフィールド定義
```
final MessageQueue mQueue;
```

MessageQueueは、名前の通りメッセージキューです。このMessageQueueには、Messageのリストが管理されています。mQueue.next()を呼び出すと、次に処理するべきメッセージが返ってきます。Messageには、何秒後に処理するべきかというタイムスタンプが付いていて、処理すべきタイミングに先に到達したメッセージから処理されます。詳細は後ほど解説しますが、概念的には次に処理するべきメッセージの発行タイミングまでブロックして待って、その後先頭のメッセージを返します（**図3.5**）。

図3.5 MessageQueueのnext()

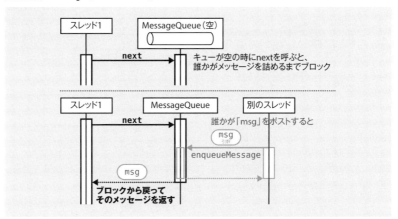

next()はキューが空だとブロックして待つ。ブロックした状態で別のスレッドがキューにメッセージを詰めると、ブロックから戻ってメッセージを受け取る。

普段アプリを書いている時に、例えばUIスレッドに500ミリ秒後に何か処理をさせたい場合、以下のようにするでしょう。

```
handler.postDelayed(
    // 第1引数はRunnable、実行したいコード
    new Runnable(){
        public void run() {
            Toast.makeText(getActivity(), "0.5 sec", Toast.LENGTH_SHORT).show();
        }},
    // 第2引数はRunnableを何ミリ秒後に実行したいか
    500);
```

このコードは、大体500ミリ秒後に「0.5 sec」と表示するコードになっています。Hanlderについては後ほど解説しますが、handlerのpostDelayed()を呼ぶと、500ミリ秒後に発行すべきメッセージとしてこのRunnableを持ったメッセージをMessageQueueに登録します。

MessageQueueのnext()はこの登録されたメッセージの一覧のうち、次に実行するメッセージ、つまり概念的には最も待ち時間の短いメッセージを取り出して、その待ち時間の分だけブロックして待ってからこのメッセージを返します。

例えば、200ミリ秒後に実行するメッセージAと100ミリ秒に実行するメッセージBが順番にポストされたとしましょう（図3.6）。

図3.6 一番発火までの時間が短いメッセージが優先的に取り出される

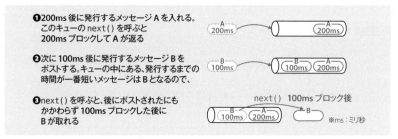

Bの方が後に詰められているのに、AよりBが先に取り出されることに注目。

ここでmQueue.next()を呼ぶと、まず100ミリ秒スリープします。そして、100ミリ秒後にメッセージBを返します。先に積まれたのがメッセージAでも、発火するまでの時間が短いメッセージBから取られます。

そして、Bを処理した後は、mQueue.next()を実行すると200ミリ秒−100ミリ秒＝100ミリ秒なので、100ミリ秒スリープした後にメッセージAを返します。厳密には、100ミリ秒からBの処理時間を引いた時間だけスリープします。

MessageQueueへのファイルディスクリプタ登録

MessageQueueにメッセージをポストするには、Handlerのpostメソッドを用い

るのが一般的な方法です[注4]。ここでもう一つ、ファイルディスクリプタを登録して、そのファイルディスクリプタからのメッセージを待つこともできます。

MessageQueueにファイルディスクリプタとそれがread可能になった時に呼ぶコールバックを登録しておくと、MessageQueueのnext()呼び出しの時にepoll()でこのファイルディスクリプタを待ってくれて、次に発火するメッセージより早くread可能状態になると、このコールバックがLooperのloop()の中で処理されます。

この仕組みを利用して、前章で扱ったInputManagerServiceのsocketpairの反対側を、UIスレッドを担当しているLooperに登録することで、タッチなどの入力イベントをUIスレッドで配信しています[注5]。

以上の機能を持つMessageQueueというクラスが、Looperが使用するメッセージキューです。次に、このMessageQueueを使ってどのようにループを回しているかを見てみましょう。

3.2.4
Looper.loop()では何を行っているのか？❶

MessageQueueのnext()の振る舞いがわかったところで、Looper.loop()を見ていきましょう。Looperのloop()メソッドは、概念的には以下の疑似コードのような振る舞いをします。

```
┌─ Looperのloop()メソッド ─
static void loop() {
    // ❶TLSのLooperを取り出す
    Looper me = Looper.myLooper();

    // ❷-1 TLSのLooperのmQueue.next()を呼び出す
    Message msg = me.mQueue.next();

    // ❸終了メッセージはnullで表される。終了メッセージでない間は...
    while(msg != null) {
        // ❹target (これはHandler)のdispatchMessage()にmsgを渡す
        msg.target.dispatchMessage(msg);

        // ❷-2 TLSのLooperのmQueue.next()を呼び出して次のメッセージ取得
        msg = me.mQueue.next();
    }
}
```

まとめると以下の通りです。❷と❸を終了メッセージが来るまで、ずっとループし続けるわけです。

注4 内部ではMessageQueueのenqueueMessage()メソッドを呼んでいます。
注5 socketpairの登録は、ViewRootImplのsetView()で行われます。setView()は6.5.2項で扱います

第3章 UIスレッドとHandler

❶ Looper.myLooper()で現在のスレッドのLooperを取り出す
❷ (❷-1および❷-2) 取り出したLooperのmQueueのnext()を呼び、メッセージキューからメッセージを取得
❸ メッセージがnullでなければ、❹ メッセージに入っているtargetにこのメッセージを渡して❷に戻る

　先頭でmyLooper()を取り出して処理しているので、このloop()メソッドはstaticメソッドでありながらスレッドごとに別々のメッセージキューを見るループとなります。

　❸のwhile文が示すように、loop()メソッドは終了メッセージが来るまでは無限ループします。そして、どこかでこのMessageQueueにメッセージがポストされると、このloop()を呼んだスレッドの内部のwhileループ、つまりloopを呼んだスレッドと同じスレッド内でこのメッセージが処理されるわけです（図3.7）。

図3.7　loop()メソッドの処理

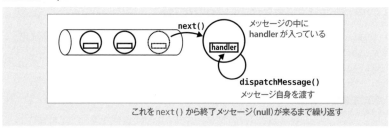

loop()メソッドでは、メッセージキューからメッセージを取り出して、そのメッセージの中にあるhandlerのdispatchMessage()を呼ぶ。この時にdispatchMessage()にメッセージ自身を渡すのが少しややこしいところ。

　このメッセージを取り出してdispatchMessage()するというのは、一般的なGUIシステムでも大体同じ形になっているので、Android以外のGUIプログラミングの経験がある方なら、Androidを知らなくても何をしているか見ればわかるでしょう。
　Androidのコードが少しトリッキーなのは`msg.target.dispatchMessage(msg)`の所だと思います。msg自身にメッセージの送り先が入っていて、その送り先にメッセージを送っているのですが、こうして言葉で説明してみても少し込み入っていますね。msg.targetは、後で解説するHandlerのインスタンスとなります。
　HandlerとdispatchMessage()については、次節で説明します。

3.3 よくわかるHandler
知っておきたい2つの役割、その実装

前述3.2節のLooperと対になるクラスとして、Handlerがあります。Handlerは通常のアプリ開発でもお世話になる見慣れたクラスでしょう。通常の開発ではUIスレッドで行わせたい処理を、Handlerを使ってUIスレッドで処理させます。使い方は簡単だしよく使うHandlerですが、その仕組みは知らないまま使っている人も多いのではないでしょうか。

ここでは、Handlerとは何か、Looperとどのように関わっているのか、実際にどう実装されているのかを詳しく解説していきます。

3.3.1 [再入門]Handler　2つの役割を分けて考えよう

Handlerは「対応するLooperにメッセージを投げるためのクラス」というのが簡単な説明です。しかし、実際はもう少し複雑です。

Handlerはメッセージを投げるクラスであると同時に、そのLooperのメッセージループでメッセージを受け取るクラスでもあるのです。これがHandlerのややこしい所❶と言えます(図3.8)[注6]。自分で投げて自分で受け取るのですが、投げるスレッドと受け取るスレッドが違うわけですね。

図3.8　Handlerのpost()はLooperとは別のスレッドで呼ぶ

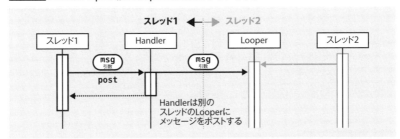

スレッド1でpost()を呼び、スレッド2でLooperのループ処理を行う。この2つのスレッドは別なのが普通。

Handlerとは何かと言われれば、メッセージを投げるクラスであると同時に、

[注6] Handlerのややこしい所❷として、どのLooperに投げるのかというのが暗黙に決まっている点が挙げられます。3.3.3項を参照。

第3章 UIスレッドとHandler

投げたメッセージを特定のLooperで受け取るクラス、と言えます。この2つの役割を分けて考えると見通しが良くなります（**図3.9**）。

図3.9 Handlerがメッセージに自身を埋め込んで、Looperに投げる

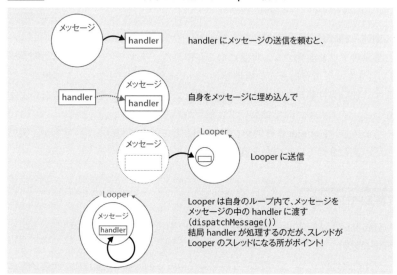

Handlerがメッセージを送信するのは良いとして、Handlerがメッセージに自身を埋め込むのがわかりにくいところ。

メッセージを投げる側に関しては3.3.3項と3.3.4項で扱います。3.3.3項はメッセージを投げる先がどのように決まっているのかを知るために、Handlerのコンストラクタを見ていきます。3.3.4項は実際のメッセージ送信のコードを見ていくことで、メッセージとtargetとなるHandlerの結び付きと、送り先のLooperが実際にコンストラクタで紐付いたものであることを確認します。

メッセージを受け取る側はdispatchMessage()の話となります。これは3.3.6項と3.3.7項で解説します。間の3.3.5項ではこの2つの役割を結び付けているという視点から、前に3.2.4項で見たLooper.loop()の実装をもう一度見直します。

3.3.2
Handlerの使用例

アプリを書いていると、別のスレッドからUIスレッドで処理させたい内容を実行したいことがよくあります。そのような時には、Handlerを使っていることでしょう。例えば、以下のようなコードは典型的なものです。何度か似たような例を出していますが、通常のHandlerの使い方と言うとこのようになります。

```
// ❶ActivityなどのフィールドJF期化でHandlerをnewする
Handler handler = new Handler();

// 別のスレッドから呼ばれるメソッド
void someMethod() {
    // ❷handlerのpost()メソッド呼び出し
    handler.post(new Runnable(){

        // ❸この中はUIスレッドから呼ばれる。Toast.makeText()はUIスレッドでしか実行できないメソッド
        public void run() {
            Toast.makeText(getActivity(), "0.5 sec", Toast.LENGTH_SHORT).show();
        }
    });
}
```

❶メンバ変数にhandlerという変数を設け、それをnew Handler()で初期化します。そして、別のスレッド、この場合はsomeMethod()呼び出しが別のスレッドから呼ばれると想定していますが、その別のスレッドから、❶で作成したhandlerのpost()メソッドを呼び出して、自分の処理させたいRunnableを渡します（❷）。すると、このRunnableの中はUIスレッドで実行されます（図3.10）。

図3.10 別のスレッドからRunnableをポストすると、どうにかしてUIスレッドで実行される

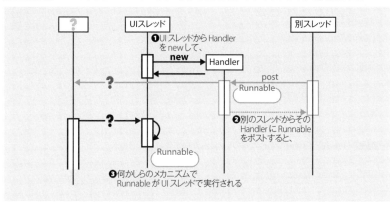

別のスレッドからHandlerにRunnableをポストすると、UIスレッドで実行されることは皆知っている。だが、誰がどのようにUIスレッドで実行しているのだろうか。

以上のことは大抵の入門書で解説されている必須事項でありながら、このコード片が実際に何をしているかはなかなか解説されていません。なぜコンストラクタに何も渡していないHandlerにpostすると、UIスレッドで実行してくれるのでしょうか。UIスレッドという特別なスレッドを、Handlerはどのように探し出すのでしょうか。そうした点について以下では見ていきましょう。

第3章 UIスレッドとHandler

3.3.3
メッセージ送り先となるLooperの決定　Handlerのコンストラクタによる暗黙の関連付け

通常呼び出すHandlerのコンストラクタには、引数はありません。Handlerは、コンストラクタの中で対応するLooperを取得します。

どのように自身のスレッドに対応するLooperを取得しているかと言うと、3.2.2項で説明したLooper.myLooper()を使用しています。Handlerのコンストラクタは、簡略化して書くと以下のようになっています。

```
## Handlerクラス
Looper mLooper;
MessageQueue mQueue;

public Handler() {
    // TLSからLooperを取得
    mLooper = Looper.myLooper();

    // LooperのMessageQueueも取り出しておく
    mQueue = mLooper.mQueue;
}
```

Looper.myLooper()は、prepare()で保存してあるLooperインスタンスを取り出すのでした。このように、引数に何も渡さずにHandlerを初期化していても、内部で勝手にTLSを見て現在のスレッドのLooperを探します。つまり、一見何も引数に渡していないように見える以下の呼び出しは、

```
Handler handler = new Handler();
```

実際にはTLSのLooperを渡しているかのように処理されているわけです。このコンストラクタで、こっそりTLSのLooperと対応付けられているのです（**図3.11**）。

図3.11 HandlerをnewするとTLSのLooperが対応付けられる

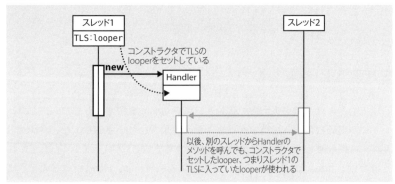

Handlerのインスタンスが対応するLooperをどう設定するのかという話。newを呼ぶスレッドのTLSのLooperをメンバに保持する。

Handlerは何も理解せずに使うには簡単で良いのですが、少し何をしているのか知ろうとすると、突然Looperなどという普段はお目にかからないクラスが出てきて、しかもこのようなことが裏で勝手に行われるので、ずいぶんと難しくなってしまいます。実現したいことに比較すると、実装も必要以上にややこしいコードになってしまっています。

このように、Handlerと送り先のLooperとの関連付けはコンストラクタ内で行われるので、後で説明するpost()がどのスレッドで呼ばれても、対応するLooperはコンストラクタを呼んだスレッドに対応したものとなります。したがって、Handlerはどこのスレッドでpost()するかは大切ではなく「どこのスレッドでnewするか」が大切です。

Column

初期の傑作、Gingerbread Androidバージョン小話❺

Froyoはいろいろと粗かったのですが、初期のAndroidに必要なものはだいぶ整った印象があります。そして、次のGBではFroyoのバグとしか思えないような部分がいろいろと直り、安定度も上がり、ハードウェア側もずいぶんこなれてきて、Androidの一つの完成を見ます。Gingerbread、通称GBは、Androidの初期の傑作であり、全バージョンを通しても最もAndroidらしさがうまく出た、名バージョンと言えます。

少ないリソースでもサクサク動き、狭い画面でも快適に使えるUI。マルチタッチ等のジェスチャーもシステム全体できっちりサポートされていて、必要なものはすべて入った感があります。

タブレット用に作られたHoneycombの出来があまりにも悪く、全然まともに使いものにならないという事情も相まって、GBはかなり長いことアップデートも続けられて使われ続けました。Honeycombの出来の酷さとGBの出来の良さが同時期に並んでしまったのも、GBで良いじゃんと開発者やユーザーに思われてしまう一因となっていたと思います。そのせいで次のバージョンの普及はなかなか進まず、GBは非常に長い間使われ続けることになりました。

GBの頃の筆者個人の重大事件としては、大好きなペン付き端末であるGalaxy Noteが登場したのが大きかったです。GBの頃のAndroidにはまだスタイラスサポートがなくて、Samsungが勝手に既存APIを拡張して使っていたので、お絵描きアプリ作者としてはサポートが端末ごとになって大変かったるかった（！）のですが、それでも「手元のデバイスに電磁誘導ペンのスタイラスでお絵描きできる！」という感動の方が大きかったです。

GBで初期のAndroidは完成を見たと言えます。完成してしまったが故に、次のHoneycombは迷走することになるのです。

第3章 UIスレッドとHandler

Handlerのコンストラクタを呼び出す時には、Looper.myLooper()で誰が返ってくるのかが重要になります。目的のLooperインスタンスがちゃんとHandlerに渡るためには、

❶ **Looper.prepare()を呼んだ後にnew Handler()を呼ぶこと（前後関係）**
❷ **Looper.prepare()を呼んだスレッドと同じスレッドで呼ぶこと（スレッド）**

の2つが適切である必要があります（**図3.12**）。「Handlerが対応するLooperを取得するのはコンストラクタで行われている」というのは、あまり知られていませんが重要なことです。

図3.12 Handlerのコンストラクタとprepare()の関係

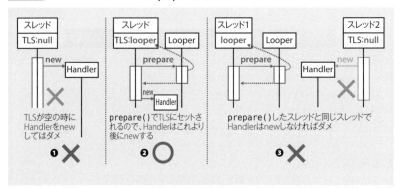

prepare()とHandlerのコンストラクタの正しい関係。❶と❸のケースはうまく設定されない。❷のケースだけが正解。

Handlerのpost()とMessageのenqueue

Handlerのコンストラクタで対応するLooperを決めたら、以後のHandlerに対するメソッド呼び出しはこのLooperのMessageQueueに送ります。ここでは、Handlerのpost()メソッドを取り上げてみましょう。要点だけ抜き出すと、post()の実装は以下のようになっています。

```
public boolean post(Runnable r) {
    // ❶Messageの取得と初期化
    Message msg = Message.obtain();
    msg.callback = r;
    msg.target = this;

    long delay = SystemClock.uptimeMills();
```

```
    // ❷LooperのMessageQueueにメッセージをポスト
    return mQueue.enqueueMessage(msg, delay);
}
```

❶の最初の3行でメッセージを作り、❷のmQueueのenqueueMessage()メソッドでメッセージをキューに詰めています。

Messageは同じサイズで頻繁に作られて、配信されるとすぐに捨てられるため、一々newするとメモリ効率が良くありません。そこで、必要になる都度newで確保するのではなく、static変数の配列としてあらかじめプールされています。Message.obtain()は、そのプールから1つMessageを取り出します。

そういった細かいことを気にしなければ、上記のMessageの初期化をしている以下のコードは、

```
Message msg = Message.obtain();
msg.callback = r;
msg.target = this;
```

次のようなコードと概念的には同じと思っていて問題ありません。

```
Message msg = new Message(r, this);
```

callbackとしてRunnableを登録し、targetとしてthis、つまりpostを呼ばれているHandlerインスタンスを代入しています。

delayは発火時刻で、単位はミリ秒です。以下のコードは0ミリ秒後に実行するという意味になります。

```
long delay = SystemClock.uptimeMills();
```

基準は見ての通り、SystemClock.uptimeMills()となっています。したがって、500ミリ秒後に実行したいなら上記のコードを、

```
long delay = SystemClock.uptimeMills()+500;
```

と変えれば良いことになります。実際、指定時刻後に実行したい時に使うpostDelayed()メソッドは上記のような実装になっています。このようにして作ったMessageオブジェクトを、mQueue.enqueueMessage()を使ってメッセージキューに積みます。このmQueueはHandlerのコンストラクタで見た通り、LooperのMessageQueueです。MessageQueueは3.2.3項で見ましたね。

このようにHandlerのpost()は、最終的にはMessageをLooperのMessage Queueにenqueueしています。enqueueするMessageはtargetにthisを入れて、callbackに引数のRunnableを入れていました（**図3.13**）。

第3章 UIスレッドとHandler

図3.13 Handlerのpost()メソッドの処理

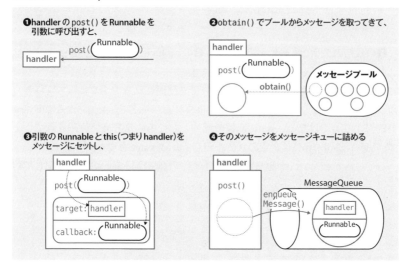

handlerのpost()をRunnableを引数に呼ぶと、handlerと引数のRunnableをメッセージに入れてメッセージキューに詰める。

　ここまでで、Handlerのpost()でMessageQueueにメッセージがenqueueされることはわかりました。では、このメッセージはどこで処理されるのでしょうか。それは前にも見たLooper.loop()です。メッセージをポストする側を理解したところで、もう一度Looperのloop()の実装を見てみましょう。

3.3.5
Looper.loop()では何を行っているのか？❷ Handlerのpost()の時の挙動

　Handlerのコンストラクタとpost()の中身を見たので、ここでもう一度Looperのloop()に戻ってみたいと思います。Looperのloop()の概要を再掲します。

```
再掲：Looperのloop()メソッド
static void loop() {
    Looper me = Looper.myLooper();

    // ❶LooperのmQueue.next()を呼び出す
    Message msg = me.mQueue.next();

    while(msg != null) {
        // ❷msg.targetにはHandlerが入っている
        msg.target.dispatchMessage(msg);

        // ❸LooperのmQueue.next()を呼び出して次のメッセージ取得
```

```
        msg = me.mQueue.next();
    }
}
```

❶と❸は、LooperのMessageQueueからMessageを取り出しています。このmQueueは3.3.4項でenqueueしていたキューですから、3.3.4項でenqueueしたMessageが❶と❸で取り出されることになります。上記の❷に注目してください。

```
msg.target.dispatchMessage(msg);
```

このtargetは、先ほどのpost()でthisを入れていた部分が対応します。すなわち、msg.targetにはHandlerのインスタンスが入っています。

つまり、Looperのloop()とは、

❶MessageQueueに新しくMessageが詰められるのを待つ
❷詰められたMessageに入っているHandlerに対して、そのdispatchMessage()というメソッドを呼ぶ

を繰り返すループというわけです（図3.14）。

図3.14 loop()メソッド再訪

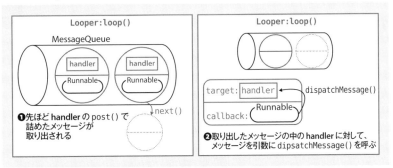

loop()メソッドは、メッセージを取り出し、メッセージに詰められたhandlerのdispatchMessage()を、メッセージを引数に呼び出す。

ポイントとなるのは、Messageをenqueueするスレッドとloop()のスレッドが別でもかまわないという点です。むしろ、通常は別のスレッドで呼ばれます。どこからMessageを詰めようと、dispatchMessage()はいつでもloop()のメソッドの中のループ、つまりloop()を呼んでいるスレッドで呼ばれるわけです。

このように、別のスレッドからloop()のスレッド上で行いたい処理をRunnableにしてメッセージキューに詰めておくと、Looperはloop()の中でメッセージキュ

第3章 UIスレッドとHandler

ーから取り出してdispatchMessage()を呼んでくれます。渡されたRunnableは、このmsgのcallbackに入っているわけですが、それを呼ぶのはdispatchMessage()の中となります。続いて、dispatchMessage()を見ていきましょう。

HandlerのdispatchMessage()① Runnableが呼ばれるケース

3.3.6

Looper.loop()の中では、msg.target.dispatchMessage(msg)という呼び出しが行われていました（p.106の「再掲：Looperのloop()メソッド」内の❷）。msg.targetはHandlerのインスタンスが入っています。では、HandlerのdispatchMessage()とは何をしている所なのでしょうか。msg.callbackに入れたRunnableはいつ呼ばれるのでしょうか。そのあたりについて、以下で見ていきます。

dispatchMessage()は、基本的には2つのケースの処理があります。

❶msg.callbackがnullでないケース ➡ msg.callback.run()を呼ぶ
❷msg.callbackがnullのケース ➡ 標準のhandleMessage()を呼ぶ

Handlerのpost()でRunnableをポストする場合のMessageは❶に該当するため、msg.callback.run()が呼ばれます。これはつまり、渡したRunnableのrun()が呼ばれることになります（図3.15）。

図3.15 msg.callbackがnullでないケース

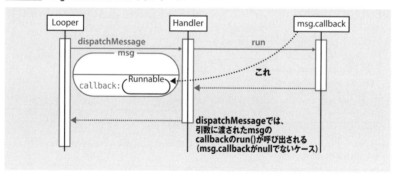

msg.callbackにnullではないRunnableが入っている場合は、そのRunnableのrun()を呼ぶ。

こうして、Handlerのpost()で渡したRunnableはLooperのloop()でコールされるわけです（図3.16）。

図3.16 msg.callbackがnullでないケース（全体図）

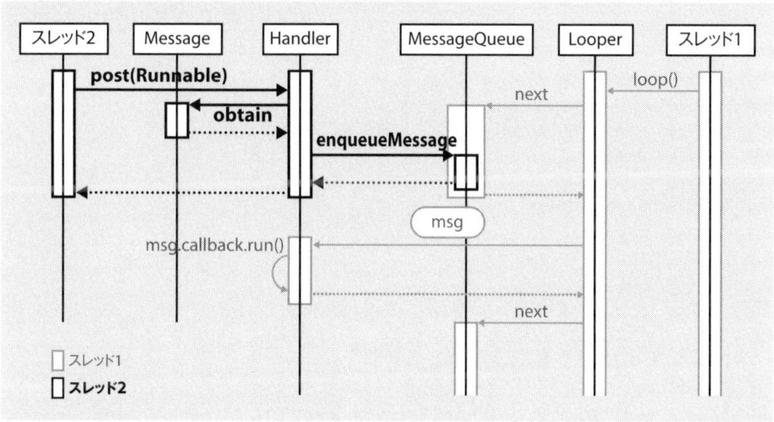

post()からすべてのシーケンス。post()を呼ぶスレッド2と、msg.callback.run()を呼ぶスレッド1が別のスレッドになっていることに注目。

ここまででHandlerのpost()に関わる話は終わりですが、せっかくここまで見たのですから❷のケースのhandleMessage()が呼ばれるケースについても押さえておきましょう。

3.3.7
HandlerのdispatchMessage()② handleMessage()が呼ばれるケース

前項の❷のケースは、Handlerのpost()とは違う手段でメッセージを詰めた場合に通ります。典型的には、HandlerのsendMessage()で詰められた時です（**図3.17**）。

例えば、第Ⅱ巻で扱うことになるActivityThreadでは、このhandleMessage()が使われています。そのActivityThreadで使われている箇所のうち、シンプルで読みやすいものとして、Activityを破棄したい時に外部から呼び出すメソッドを例として取り上げます。

Activityを外部から破棄したい時は、ActivityThreadのscheduleDestroyActivity()を呼びます[注7]。重要な所だけ抜き出すと、以下のようなコードになっています。

注7　厳密にはActivityThreadの内部クラスのApplicationThreadクラスです。また、続く「ActivityThreadのscheduleDestroyActivity」のコード中に登場するIBinderなどは、今回の話ではあまり重要ではないので詳しくは扱いません（いずれも詳細は第Ⅱ巻で取り上げます）。

第3章 UIスレッドとHandler

```
ActivityThreadのscheduleDestroyActivity
public final void scheduleDestroyActivity(IBinder token, boolean finishing,
        int configChanges) {

    // ❶Messageの初期化
    Message msg = Message.obtain();
    msg.what = H.DESTROY_ACTIVITY;  // DESTROY_ACTIVITYはfinal intで109
    msg.obj = token;
    msg.arg1 = finishing ? 1 : 0;
    msg.arg2 = configChanges;

    // ❷mHはHandlerのサブクラス
    mH.sendMessage(msg);
}
```

今回の話でポイントとなるのは、2点です。

❶ Messageの初期化で、callbackには何も入れていない。そして、msg.whatにH.DESTROY_ACTIVITYという値を入れている。なお、H.DESTROY_ACTIVITYはstatic final intで定義された109という数値である

❷ MessageはmHというHandlerのsendMessage(msg)を使ってキューに詰められている

このようにしておくと、前項で解説した通りLooperのloop()ではcallbackがnullのため、handleMessage()の方が呼ばれます。msg.whatにintの数値を入れてsendMessage()を呼び、handleMessage()でそのメッセージを処理することで、

図3.17 msg.callbackがnullの場合とnullでない場合

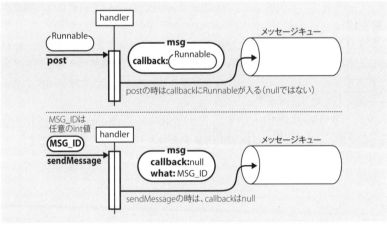

msg.callbackがnullの場合とnullでない場合のメッセージの中身の違い。すなわちpost()の時とsendMessage()の時のメッセージの中身の違いでもある。

110

Runnableが散らばるのではなく、メッセージ処理を1ヵ所で行うようなスタイルでコーディングできます。

handleMessage()はHandlerクラスにあるのですが、この使い方で使う場合はHandlerクラスを継承してオーバーライドします。

```
class MyHandler extends Handler {
    public static final int DESTROY_ACTIVITY        = 109;
    ....
    public void handleMessage(Message msg) {
        // 以下msg.whatでswitch
        switch(msg.what){
            case DESTROY_ACTIVITY:
                ....
            case LAUNCH_ACTIVITY:
                ...
        }
    }
}
```

このように独自のMyHandlerというクラスを作り、このインスタンスに対してsendMessage()を呼んでやると、このhandleMessage()に処理が来るわけです。そして、handleMessage()ではmsg.whatというフィールドでswitchしてやることで、1ヵ所にメッセージの処理を集約して書けます。

handleMessasge()はLooper.loop()の中で呼ばれるので、このhandleMessage()もloop()と同じスレッドで呼ばれます。このLooperはHandlerのコンストラクタでTLSから取得したLooperなので、上記のMyHandlerをnewしたスレッドということになります。

このように、HandlerのsendMessage()とhandleMessage()のオーバーライドを組み合わせて、メッセージループベースのスタイルでアプリを開発することができます。Runnableが分散するとわかりにくい場合や、Looperのスレッドで処理する内容の並列構造を強調したい場合はRunnableをpost()するコードを散らばらせることはせずに、こちらを使います。post()とsendMessage()でのdispatchMessage()の振る舞いについて、**図3.18**にまとめておきます。

また、第1章でも触れた通りActivityThreadはActivityのライフサイクルに関する処理を行うクラスですが、その各ライフサイクル関連処理はHandlerを継承してオーバーライドしたhandleMessage()メソッドに集約されています。一旦sendMessage()を介することで、Activityのライフサイクル関連のメソッドはすべてUIスレッドで呼ばれるわけですね。この処理の詳細については本章の話から外れてしまうため、この辺にしておきます。

第3章 UIスレッドとHandler

図3.18 post()とsendMessage()でのdispatchMessage()の振る舞い

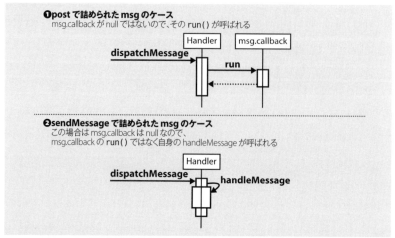

❶post()で詰められたメッセージのdispatchMessage()の場合。❷sendMessage()で詰められたメッセージのdispatchMessage()の場合。

3.4 まとめ

　本章では、AndroidにおけるUIスレッドの実現について見てきました。

　UIスレッドとメッセージループは、Looperによって実装されています。このLooperはTLSを内部で用いることで、staticメソッドでありながらスレッドごとに別々に振る舞います。

　Looperのメッセージループに対して、別のスレッドからメッセージを送るのがHandlerでした。このHandlerとLooperの対応付けはコンストラクタで暗黙に行われるため、注意が必要です。また、Handlerはメッセージを受け取る役割も担っており、handleMessage()をオーバーライドすることでこのメソッドでメッセージを集約して受け取ることができます。以上の仕組みがLooper.loop()やHandlerのdispatchMessage()を通してどう実現されているかを見てきました。

　このように、HandlerとLooperの2つのクラスでAndroidのUIスレッドは実現されています。実際のアプリのUIスレッドとなるLooper呼び出しは1.3.2項のActivityThreadのmainメソッドで解説した通り、ActivityThreadのmainメソッドで行われます。

第4章
Viewのツリーとレイアウト
GUIシステムの根幹

第4章 Viewのツリーとレイアウト

　本章では、Viewのツリーとレイアウトの話をしていきます。
　Androidは独自のGUIシステムを持っていて、かなりの部分がJavaで書かれています。そして、GUI部品の基本的な構成要素がViewクラスです。ボタンやテキスト編集のためのEditTextなどは、すべてViewです。
　GUIシステムにおいて、ツリーのレイアウトはヒット判定などのイベント処理や画面への描画のための基礎となる重要な部分です。また、レイアウトを理解しておくことは独自のViewGroupを作る時にも必須です。そんな重要なレイアウトですが、この周辺のドキュメントはかなり少ないのが実状です。
　そこで本章では、このGUIシステムの根幹とも言うべきViewツリーと、それをレイアウトする部分にフォーカスして解説していきます。
　まず4.1節で、Viewのツリーとは何か、どうしてツリーにするのかなどのViewツリーの概要を扱います。Viewをツリーにして管理することで、高速に画面の特定の領域を占めるViewを探し出したり、View全体の処理を再帰的に処理を記述したりすることで、個々の処理を小さくわかりやすくできることなどを学びます。
　AndroidのViewツリーの構築方法としては、レイアウトをxmlのリソースとして記述して、それをLayoutInflaterに渡すことでViewツリーを構築するのが一般的です。4.2節では、このxmlの「リソースファイル」というものがAndroid上でどう扱われるのかを詳細に見ていきます。このリソースファイルがコンパイルされたバイナリ形式が高速にパースが行えるような形式であるという点は、実行時の動的なViewツリー生成を高速に省メモリでサポートするための肝となっている重要な部分です。
　続く4.3節では、このバイナリリソースを用いてViewツリーを構築するLayoutInflaterについて詳細に見ていきます。LayoutInflaterとAttributeSet周辺の話題はカスタムのViewを作る上で重要な要素となっている様子を見ます。
　4.4節では、実際にActivityにViewツリーを指定する時に皆が使っているであろう、setContentView()がどのようにViewツリーを作るかについて取り上げます。特にDecorViewやContentRootといったソースコードを読む時に重要となる要素が一体どのようなものなのか、それがスタイルなどで指定できる

Window Styleとどのような関係にあるのかなどを見ていきます。

4.4節までがViewツリーの構築の話です。4.5節からは、Viewツリーの話題の最重要のトピックとなるレイアウトについて詳細に解説します。

Androidのレイアウトは、measureとlayoutの2パスで実現されています。特にmeasureパスがAndroidのレイアウトの複雑な計算の多くを行う所なので、measureについて4.5節、4.6節、4.7節の3つの節を割いて詳細に説明します。

4.5節ではmeasureパスの全体的な話について解説し、4.6節では葉のViewのmeasureについて、4.7節ではViewGroupのmeasureについてそれぞれ押さえていきます。

続く4.8節では、layoutパスとその他のViewツリーに関わる話題を扱います。

図4.A 第4章の概観図

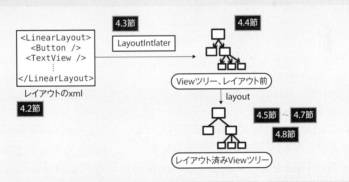

レイアウトのリソースとバイナリ形式について4.2節で解説する。4.3節ではレイアウトリソースからのViewツリーの生成について、4.4節ではActivityに構成されるViewツリーについてそれぞれ扱う。4.5節から4.7節はmeasureパスに関する説明を行い、4.8節でlayoutパスとViewツリーのその他の話題を扱う。4.5節から4.7節と4.8節を合わせてレイアウトの話となる。

第4章 Viewのツリーとレイアウト

4.1 Viewツリーの基礎知識
GUI部品の親子関係

　Androidのアプリは、Viewを組み合わせてGUIを作ります。この組み合わされたViewはツリー構造を成します。本節でははじめに、Viewツリーとは何か、それはどのような目的で使われるのかについて説明していきます。

4.1.1 Viewとツリー

　Viewとは、ボタンやテキストフィールドなどのGUI部品のことです（図4.1）。画面の四角の領域の描画を担当し、また自分の領域がタッチされた時にはイベントを処理するなどします。

図4.1 View

見慣れたボタンやラジオボタンやテキストフィールドなどがViewである

　Viewの中には、子供のViewを持つものがいます。例えば、レイアウトに関わるLinearLayoutやRelativeLayoutなど、またListViewなどがそうです。これらの子を持つViewの、その子供のViewの中に、さらに子供のViewを持つものが入る場合もあるため、これらの親子関係はツリー構造となります（図4.2）。
　子供のViewを持つViewを、ViewGroupと呼びます。LinearLayoutやRelativeLayoutは、ViewGroupのサブクラスです（図4.3）。
　また、AndroidのViewに限らずツリー一般の用語として、子供を持たないノードを葉のノード、子供を持つノードを内部ノードと呼ぶこともあります。
　Viewのツリーは、ただ1つのルートを持ちます。ルートは特別なクラスでViewRootImplと呼ばれるクラスですが、このクラスはかなり内部深くまで読んでいかないと出番のないクラスなので、本書でもViewRootImplをおもに扱うのは第6章と、かなり終盤の章となっています。

図4.2 Viewツリー

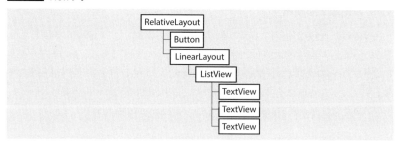

RelativeLayoutやLinearLayoutなどが子供のViewを持つことで、全体としてはツリー構造となる。

図4.3 ViewGroupやレイアウト関連クラスのクラス図

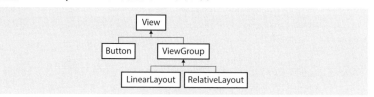

LinearLayoutやRelativeLayoutはViewGroupのサブクラスで、ViewGroupはViewのサブクラス。

Column

Viewツリーのルートと ViewRootImpl

「ViewツリーのルートとなるノードはViewRootImpl」というのは基本的には正しいのですが、現実はもう少し複雑です。

まずViewRootImpl自身は、Viewのサブクラスではありません。ViewRootImplはViewが持つさまざまな機能を持っていません。Viewのツリーとして一番上のノードとして処理を行うのは通常はDecorViewと呼ばれるViewで、こちらの方がViewのルートとして考える方が自然な場合も多くあります。場合によってはViewRootImplがルートとして振る舞い、場合によってはViewRootImplはただViewツリーを保持しているだけで実際のルートはその一つ下のDecorViewであるというふうに、状況によってルートと考えるべきノードは違います。

また、DecorViewもWindowスタイルやWindowManagerのaddView()を直接呼び出すフローティングウィンドウなどのケースでは存在しない場合もあり、ViewのルートとしてDecorViewをルートとすると一般性を失う場合もちょこちょこあります。

本書ではViewツリーのルートと言った場合は、ほとんどの場合Viewツリー上の一番上のView要素を指し、ViewRootImplはViewRootImplと明示的にクラス名で呼ぶことにします。なお、DecorViewについては4.4節で、フローティングウィンドウのケースは6.6.1項で解説しています。

Viewの担当する領域

各 Viewは、自身が担当する長方形の領域を持ちます。そこの領域を描画したり、そこの領域がタッチされたりした時にそのイベントを処理するのは、その領域を担当している Viewの仕事です。ViewGroupも Viewですから、自身の担当する領域を持ちます。ViewGroupは子供の Viewをすべて収めた範囲を自身の担当領域とします。

図4.4では、ViewGroupの例として LinearLayoutの場合を示しました。

図4.4 ViewGroupと葉 Viewの担当領域の包含関係（LinearLayoutの場合）

LinearLayout自身の担当領域の中に、必ず子供の Viewの担当領域が入っている。

ViewGroupは子の Viewの担当領域をすべて含んでいるので、ツリーの親はいつでも子の領域を含んだ、より広い領域を担当します。そしてツリーを上に辿っていくと、一番上まで行けば必ず画面全体を担当している Viewにぶつかります。

この Viewツリーの一番上の Viewは、必ず画面の全体[注1]を担当するというのは、以下に見ていく通り重要な性質となります。

Viewツリーの使われ方

Viewをツリーで管理することによって実現している機能としては、大きく以下のようなものがあります。

❶レイアウト
❷画面の描画
❸タッチイベントの Viewへの送信

❶は、各 Viewのレイアウト自身をツリーとして分割することで、一つ一つの Viewのレイアウトは単純でありながらも組み合わせによる豊富なレイアウトを実現しています。また、レイアウトがツリーとなっていることで、Viewのある要素の幅が変更された時などのようにレイアウトに変更が発生する時でも、不必要な要素まで再レイアウトを行わなくても済むようにできます。

注1　厳密には画面ではなくて IWindow全体、IWindowについては第6章で後述。

4.1 Viewツリーの基礎知識

❷は、Viewのツリーを用いて描画の役割を階層的に分担することで、各Viewは自身のViewを描画するだけという単純な役割を果たすだけでありながら、全体としては複雑な画面を描画することができます。

❸は、画面の特定の座標をタッチされた時に、その座標にどのViewがあるかを高速に探すことができます。

これらの作業は基本的に、各親のViewが再帰的に子供のViewに処理を委譲することで実現されています。そこで、具体例としてタッチイベントのViewへの送信の場合について、再帰的に役割を分担する例を見ていきましょう。

4.1.4
ツリーの再帰的な呼び出し　タッチのヒット判定の例を元に

Viewをツリーとして構成する理由の一つには、再帰的に処理を書くことで簡潔に実行効率良く実装できるということがあります。具体例として、タッチイベントが来た時に、そのタッチの座標にはどのViewがあるのかを判定する処理を見てみます。

タッチのイベントが来た時には、GUIシステムはViewツリーのルートのViewのdispatchTouchEvent()を呼び出します[注2]。各ViewのdispatchTouchEvent()は、次の処理を行います（**図4.5**）。

図4.5　タッチされた座標と現在処理しているViewの3つのケース

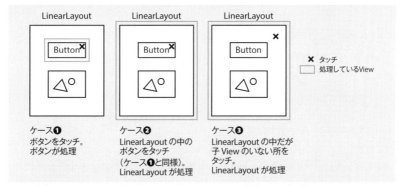

Viewの気持ちになってタッチ処理を考えると、自分がタッチされる場合でも、❶子供のViewのいないViewの場合、❷子供のViewがいて子供のViewがタッチされている場合、❸子供のViewがいるがタッチされた場所は子供のいない自身の領域の場合、の3つの場合がある。

❶**自身が子供のいないViewの時は、ここでonTouchEvent()メソッドが呼ばれてイベントの処理が終了する**

注2　詳細は6.5.6項を参照。

❷自身がViewGroupの時は、子供のView一つ一つに対し、pointInView()を呼び出してこのタッチの座標の下にあるViewを探し、存在する子Viewがあれば適切な座標変換をした上でその子ViewのdispatchTouchEvent()を呼び出す

❸自身がViewGroupで、すべての子供のViewが指定した座標とオーバーラップしていなければ、ViewGroup自身のonTouchEvent()を呼び出してイベントの処理を終了する

上記❷の場合は、また子供のViewのdispatchTouchEvent()で上記3つのケースの処理が行われます。このように、各Viewは自身と自身の子供だけを処理するだけで、全体としてはツリー全体から必要なViewを探し出すことができます。

親から見ると、各子供のViewが、葉のViewか内部ノードとなるViewGroupなのかは関係ありません。自分の子供のViewのdispatchTouchEvent()を呼び出せば、どちらにせよ、その子供のViewがタッチを処理してくれます。ViewGroupも外から見れば、その担当領域の処理をするViewなのです。

これはタッチの判定だけに留まらず、draw()の時でもlayoutの時でも同様です。ViewGroupは、自身の担当領域の処理を行うViewとして振る舞います（図4.6）。

図4.6 親から見たViewGroupのdispatchTouchEvent()が階層を隠ぺいする模様

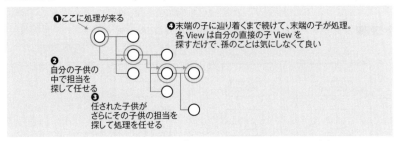

外から見ると、親のViewのdispatchTouchEvent()を呼び出せば、処理をしてくれる。内部では子のViewに任せているが、外からはわからない。さらに内部でも、子に任せた先が孫に任せているかどうかはわからない。担当している領域をとにかく何らかの形で処理してくれる。

そして、Viewツリーのルートはいつでも画面全体を担当領域とするViewなので、外からこのViewツリーを使いたい時には、このViewツリーのルートのViewに処理を依頼すれば良いのです。呼ぶ相手のViewを探す必要がありません。各ViewGroupは直接の子供だけを探索すれば良いので、全体を探索する場合に比べて余分な処理を省いて高速に探索できます。このように、Viewのツリーに対して処理を再帰的に行うことで、画面全体の処理を行わせることができます。

Androidでは、このようにViewのツリーを用いて描画やタッチの処理を行います。さて、そのViewのツリーはどのように作るのでしょうか。ここで、一般

的な View ツリーの生成方法である、レイアウトのリソースと LayoutInflater の登場となります。レイアウトのリソースから見ていきましょう。

4.2 AssetManagerとレイアウトのリソース
高速なパース、素早い構造の復元

本節では、レイアウトを記述するリソースファイルについて詳しく取り上げましょう。

Viewツリーの構築とリソースファイル

Viewのツリーはプログラムから作成することもできるのですが、普通はxmlのリソースファイルで構造を記述し、それをLayoutInflaterが解釈してViewのツリーを構築します。例えば、dialog_user_post.xmlというレイアウト用のxmlからViewツリーを作る場合は、以下のような呼び出しを行っていると思います。

```
LayoutInflaterによるViewツリー構築
LayoutInflater inflater = getLayoutInflater();
View view = inflater.inflate(R.layout.dialog_user_post, null);
```

LayoutInflaterについては次節に説明することにして、本節ではR.layout.dialog_user_postとしてアクセスされる、レイアウトを記述するリソースファイルについて詳細に解説します。

リソースのコンパイルとAssetManager

Androidのアプリは、ビルドの過程でリソースがコンパイルされて独自のバイナリ形式となりapkにパックされます。レイアウトのxmlなどはapk内でのファイルの拡張子は.xmlのままですが、中身はバイナリフォーマットになっています。コンパイル結果は静的な構造を前提としてチューニングされていて、例えばあるノードから次のノードまではヘッダにあるオフセットを足すだけで移動できるようになっています。

コンパイルされたリソースにアクセスするクラスは、AssetManagerです。このクラスにapkのパスを渡すと、中のリソースにアクセスできます。apk自身は単なるzipファイルなのですが、AssetManagerは例えばAndroidManifest.xmlというファイルが存在するなどの、いくつかの条件を前提として動くため、個々

のエントリを独立したファイルと考えるよりは、全体で1つのapkファイルと考える方が実態と近いでしょう。

レイアウトのxmlなどは、それぞれのファイルが個別のzipエントリとしてapkにパックされています。AssetManagerを用いると、言語設定や画面のサイズ、ランドスケープかどうかなどに応じて適切なリソースが選択されます[注3]。

Activityを起動する時には、そのActivityが所属しているapkのパスなどの情報がシステムから渡されます。Activityは、このapkのパスをAssetManagerに渡すことでリソースにアクセスします[注4]。

そのプロセスの最初のActivity起動時にAssetManagerのインスタンスが1つ作られ、作られたAssetManagerのインスタンスはContextの中に保持されます◇。このようなメカニズムにより、通常のアプリ開発の時にはActivityなどContextにつながりのあるクラスからなら、apkのパスなどを特に意識することなく自由にリソースにアクセスすることができます。

バイナリ化されたリソースとaapt

4.2.3

リソースは、ビルドの過程でバイナリ形式に変換されてapkに含められます。このバイナリ形式になったリソースを調べるためのaaptというツールがSDKに付属しています。なお、このツールは内部でAssetManagerを使っています。

ここではaaptを用いて、バイナリ形式でどのようにxmlが格納されているかを覗いてみましょう。試しに、以下のような内容のcontent_main.xmlというレイアウトのリソースをビルドした結果を見ていきます。

```xml
content_main.xml
<?xml version="1.0" encoding="utf-8"?>
<LinearLayout xmlns:android="http://schemas.android.com/apk/res/android"
    xmlns:tools="http://schemas.android.com/tools"
    xmlns:app="http://schemas.android.com/apk/res-auto" android:layout_width="match_parent"
    android:layout_height="match_parent" android:paddingLeft="@dimen/activity_horizontal_margin"
    android:paddingRight="@dimen/activity_horizontal_margin"
    android:paddingTop="@dimen/activity_vertical_margin"
    android:paddingBottom="@dimen/activity_vertical_margin"
    android:orientation="horizontal"
    app:layout_behavior="@string/appbar_scrolling_view_behavior"
    tools:showIn="@layout/activity_main" tools:context=".MainActivity">

    <LinearLayout
```

注3 これらのリソースの選択については、以下の「代替リソース」関連の記述を参照してください。
URL https://developer.android.com/guide/topics/resources/providing-resources.html
注4 apkの情報の取得はPackageManagerServiceのresolveIntent()で行われます◇。

```xml
    android:orientation="horizontal"
    android:layout_width="500px"
    android:layout_height="match_parent"
    >
    <TextView android:text="Hello World!" android:layout_width="wrap_content"
        android:layout_height="wrap_content"
        android:id="@+id/textView" />


    <Button
        android:layout_width="match_parent"
        android:layout_height="wrap_content"
        android:text="weight" />

    <Button
        android:layout_width="70sp"
        android:layout_height="50dp"
        android:text="hard coded"
        android:id="@+id/button" />

</LinearLayout>
```

このファイルがバイナリ形式ではどう格納されているかを確認するには、dump xmltreeのオプションを用います。

```
$ aapt dump xmltree C:\Path\to\apk\app-debug.apk res/layout/content_main.xml
```

結果は、以下のようになりました。

```
N: android=http://schemas.android.com/apk/res/android
  N: app=http://schemas.android.com/apk/res-auto
    E: LinearLayout (line=2)
      A: android:orientation(0x010100c4)=(type 0x10)0x0
      A: android:paddingLeft(0x010100d6)=@0x7f080019
      A: android:paddingTop(0x010100d7)=@0x7f08004c
      A: android:paddingRight(0x010100d8)=@0x7f080019
      A: android:paddingBottom(0x010100d9)=@0x7f08004c
      A: android:layout_width(0x010100f4)=(type 0x10)0xffffffff
      A: android:layout_height(0x010100f5)=(type 0x10)0xffffffff
      A: app:layout_behavior(0x7f01003c)=@0x7f060016
      E: LinearLayout (line=13)
        A: android:orientation(0x010100c4)=(type 0x10)0x0
        A: android:layout_width(0x010100f4)=(type 0x5)0x1f400
        A: android:layout_height(0x010100f5)=(type 0x10)0xffffffff
        E: TextView (line=18)
          A: android:id(0x010100d0)=@0x7f0c006b
          A: android:layout_width(0x010100f4)=(type 0x10)0xfffffffe
          A: android:layout_height(0x010100f5)=(type 0x10)0xfffffffe
          A: android:text(0x0101014f)="Hello World!" (Raw: "Hello World!")
        E: Button (line=23)
          A: android:layout_width(0x010100f4)=(type 0x10)0xffffffff
```

```
      A: android:layout_height(0x010100f5)=(type 0x10)0xfffffffe
      A: android:text(0x0101014f)="weight" (Raw: "weight")
    E: Button (line=28)
      A: android:id(0x010100d0)=@0x7f0c006c
      A: android:layout_width(0x010100f4)=(type 0x5)0x4602
      A: android:layout_height(0x010100f5)=(type 0x5)0x3201
      A: android:text(0x0101014f)="hard coded" (Raw: "hard coded")
```

さて、興味深い部分をいくつか取り出して比較していきます。まずorientationのリソースの対応を**表4.1**に示します。

表4.1 リソース対応表(orientation)

属性名	値
android:orientation	A: android:orientation(0x010100c4)
"horizontal"	(type 0x10)0x0

android:orientationという属性は、バイナリ形式では実際には0x010100c4という値に置き換えられていて、aaptがわかりやすくテキストに戻して表示してくれていることを表しています。値の"horizontal"には、バイナリとしてはtypeと値の2つの数値が埋め込まれていて、horizontalはtypeが0x10の値は0x0であることがわかります。

値の方をもう少し詳しく知るために、layout_widthにさまざまな指定を行って、その結果を見てみましょう(**表4.2**)。

表4.2 リソース対応表(さまざまな値)

ソースでの値	バイナリ形式のダンプ表記
"500px"	(type 0x5)0x1f400
"50dp"	(type 0x5)0x3201
"70sp"	(type 0x5)0x4602
"match_parent"	(type 0x10)0xffffffff

px、sp、dpはすべてtype 0x5に該当していて、下位の1バイトでそれぞれの型を表しています。0x0がpx、0x01がdp、0x02がspです。上位のバイトが数字を表しています。0x1f4は「500」ですし、0x32は「50」、0x46は「70」です。

また、id指定などは**表4.3**のようになっています。

表4.3 リソース対応表(id)

ソースでの値	バイナリ形式のダンプ表記
"@+id/textView"	@0x7f0c006b

aaptのダンプ表記上は@0x7f0c006bとなっていますが、実際にはtypeとして@を表す数値が、そして値に0x7f0c006bが入っている通常の属性の値として保存されています。

このように、文字列をパースしなくても値はすべてintのバイナリ値となっているので、単純に数値の比較をしていくだけで高速にパースを進めていくことができます。そして、実行時に解決が必要な値についてはtypeというメタ情報を用いてその値を保持していて、実行時まで必要な情報をコンパイル時に潰さないようになっています。

4.2.4
バイナリリソースとXmlResourceParser

AssetManagerには、xmlリソースのエントリに対して、そのエントリをパースするためのパーサーを取得するためのAPIが付いています（図4.7）。このAPIは、XmlResourceParser型のオブジェクトを返します。LayoutInflaterは、このXmlResourceParserを用いてレイアウトのリソースにアクセスします。

Column

長さの単位　dpとspとpx

Androidでは「dp」「sp」「px」などさまざまな長さの単位をサポートしています。

🔗 https://developer.android.com/guide/topics/resources/more-resources.html#Dimension

基本的には長さと言うと、ピクセルの数と実際の画面上の長さの2つがあり、Androidデバイスは解像度が様々なので、多くの場合は画面上のサイズに相当する単位が使われます。dpとspは画面上の長さ、pxはピクセル数での長さです。

dpは、Androidのレイアウトで最も一般的に使われる長さでしょう。dpはDensity-independent Pixelsの略です。160dpiの時の1ピクセルに一致する長さということになります。もちろん解像度がもっと高く320dpiのスクリーンとなれば2ピクセルになるということです。

spは、基本的にはdpと一緒ですがユーザーのシステム設定のフォントサイズも反映した値となります。フォントサイズに関わる長さを指定したい時はspを使います。

pxは実際のピクセルですが、これは解像度に依存するため、Androidで使う機会はほとんどありません。

このようなさまざまな長さの単位がコンパイルしたリソース上ではどう扱われているかというのが、本編で扱っているテーマとなります。

第4章 Viewのツリーとレイアウト

図4.7 AssetManagerからXmlResourceParserが取得できる

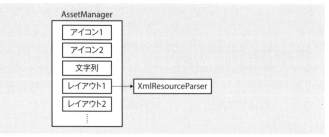

AssetManagerがリソース全体を管理し、そのリソースの1つのxmlにアクセスするために、AssetManagerがXmlResourceParserを返してくれる。

このXmlResourceParserは、コンパイルされたリソースのバイナリファイルの内部構造に大きく依存した作りとなっていて、実際にテキストをパースすることなくツリーの構造を素早く復元できます。LayoutInflaterも、この内部構造から来るパフォーマンス特性を前提とした作りとなっているため、コンパイルされていない通常のテキストのxmlをLayoutInflaterに渡すことはできなくなっています。このXmlResourceParserの実装の詳細については4.3.6項で見ていきます。

4.3
LayoutInflater
メニューやListViewでよく使われるViewツリー生成方法

本節では、LayoutInflaterによるViewツリーの構築について詳しく見ていきましょう。

4.3.1
LayoutInflaterを取得する　ActivityのgetLayoutInflater()の例

Viewのツリーを生成する時には、通常LayoutInflaterにレイアウトのリソースのリソースidを指定して行っていることでしょう。LayoutInflaterを取得する方法はいろいろありますが、例を挙げるとActivityのgetLayoutInflater()メソッドを用いる方法があります。以下のような呼び出しでLayoutInflaterを取得できます。

```
ActivityのgetLayoutInflater()メソッド呼び出しでLayoutInflaterを取得
LayoutInflater inflater = getLayoutInflater();
```

inflaterで一番よく使うのはinflate()メソッドです。このメソッドで、xmlで

書かれたレイアウトのリソースを解釈してViewのツリーを作成します。例えば、dialog_user_post.xmlというレイアウト用のxmlからViewツリーを作る場合は、以下のような呼び出しとなります。

infalte呼び出しでレイアウトリソースを指定
```
View view = inflater.inflate(R.layout.dialog_user_post, null);
```

inflate()は第1引数にリソースID、第2引数にこの呼び出しで作成するツリーの親となるViewGroupを指定します。親となるViewGroupには上記コードのようにnullを指定することもできます。以降では、このLayoutInflaterとinflate()メソッドについて見ていきます。

4.3.2
LayoutInflaterの生成とContext

LayoutInflaterの取得方法はいろいろとありますが、必ず最終的にはコンストラクタにContextを渡すことになります。LayoutInflaterはこのコンストラクタで渡されたContextをおもに2つの目的で使用します。

❶ リソースにアクセスするためのAssetManagerの取得
❷ Viewを生成する時にコンストラクタに渡す引数として

❶は4.2.2項で触れた通り、Contextには現在のアプリのリソースを扱うAssetManagerのインスタンスが格納されていますので、それを用いてレイアウトのリソースなどにアクセスできます。ですからLayoutInflaterの使用者はリソースIDを渡すだけで、内部で対応するリソースファイルにアクセスできるわけです。❷に関しては、4.3.5項のcreateView()メソッドで扱います。

4.3.3
LayoutInflaterとinflate()メソッド

「xmlで書かれたレイアウトのリソースをコンパイルしたバイナリ」を元にViewのツリーを作るのは、LayoutInflaterの仕事です。「xmlで書かれたレイアウトのリソースをコンパイルしたバイナリ」は長いので、以後「レイアウトのリソース」と呼ぶことにします。Activityからは、以下のようなコードを実行するとViewツリーを作ることができます。

再掲：LayoutInflaterによるViewツリーの構築
```
LayoutInflater inflater = getLayoutInflater();
View view = inflater.inflate(R.layout.dialog_user_post, null);
```

ここでは、inflate()メソッドにR.layout.dialog_user_postというリソースIDを渡しています。LayoutInflaterは前述のようにContextに格納されたAssetManagerにアクセスできるため、apkのパスを渡す必要はありません。リソースIDを渡すだけで対応するxmlのXmlResourceParserを取得できます。

LayoutInflaterはレイアウトのリソースを先頭から見ていき、各xmlタグに応じたViewを作成していきます。この時Viewを生成するのに呼ばれるメソッドがonCreateView()メソッドです。

4.3.4 LayoutInflaterのonCreateView()メソッドとcreateView()メソッド

LayoutInflaterはinflate()メソッド内で、レイアウトのリソース内の各タグに対応したViewを作るために、createView()メソッドとonCreateView()メソッドを呼び出していきます。

タグ名に「.」が1つでも入っているとcreateView()メソッドが、「.」が入っていないとonCreateView()メソッドが呼ばれます。つまり、以下のようなコードになっています。

```
createViewメソッドとonCreateViewメソッドの呼び分け
if (-1 == name.indexOf('.')) {
    view = onCreateView(parent, name, attrs);
} else {
    view = createView(name, null, attrs);
}
```

タグ名が「com.example.MyCustomView」などのような、いわゆる完全修飾名の場合はcreateView()が呼ばれ、パッケージ名が省略されてクラス名だけが書かれている、例えば「LinearLayout」などがタグ名の時はonCreateView()の方が呼ばれるわけです。

createView()はパッケージ名のプレフィックスとViewの名前、そしてそのタグの属性を渡すと対応するViewを生成するメソッドです。詳細は後ほど扱います。

onCreateView()は、パッケージ名の指定がなかった時の処理を担当するメソッドです。Android N現在まで、実際に使われるLayoutInflaterはすべてPhoneLayoutInflaterというLayoutInflaterのサブクラスとなっています。このPhoneLayoutInflaterは、基本的にはこのonCreateViewメソッドだけをオーバーライドして、後はLayoutInflaterそのままの実装を使うことになっています。PhoneLayoutInflaterのonCreateView()の実装は、エラー処理などを除くと以下のような実装となっています。

4.3 LayoutInflater

```
/* PhoneLayoutInflaterのonCreateView()メソッド */
private static final String[] sClassPrefixList = {
    "android.widget.",
    "android.webkit.",
    "android.app."
};

@Override protected View onCreateView(String name, AttributeSet attrs) throws ClassNot
FoundException {
    for (String prefix : sClassPrefixList) {
        // ❶
        View view = createView(name, prefix, attrs);
        if (view != null) {
            return view;
        }
    }
    return super.onCreateView(name, attrs);
}
```

このコードは要するに、❶でcreateView()のprefixの所に、以下の3つを順番に入れて呼んでみるわけです。

- android.widget.
- android.webkit.
- android.app.

このようにして、レイアウトのリソースのタグのうち上記3つのパッケージに所属するViewは、別段プレフィクス無しで呼ぶことができます。そのため、一々❶のように書かずに、代わりに❷のようにプレフィクス無しで書くことができます。

```
/* ❶プレフィクス有り */
<android.widget.RelativeLayout ... >
    ...
</android.widget.RelativeLayout>
```

```
/* ❷プレフィクス無し */
<RelativeLayout ... >
    ...
```

LayoutInflaterはmergeタグやincludeタグなど一部特別扱いして処理するタグもありますが、本当に一部だけです。ほとんどのAndroidのクラスライブラリに含まれるViewは、上記のプレフィクスを省略できる以外はユーザー定義のカスタムのViewとまったく同様の扱いです。クラスライブラリのViewにだけ何か特別なことをしている、ということはありません。

inflate()メソッドでのViewの生成　createView()メソッド

4.3.5

createView()メソッドはViewのクラス名とその属性を渡すと、対応するViewを生成するメソッドです。createView()は、以下のような型となっています。

```
LayoutInflaterのcreateView()メソッド
public final View createView(String name, String prefix, AttributeSet attrs)
        throws ClassNotFoundException, InflateException
```

例えば、以下のようなリソースの場合を考えます。

```
<LinearLayout
    android:layout_width="match_parent"
    android:layout_height="match_parent">
    ...
```

この時、createView()呼び出しの引数は**表4.4**のようになります。AttributeSetは後述しますが、「属性とその値が入ったもの」と思っておいてください。

表4.4　LinearLayoutを作る時のcreateView()の引数

引数	説明
name	"LinearLayout"という文字列
prefix	"android.widget"という文字列
attrs	layout_widthとlayout_heightを持ったAttributeSet

呼び出されるViewのコンストラクタ

createView()は、対応するViewクラスのコンストラクタを呼び出していきます。Viewのコンストラクタとしては、第1引数にContext、第2引数にAttributeSetがあるものを呼び出します。したがって、自分でカスタムなViewのサブクラスを作る時は、この第1引数にContext、第2引数にAttributeSetがあるコンストラクタを作らないと、レイアウトのリソースに書くことはできません。重要な所だけ抜き出すと、以下のようなコードとなっています。

```
Viewのコンストラクタ呼び出し
// ❶何度も使うので、コンストラクタのシグニチャをメンバ変数に持っておく
static final Class<?>[] mConstructorSignature = new Class[] {
        Context.class, AttributeSet.class};

// ❷コンストラクタ呼び出しは毎回同じ引数の数なので、
//   GCを避けるべくフィールドに確保しておいて使い回す
final Object[] mConstructorArgs = new Object[2];
```

```
// createView()メソッド
public final View createView(String name, String prefix, AttributeSet attrs)
        throws ClassNotFoundException, InflateException {

    // まずはキャッシュされているコンストラクタがないかを調べる
    Constructor<? extends View> constructor = sConstructorMap.get(name);
    Class<? extends View> clazz = null;

    // キャッシュされていなければ
    if (constructor == null) {

        // まずクラスをロード
        clazz = mContext.getClassLoader().loadClass(
                prefix != null ? (prefix + name) : name).asSubclass(View.class);

        // ❸そして、コンストラクタをリフレクションで取得
        constructor = clazz.getConstructor(mConstructorSignature);

        // 取得したコンストラクタは同じViewが2回以上出てきた時のためキャッシュしておく
        sConstructorMap.put(name, constructor);
    }

    Object[] args = mConstructorArgs;
    args[1] = attrs;

    // ❹取得したコンストラクタの呼び出し
    View view = constructor.newInstance(args);

    return view;
}
```

少し長いコードですが、重要なのは❸です。❸の周辺に注目してください。

まず❶で、リフレクションで探すコンストラクタの型をフィールドに保持しています。これは❸でコンストラクタを探す時に使われています。❸はクラス名を元にロードしたクラスに対して、❶で指定されるシグニチャのコンストラクタ、つまり第1引数がContext型で第2引数がAttributeSet型のコンストラクタを取り出しています。

これが1.4.2項の例でカスタムのViewを作る時に、以下のようなコンストラクタが必要になった理由です。

第1引数がContextで第2引数がAttributeSetのコンストラクタ
```
public HelloCustomView(Context context, AttributeSet attrs) {
    super(context, attrs);
}
```

レイアウトのリソースに書くViewは、このシグニチャのコンストラクタを持っていなければなりません。コンストラクタはリフレクションで取り出されるのですが、リフレクションでのコンストラクタの取得は遅い処理のため、2回め以降の呼び出しのために取得したコンストラクタはLayoutInflaterの静的変数にキャ

ッシュされます。これで、LinearLayoutがたくさんあるxmlをレイアウトする時などでも、リフレクションのコストは最初の1回しかかからないことになります。

後は、この取得したコンストラクタを❹で呼び出すことでViewを作成して、それを返しています。実際のコードではコンストラクタが見つからなかった処理などいろいろな処理が周りに入っていますので、興味のある方は実際のコードも読んでみてください。続いて、このコンストラクタに渡している引数のAttributeSetの詳細に話を移しましょう。

ResXMLParserとAttributeSet

4.3.6

AttributeSetは、極めて省メモリで高速に動くように実装されています。これが代替リソースの仕組み（4.2.2項を参照）を、パフォーマンスを犠牲にすることなく実現することを可能にしています。この代替リソースの仕組みが、1つのapkでさまざまなデバイスに対応できる鍵です。AttributeSet周辺を高度にチューンすることにより、非力なスマホでもビルド時ではなく実行時にリソースをパースできるようになっています。この仕組みに支えられて、Androidにはさまざまな個性溢れるデバイスが生まれる一方で、どのデバイスでもたくさんのアプリが使えるという相反する要求を、1つのapkがさまざまなデバイスに対応できるようにすることで実現できています。

AttributeSetは、実際はxmlリソースのパーサーが実装しているインターフェースです。createView()などに渡ってくるAttributeSet型の引数には、パーサーのインスタンスがそのままやってきています。

xmlリソースのパーサーは、AssetManagerが作成して返すという話を4.2.4項でもしました。このパーサーは、コンパイルされたリソースのバイナリの形式に大きく依存した実装となっています。AssetManagerから返されるパーサーはJavaのクラスですが、実体はほとんどネイティブ側で実装されていてJavaのクラスはそれを単にラップしているだけに過ぎません。そのネイティブ側のクラスがResXMLParserです（**図4.8**）。

図4.8 XmlResourceParser、AttributeSet、ResXMLParserの関係

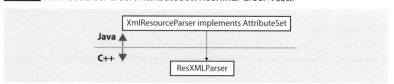

AttributeSetは、XmlResourceParserが実装しているインターフェース。これらはC++のResXMLParserオブジェクトを保持している。

ResXMLParserは、AssetManagerからxmlのバイナリ列を受け取ったら、そのまま同じサイズのバイト配列を確保し、memcpyしてそのまま保持します（図4.9）。パースは、このバイト配列のオフセットを進めて行います。

図4.9 ResXMLParserがxmlのバイナリをコピーして保持する様子

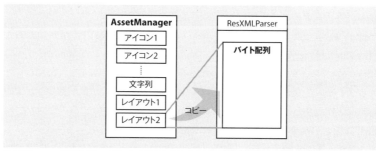

AssetManagerの保持するxmlのエントリの中身をバイナリで丸ごとコピーしてResXMLParserが持つ。

パーサーは、バイト配列内の「現在のオフセット」に対応した「現在のタグ」を保持しています（図4.10）。現在の位置から現在のタグの名前、属性の一覧などが取得できます。逆に、これらのことが高速に行えるようにバイナリフォーマットが決まっています。

図4.10 ResXMLParserが「現在のタグ」に対応するオフセットを持つ様子

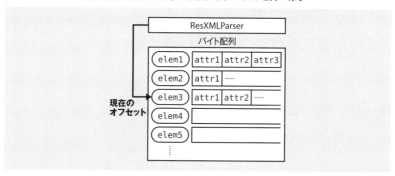

ResXMLParserは、オフセットを各タグの位置に指定していくことで、「現在のタグ」というものを表す。オフセットの位置にあるタグの名前や属性の値などを取得できる。

AttributeSetは、属性の数やそれぞれの属性の値などを取得できるインターフェースです。重要なものだけ抜き出すと、以下のような定義になっています。

AttributeSetインターフェース概要
```
public interface AttributeSet {
```

第4章 Viewのツリーとレイアウト

```
    public int getAttributeCount();
    public String getAttributeName(int index);
    public String getAttributeValue(int index);
    ...
}
```

　低レベルなインターフェースですが、別段難しい部分はないでしょう。属性の数と、各インデックスを指定して名前と値が取れるわけです。

　createView()で渡されるAttributeSetは、ResXMLParserのラッパーであるXmlResourceParserをキャストしただけのものです。つまり、基本的にはすべてのViewのコンストラクタに、同じパーサーのポインタが渡されます。ただし、呼ばれるタイミングでポインタが保持している「現在のタグ」の位置が異なり、この現在位置が作ろうとしているViewを表すxml要素の位置となっているわけです。

　図4.11で、View1のコンストラクタにResXMLParserを渡している時はelem1を表すオフセットを現在位置としていて、View2のコンストラクタにResXMLParserを渡している時はelem2を表すオフセットを現在位置としていることに注目してください。

図4.11 同一のResXMLParserインスタンスだがオフセットだけが異なるものがcreateView()に渡される

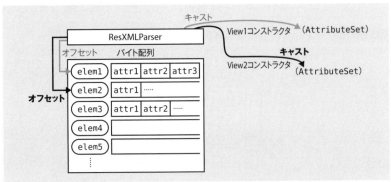

1つめのViewを作る時に渡されるResXMLParserと、2つめのViewを作る時に渡されるResXMLParserは実は同じインスタンス。ただし、オフセットがそれぞれ作ろうとしているViewを表しているタグの位置に設定されている。

　このように、作成するViewごとに別々のAttributeSetインスタンスを作らず、各Viewの作成時に共通の1つのインスタンスを使い回すので、不必要に一時的なメモリを確保しません。そのため、不要なGCも防ぐことができます。

　また、バイナリ形式自体が最初からこのResXMLParserで必要な機能が高速に実装できるように決まっているため、このパースはプログラムからハードコードでViewツリーを作成するのに近いレベルの効率性を実現できています。

スタイルとテーマ入門

Honeycombから、Androidにも「テーマ」(*theme*)が導入されました。

スタイルの解決は、Viewの実装者が明示的に行います。そこで、AttributeSetの典型的な使われ方を知るために、スタイルも見ておく方が最近のコードを読む時に良いと考えます。

スタイルについては公式ドキュメントを参照することで事足りる部分が多いと思いますが、スタイル周辺は意外とAndroid開発者でも中をあまり知らないまま見よう見真似で乗り切ってしまっている場合があるので、本書でも以後の内容を理解するのに必要な最低限の範囲は説明しておきます。より包括的な解説については、p.138のコラム「テーマ関連の公式ドキュメント」のリンク先を参照してください。

テーマは、スタイルとほとんど同じものです。そこで、スタイルから話を始めます。スタイルとは、Viewの属性をいくつかまとめて名前を付けて定義したものです。定義したスタイルは、Viewにstyle属性で指定することで適用できます。以下のようなViewの定義があったとしましょう。

> 最初のTextViewの定義
```
<TextView
    android:layout_wdith="match_parent"
    android:layout_height="wrap_content"
    android:text="Hello Style!" />
```

この属性定義をまとめて、HelloStyleというスタイルに定義して適用することができます。まずはスタイル定義です。

> HelloStyleスタイル定義
```
<?xml version="1.0" encoding="utf-8"?>
<resources>
    <style name="HelloStyle">
        <item name="android:layout_width">match_parent</item>
        <item name="android:layout_height">wrap_content</item>
        <item name="android:text">Hello Style!</item>
    </style>
```

このようにViewの属性をitemという要素で定義しておいて、これをまとめて適用することができます。このスタイルの使い方を見てみましょう。

> スタイルを使ったTextViewの定義
```
<TextView
    style="@style/HelloStyle" />
```

第4章 Viewのツリーとレイアウト

　Viewのstyle属性でスタイルを指定すると、あたかもスタイルの属性を直接その要素に書いたかのように振る舞います。なお、style属性は「android:」が付かない点に注意してください。

　このように、属性をまとめておいて、それを適用するという仕組みがスタイルです。テーマもほとんど同じですが、適用先がAndroidManifests.xmlの方のActivityとかApplicationの方にtheme属性で指定します。

```
AndroidManifests.xml
<application
    android:theme="@style/HelloStyle"
    ...
```

　このように、ActivityやApplicationにtheme属性として指定するとテーマと

Column

SimpleCursorAdapterに見るAndroidのレイアウトリソース哲学

　ListViewは内部のアイテムを並べて表示しますが、この手の表示する対象は通常リソースでレイアウトを記述したい程度には複雑になるものです。一方で、ListViewのアイテムは動的に決まるけれどレイアウト自身が内部のコンテンツに依存する場合もあるため(例：wrap_content)、レイアウトを生成する段階ではまだViewツリーは生成できず、何からの形でデータと結び付いて初めてViewツリーを作成できます。

　そこで、1つのレイアウトリソースの中でこの種の機能を実現するには「評価を後回しにする」仕組みが必要となります。ASP.NETではITemplateと呼ばれる仕組みが、XAML (*Extensible Application Markup Language*) でもControlTemplateという仕組みが、マークアップ自身にあります。そういった仕組みは通常のパースとは違う挙動が必要となるため、そこに付随して数々の面倒な概念を導入する必要が出てきます。

　一方、Androidの場合は、そのような特殊な機能をマークアップのレベルでサポートすることは一切せずに、各リストのアイテム用のレイアウトを別のxmlとして用意して、各itemごとにinflate()していくという単純な解決策を用いています。常識的な実装ではListViewのようにアイテム数の多いものに対して毎回リソースからツリーを作るというのはパフォーマンス的に非現実的なのですが、AndroidのリソースとLayoutInflaterは極めて高度にチューニングされているため、このような単純な仕組みでも十分なパフォーマンスが出ています。レイアウトのリソースを元にレイアウトを行うのは極めて高速に省メモリに動く、これはAndroidにおいてはクラスライブラリの大前提となっている重要な特性です。例えば、SimpleCursorAdapterなどはリソースのIDを受け取ることになっていますが、これはリソースを前提にするレイヤが単純なラッパーとして提供されているのではなく、かなり基底クラスの上の方でリソースを中心にコードが書かれている結果です。

なります。テーマはそのActivityやアプリ全体に適用されて、その中のViewにすべてsytle属性で指定されたかのような効果を生みます。

テーマは、基本的には指定した対象範囲のすべてのViewに適応されるスタイルと言えます。対象範囲のViewに一つ一つスタイル指定するのと同じ結果となるので、テーマでできることとスタイルでできることは1つの例外を除いて同じとなります。その1つの例外が、テーマでしか適用できないWindow Styleというものです。Window Styleについては4.4.2項で扱います。

さて、このようにスタイルが指定された時に、その値が属性に直接指定されたかのように振る舞うのは、実はView側の実装者の責任です。各Viewがそう実装してあるだけ、ということですね。そのあたりの処理を次に見ていきます。

4.3.8
スタイル解決　obtainStyledAttributes()メソッド

カスタム属性の定義を1.4.3項で扱いました。declare-styleableを使って属性を定義しておくと、R.stylableに関連する定数が定義されるのでした。このカスタム属性の定義で生成されるR.stylable以下の定数を使って、スタイルの解決をContextクラスに頼むとAndroidがテーマやスタイルを解決してくれます。例としてLinearLayoutを見ると、以下のようなコードとなっています。

```
LinearLayoutのコンストラクタ
public LinearLayout(Context context, AttributeSet attrs, int defStyleAttr, int defStyleRes) {
    super(context, attrs, defStyleAttr, defStyleRes);

    // ❶obtainStyledAttributes()メソッドでスタイルを解決
    final TypedArray a = context.obtainStyledAttributes(
            attrs, com.android.internal.R.styleable.LinearLayout, defStyleAttr, defStyleRes);

    // ❷解決したTypedArrayからスタイルの値を取得
    int index = a.getInt(com.android.internal.R.styleable.LinearLayout_orientation, -1);
    if (index >= 0) {
        setOrientation(index);
    }

    <中略>

    // ❸使い終わったTypedArrayはrecycle()で解放する必要あり
    a.recycle();
}
```

❶LayoutInflaterのinflate()から渡されたAttributeSetを、contextのobtainStyledAttributes()メソッドに渡します。この時に、自身の取得したい属性のグループを、declare-styleableで指定していた名前を表すIDを渡すことで、スタイルやテーマ

の解決をした後の属性の値を返させます。このように、必要な値を一気に配列で返すことで、JNI（*Java Native Interface*）の言語境界を何度も往復することを防ぎます。

　contextはapkの情報とリソースの情報を持っていて、テーマのデータも保持しています。obtainStyledAttributes()では、このテーマやスタイルの値を解決してTypedArrayという型として返します。

　❷属性の値をTypedArrayから取り出します。TypedArrayには解決された値が配列として入っていて、それをdeclare-styleableで定義したIDで取り出します。

　❸TypedArrayは、使い終わった後はrecycle()メソッドを呼び出すことになっています。

　このように、自身に関係ある属性の一覧を、テーマやスタイルを解決した上で配列にして返してくれるのがcontextのobtainStyledAttributes()メソッド呼び出しです。LayoutInflaterから渡されたAttributeSetをこのように用いることで、各Viewはテーマやスタイルに対応した形で属性の値を取得できて、自身を初期化できます。余談になりますが、「?」などの解決もこのobtainStyledAttributes()メソッドで行われます。

4.3.9
LayoutInflaterのまとめ

　以上のように、LayoutInflaterはバイナリ化したリソースを高速に読み込み、リソース中に指定されているViewをインスタンス化していくことでViewツリーを構築していきます。

Column

テーマ関連の公式ドキュメント

　テーマは、公式のドキュメントが良く書かれています。参考までに、簡単に紹介しておきます。テーマとスタイルの入門は、以下のリンクになります。

URL https://developer.android.com/guide/topics/ui/themes.html

style属性の文法については、以下が短いですが参考になるでしょう。

URL https://developer.android.com/guide/topics/resources/style-resource.html

「?」での参照など、参照についてはこちら。

URL https://developer.android.com/guide/topics/resources/accessing-resources.html

バイナリ化したリソースのパーサーは1つのインスタンスでオフセットを変えていくことで、各要素の属性を取り出すインターフェースを提供します。このリソース上の要素間の移動は高速に行われ、無駄なメモリの確保も行われません。

このAttributeSetをそのまま使うこともできますが、現在ではそうしたコードはほとんど残っていません。それよりもテーマやスタイル、リソースの参照などを解決するために、ContextのobtainStyledAttributes()メソッドを用います。Contextはテーマに関する情報を保持して、適切にスタイルの解決を行います。

4.4 ActivityとDecorView
ActivityのsetContentView()が作る重要なView

ここまでで、LayoutInflaterを用いてViewツリーを作る方法を見てきました。メニューやListViewなどでは、この方法でViewツリーを作成しているでしょう。

一方で、Activityでレイアウトのリソースから Viewツリーを作る場合、直接LayoutInflaterを呼び出すのではなく、ActivityのsetContentView()メソッドにリソースIDを渡していると思います。

これは内部でLayoutInflaterのinflate()を呼び出しているのであろうと想像はできますし、実際呼び出しています。しかし、実際はただ呼び出すだけではなく、いくつか追加の作業を行っています。この追加の作業でActionBarなどが生成されて、DecorViewやContentParentと言われる重要なViewが作られます。そこで本節では、このActivityのsetContentView()が何をしているかを詳しく解説していきます。

4.4.1
setContentView()呼び出しの後のViewの階層
DecorViewとContentParentとContentRoot

ActivityのsetContentView()を呼び出す時には、大体以下のようなコードになっているでしょう。

```
setContentView(R.layout.activity_main);
```

ここで、R.layout.activity_mainは、layout下にあるレイアウトリソースの名前です（activity_main.xmlという名前と仮定）。このリソースIDを引数にLayoutInflaterのinflate()を呼び出すと、Viewツリーが得られます。このリソースファイルから生成されるViewツリーの一番上のノードをContentRootと呼んでいます（図4.12）。

第4章 Viewのツリーとレイアウト

図4.12 ViewツリーとContentRoot

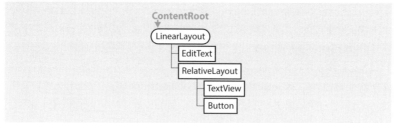

Viewツリーの一番上のノード、この場合はLinearLayoutの所がContentRootとなる。

setContentView()を呼び出すと、このContentRootの上に2つほどViewが暗黙で追加されます。一つがDecorView、もう一つがContentParentと言われるものです（**図4.13**）。

図4.13 DecorViewとContentParent

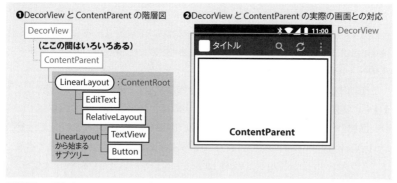

❶階層図の一番上がDecorViewで、その次にいくつかView要素が続き、その下のどこかにContentParentと呼ばれるViewがある。このContentParentの下にContentRoot、つまりinflate()するViewツリーのルートが来る。

DecorViewはViewツリーの一番上のViewとなるViewで、ActionBarなどがこのViewの下にレイアウトされます。また、メニューが開いている時にキーボードなどのイベントをメニューに横流しするなどします。

ContentParentは、setContentView()で渡されたリソースIDで生成されるツリーの親となるViewです。詳細は、次のWindow Styleと合わせて説明します。

4.4.2 DecorViewとWindow Style

スタイルは、基本的には単にレイアウトの属性への間接参照であり、属性に実際に同じ値を直接指定すれば同じ結果となります。しかし、スタイルには

1つだけ例外があります。それが、Windowに適用されるスタイルです。Window Styleと呼ばれています。

　Windowに適用されるスタイルはテーマでのみ指定できるスタイルで、同じことをレイアウトに直接記述して実現することができません。レイアウトのリソースにはWindowを表す要素がないので、当然ではありますね。

　属性名で、windowで始まるものがテーマオンリーのスタイルです。例えばwindowNoTitleなどです。これらのWindowのスタイルで一番使われるのが、windowNoTitleでしょう（**図4.14**）。ActionBarが不要な時に、この手のスタイルを含んだテーマを指定することで、ActionBar無しのアプリを作ることができます。

図4.14 windowNoTitleのActivity

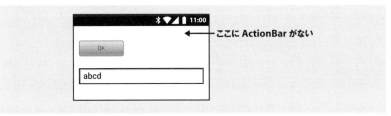

ActionBarがない時の実際の画面の模式図。

　このWindow Styleの多くは、実装としては基本的にはDecorViewの子供のレイアウトで実現されます。この子供のレイアウトも通常のLayoutInflaterとレイアウ

Column

ActivityとPhoneWindow

　Activityはメンバに PhoneWindow というクラスのインスタンスを持ちます。本項で解説している setContentView() の実装は、実際には PhoneWindow に実装があり、Activity の setContentView() は PhoneWindow に処理を丸投げしています。setContentView() の他にも Activity の UI 的な側面は、PhoneWindow に実際のコードがあるメソッドがいくつかあります。

　PhoneWindow は、6.5節で登場する IWindow とはまったく関係のないクラスなのにクラス名に Window という名前が入っていて、しかもかなり近い所で使われていて、非常にややこしいことになっています。PhoneWindow 周辺もかなり混乱したコードとなっているので、本書ではなるべく PhoneWindow が登場しないようにしています。Activity、ViewRootImpl、PhoneWindow の周辺のクラス構成はもう少し整理した方が良い所だと思いますが、こうした部分が残るのも実プロダクトというものです。

第4章 Viewのツリーとレイアウト

トのxmlを使って行われています。こんなにフレームワークの内部まで、通常のレイアウトの仕組みが使われているのはおもしろいですね。そして、このレイアウトはsetContentView()の中で1回行われるだけなので、requestWindowFeature()の指定[注5]やテーマの指定は、このsetContentView()呼び出しより前に行わなくてはならないという決まりがあります。

適用されているWindow Styleに応じて、DecorViewにinflate()されるレイアウトのリソースは異なります。条件の組み合わせに応じてさまざまなレイアウトが使われ得るのですが、よく出てくるものとしては**表4.5**のレイアウトのリソースがあります。

表4.5 DecorViewにinflate()されるレイアウトリソース

使われるレイアウトリソース	条件
R.layout.screen_swipe_dismiss	windowSwipeToDismissを指定
R.layout.screen_simple_overlay_action_mode	windowActionModeOverlayとwindowNoTitleを同時に指定
R.layout.screen_simple	windowNoTitleを指定
R.layout.screen_title	通常のレイアウト

これらのレイアウトリソースが具体的にどのようなものかを見るために、通常のレイアウトの時に使われるscreen_titleのxmlを例として取り上げます。

```xml
// screen_title.xml
<LinearLayout xmlns:android="http://schemas.android.com/apk/res/android"
    android:orientation="vertical"
    android:fitsSystemWindows="true">
    <!-- Popout bar for action modes -->
    <ViewStub android:id="@+id/action_mode_bar_stub"
              android:inflatedId="@+id/action_mode_bar"
              android:layout="@layout/action_mode_bar"
              android:layout_width="match_parent"
              android:layout_height="wrap_content"
              android:theme="?attr/actionBarTheme" />
    <FrameLayout
        android:layout_width="match_parent"
        android:layout_height="?android:attr/windowTitleSize"
        style="?android:attr/windowTitleBackgroundStyle">
        <TextView android:id="@android:id/title"
            style="?android:attr/windowTitleStyle"
            android:background="@null"
            android:fadingEdge="horizontal"
            android:gravity="center_vertical"
            android:layout_width="match_parent"
            android:layout_height="match_parent" />
```

注5　次ページのコラムを参照。

```
    </FrameLayout>
    <FrameLayout android:id="@android:id/content"
        android:layout_width="match_parent"
        android:layout_height="0dip"
        android:layout_weight="1"
        android:foregroundGravity="fill_horizontal|top"
        android:foreground="?android:attr/windowContentOverlay" />
```

やや行数が多いですね。この手のxmlを読む時は、まずは構造を掴むべく、要素名とidに集中して見るのがお勧めです。そこで要素名と重要な属性だけ抜き出すと、このような感じになります。

screen_title.xmlから要素とidだけ抜き出し
```
<LinearLayout>
    <!-- Popout bar for action modes -->
    <ViewStub android:id="@+id/action_mode_bar_stub"
              android:inflatedId="@+id/action_mode_bar" />
    <FrameLayout>        ←❶
        <TextView android:id="@android:id/title" />
    </FrameLayout>
    <FrameLayout android:id="@android:id/content"/>   ←❷
```

Column

requestWindowFeature()メソッドとWindow Style

　最近ではあまり使われなくなりましたが、本文で述べているテーマ以外にも、ActivityのrequestWindowFeature()メソッドでFEATURE_NO_TITLEを指定することでも、タイトルバー無しのアプリを作ることができます。

　Window Styleは、大体このrequestWindowFeature()呼び出しに内部で翻訳されます。また、いくつかの機能はWindow Styleでは提供されておらず、requestWindowFeature()メソッドで直接呼び出さなければ使えないものもあります。ですから、プログラマとしてはrequestWindowFeature()だけ知っていれば、テーマなど知らなくても行いたいことは全部できることになります。

　しかし、このrequestWindowFeature()呼び出しは、いろいろなフラグの組み合わせを受け取るAPIとなっていながら、そのうち有効な組み合わせは限られていて、その組み合わせが特にドキュメント化されていないため、なかなか使いこなすのが難しいメソッドでもあります。

　Window Styleも組み合わせに制限はあるのですが、最初から提供されているテーマの中に典型的なパターンが含まれていて、それを継承したり参考にして書いたりすることができるため、requestWindowFeature()メソッドを使うよりはハマりにくいと言えます。

この抜き出したxmlで構造を理解しつつ、各要素の属性を見る時は元のxmlを参照してみてください。

ViewStubは少し見慣れないかもしれませんが、後から必要になった時にinflate()ができる特殊なViewです[注6]。

❶のFrameLayoutが、タイトルのTextViewを保持しているFrameLayoutとなっています。このように、通常のアプリのタイトルは内部では単なるTextViewを用いて実装されていて、LayoutInflaterでレイアウトされる通常のViewに過ぎません。

❷のFrameLayoutは、残りのスペースすべてを埋めるFrameLayoutで、idがcontentとなっています。このcontentというidのFrameLayoutが、前項で登場したContentParentです（図4.15）。setContentView()で渡されたリソースIDから作られるViewツリーは、このFrameLayoutの下に接続されます。

図4.15 ContentParentにリソースidから作られたViewツリーが接続される様子

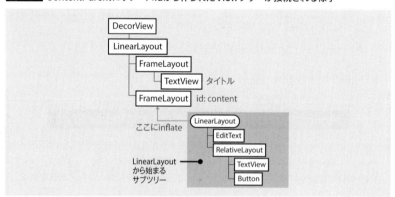

左上のDecorViewからFrameLayout（idはContentParent）までのツリーに、リソースから作られたViewツリーがつながれる。つながる場所はContentParent。

このように、setContentView()を呼び出すとDecorViewが作られ、その下にWindow Styleに応じてタイトルバーなどのViewと、それ以外のスペースすべてを埋めるFrameLayoutがレイアウトされ、そのすべてを埋めているFrameLayoutの下にsetContentView()で渡されたリソースIDを元に作られるViewツリーがinflate()されます。

最後に、簡単にその様子をソースコードで見ておきましょう。ActivityのsetContentView()は、最終的にはPhoneWindowのsetContentView()を呼び出します。

注6　ViewStubについては、公式ドキュメントを参照してください。
　　　🔗 https://developer.android.com/training/improving-layouts/loading-ondemand.html

```java
@Override
public void setContentView(int layoutResID) {

    // ❶最初の呼び出しの時に、installDecor()を呼び出す
    if (mContentParent == null) {
        installDecor();
    } else if (!hasFeature(FEATURE_CONTENT_TRANSITIONS)) {
        mContentParent.removeAllViews();
    }

    if (hasFeature(FEATURE_CONTENT_TRANSITIONS)) {
        final Scene newScene = Scene.getSceneForLayout(mContentParent, layoutResID,
                getContext());
        transitionTo(newScene);
    } else {
        // ❷次に、mContentParentの下に、指定されたリソースをinflate
        mLayoutInflater.inflate(layoutResID, mContentParent);
    }
}
```

❶のinstallDecor()呼び出しでDecorViewを作成し、Window Styleに合わせてp.142の表4.5で説明したリソースをDecorViewにinflate()した後に、inflate()されたViewツリーからmContentParentをセットします。mContentParentはidがcontentの要素がセットされます。installDecor()呼び出しは、概念的には以上の処理をしているだけの割にはここで簡単に見るには煩雑なコードとなっているので、これ以上は追いません。

installDecor()でWindow Styleに応じてDecorViewとその下のレイアウトを作成してmContentParentをセットしたら、❷でmContentParentの下に引数で渡されたリソース、つまりsetContentView()の引数で指定したレイアウトリソースからViewツリーを構築しています。

以上のように、ActivityのsetContentView()を呼び出すと、DecorViewとContentParentを作成した上で、Viewツリーをその下に構築します。

4.5 Viewツリーのmeasureパス
構築されたViewツリーをレイアウトする ❶

ここまでで、LayoutInflaterがレイアウトのリソースを用いてViewのツリーを作る部分を見てきました。ここからは、この構築されたViewツリーをレイアウトする部分を解説していきます。

第4章 Viewのツリーとレイアウト

Androidのレイアウトは、measureパスとlayoutパスの2パスで行われます。そこで4.5節、4.6節、4.7節の3つの節ではmeasureパスを扱い、4.8節でlayoutパスを扱います。

Viewツリーのレイアウト概要 4.5.1

レイアウトとは、各Viewを画面内に配置することです。配置とは具体的にはどこに置くかを決める、つまり各Viewの左上隅の座標、そして幅と高さを決めることです。

Androidのレイアウトはhtmlなどに比べるとシンプルな機能しかありませんが、それでもなかなか複雑な処理です。と言うのは、幅が求まらないと位置が求まらず、位置が求まらないと幅が求まらない、という鶏と卵の関係が出てくる場合があるからです。

例えば、LinearLayoutで左から順番にView A、B、Cを並べる場合を考えましょう(図4.16)。A、B、Cのサイズが決まっていれば、まずAを左端に置いて、その隣にBを置いて、その隣にCを置けば良くなります。

図4.16 A、B、Cをただ並べれば良いケース

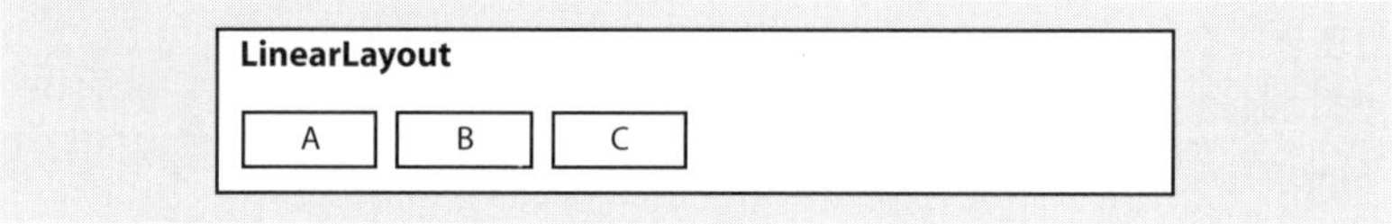

A、B、Cを順番に左から並べているだけ。この場合は、特に難しいことはない。

各Viewの幅が決まっていれば、このように置く場所というのは比較的簡単に求まります。

ですが、Viewの幅はいつも固定サイズとは限りません。例えば、Bの幅の指定をlayout_weight="1"とすることで、BのサイズをAとCを配置した残りとすることができます(図4.17)。

図4.17 Cの幅を知ってからでなければBの幅が決まらないケース

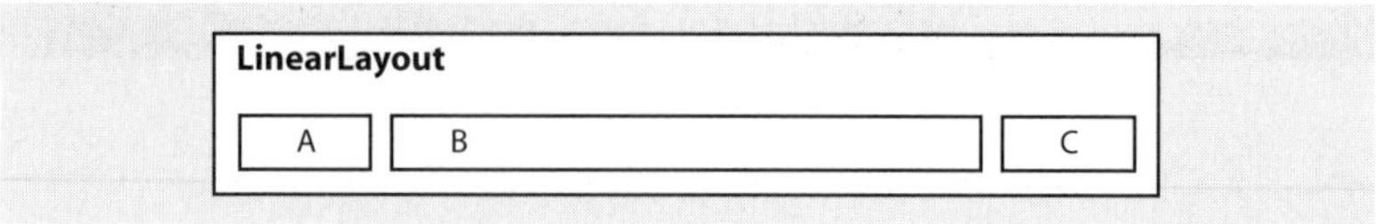

BはAとCを置いた上で、残った幅全部を占める。この場合Bの幅を知るにはAとCの幅が必要なので、順番に左から置いていくとBを置く所でBの幅がわからないことになる。

この時には、Cをどこに置くかはどう決めれば良いでしょうか。まずは、固定されているAとCのサイズを全体から引いてBのサイズを出す必要があります。そして、求まったBのサイズを元に、AとBを順番に並べて、Bの一番右端から先にCを置けば良いとなります（**図4.18**）。

図4.18 Cをどこに置くか？

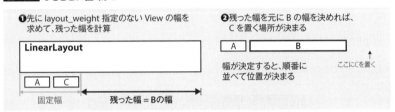

置く場所は後回しにしておいて、まずは幅を決める。そして幅が決まった後に置く場所を決めれば、Bを置く時点ではもう幅が決まっているので、次のCを置く場所がわからないという問題もない。

　この例だと単純なので、一見するとCの置く場所なんてすぐ決まりそうに感じられて、先にサイズを求めるという説明は迂遠に感じられるかもしれません。ですが、プログラムの気持ちになって考えると、ここで説明したような手順が必要なことがわかるでしょう。

　Cを置く場所はBの右隣なので、Bを置いてみなければ決まりません。Bの置く場所はAの右隣なので、Aを置いてみなければ決まりません。

　Aを置く場所は一番左なので最初からわかっていますが、Aの右隣を知るにはAの幅が必要です。Aの幅がわかればAの右隣がわかるのでBの置く場所が決まります。Bの置く場所と幅が決まるとBの右隣の場所が決まるので、Cを置く場所が決まります。

　このように左から順番に置いてみなければ、Cをどこに置いたら良いのかはわからないのです。左から順番に置く時には、AやBの幅が必要になります。つまり、このような方法でどこに置くのかを決めるためには「サイズが先にわかっている」必要があるのです。

　一方で、RelativeLayoutなどのような場合、AとCを配置した後にBはその間一杯に広げる、のように指定することができます。この場合、Bの幅はAとCを置いてみないとわかりません。つまり、サイズを求めるには配置が決まっている必要があります。配置を決めるにはサイズが必要ですが、サイズを決めるには配置が必要です。これでは鶏が先か卵が先かという問題になります。

　他にも親のViewGroupの幅がないと子供のViewの幅が決まらないが、子供のViewの幅が決まらないと親のViewGroupの幅が決まらないというような問

題もあります。

　これらのレイアウトの問題は、組み合わせによっては計算不能なものすらあります。Androidではこれらの困難な問題に対して、measureとlayoutという2つのパスを設けることで対応しています。逆に言えば、この2つのパスで計算不能なレイアウトはAndroidでは行えないということになります。

　measureパスでは、各Viewは与えられた制約を元に、自身のサイズを申告していきます。

　layoutパスでは、各Viewにはサイズが決まっているという前提で、それぞれ

Column

LinearLayoutのlayout_weight属性

　LinearLayoutには、layout_weightという属性があります。Android開発者なら日常的に使っていることでしょう。挙動は、LinearLayout自身の幅がonMeasure()の時点で解決されているかどうかで微妙に異なるため一言で説明するのは難しいですが、LinearLayoutの幅が固定されている場合は、layout_weight指定されていない要素の幅を一通り決めて、余った幅をlayout_weightの比率で割って、layout_weightを持つそれぞれの要素に分配するという挙動をします。

　例えば、Button A、B、C、Dとあって、それぞれの幅とそれを保持するLinearLayoutのlayout_widthを**表C4.A**のようにしたとします。

表C4.A　4つのボタンと親の幅指定

Viewの名前	幅
LinearLayout	700px
Button A	layout_weight=2
Button B	layout_weight=3
Button C	layout_weight=1
BUtton D	200px

　この場合、Button Dが即値の幅を持っているので、まずこの幅が確定し、残りの幅をButton A、B、Cでlayout_weightに応じて分けることになります。残りの幅は700-200で500pxです。

　A、B、Cのlayout_weightを全部足すと2+3+1=6なので、Aの幅は500×2/6、Bの幅は500×3/6、Cの幅は500×1/6となります。

　layout_weightは絶対的な値よりも、他のlayout_weightとの相対的な大きさが大切となります。なお、本文の例の場合はlayout_weight指定のあるViewが1つだけなので、0より大きい値ならいくつでも結果は変わりません。

のViewを配置していく、つまり各Viewを置く座標を決定していきます。

ここからしばらくは、measureパスを詳細に取り上げていきましょう。

4.5.2
measureパスとonMeasure()メソッド

Androidは、Viewツリーのルートのノードに対してmeasure()メソッドを呼び出します。ルートのノードがViewGroupの場合（ほとんどの場合そうですが）、このmeasure()の中で自身の子Viewに対してmeasure()を呼んでいきます。

Viewのmeasure()メソッドでは共通の細々とした処理が行われて、実際のサイズの申告はそこから呼ばれるonMeasure()メソッドで行われます。各Viewのサブクラスは、onMeasure()をオーバーライドし、自身のサイズを申告しなくてはなりません。onMeasure()の型は以下のようになっています。

```
protected void onMeasure(int widthMeasureSpec, int heightMeasureSpec)
```

引数のwidthMeasureSpecとheightMeasureSpecは、許されている幅と高さです。

ViewはこのonMeasure()をオーバーライドし、その中で引数で渡されたwidthMeasureSpecとheightMeasureSpecの範囲内で、自身のサイズを計算して申告します。

申告はsetMeasuredDimension()メソッドを呼び出すことで行います。型は以

Column

レイアウト可能な場合を考える難しさ

レイアウトという問題は、制約を書いておいてその制約を満たす結果を求めてもらうというふうに一般化できます。制約の内容によっては答えを求めるのに十分な制約が足りていなかったり、制約同士が相互に依存していたりして実現不可能な制約だったりするため、ある与えられた制約が答えを出すのに必要十分かを考えるのは、一般的にはなかなか難しい問題です。さらに、計算コストの都合で理論上は計算できても、現実的に打ち切ってしまうという振る舞いをすることもあります。アプリの開発者なら「ドキュメントを読む限りではこの記述は許されそうに見えるのに、実際はその通りに動かない」という経験をしたことがある方もいることでしょう。

どういった制約はAndroidのレイアウトシステムでは解決できて、どのような場合は解決できないかをすべて正確に把握するのはかなり難しい問題です。それよりは、UIエディタ上で実際に書いてみて意図した通りに動くか、実機上で動かしてみて意図した通りに動くか、ソースを読んでみて意図した通りに動きそうかなどを積み重ねて、経験的に学習してしまう方が現実的でしょう。

第4章 Viewのツリーとレイアウト

下のような形式です。

```
protected final void setMeasuredDimension(int measuredWidth, int measuredHeight)
```

つまり、measureパスで自身のサイズを申告するのは以下のような手順で行います。

❶ onMeasure()をオーバーライド、中で以下の❷❸を行う
❷ 自身のサイズを計算
❸ 計算したサイズを引数にsetMeasuredDimension()を呼ぶ

以降、これら3つの処理の詳細を説明します。葉Viewの場合とViewGroupの場合で大きく処理内容が分かれるので、まず葉Viewのmeasureを次の4.6節で見て、続く4.7節ではViewGroupのmeasure処理を取り上げます。

4.6
葉ViewのonMeasure()によるサイズ計算
ImageViewを例に

本節ではサイズ計算のうち、葉ノードのViewのケースについて説明します。

4.6.1
葉ノードと内部ノードについて

サイズを計算する場合は、ViewGroupでない場合とViewGroupの場合、つまりViewツリーの葉のノードか内部のノードかで処理が大きく分かれます（**図4.19**）。以降では、最初に葉のノード、つまり子供を持たないViewのonMeasure()について見ていきます。

図4.19 葉ノードと内部ノード

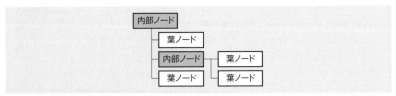

葉ノードと内部ノードという言葉の定義。内部ノードは子供を持つノードのこと。葉ノードとは一番末端のノードのこと。

葉のViewの幅の指定いろいろ

例としてImageViewを考えてみます。サイズの指定はさまざまなケースが考えられますが、次の3つのケースを考えれば基本的なことは理解できます（**図4.20**）。以下で、一つ一つ確認していきましょう。

❶幅がハードコードの場合
❷幅がwrap_contentの場合
❸幅がmatch_parentの場合

図4.20 幅指定による3つのケース

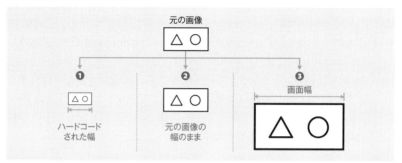

❶指定された幅がViewの幅となるケース。❷参照されている画像の幅がViewの幅となるケース。❸親の画面の幅がViewの幅となるケース。

❶幅がハードコードの場合

幅がハードコードで指定されている場合は、サイズの計算に難しいことはありません。例えば、レイアウトのリソースが以下のようなものだったとします。

```
<ImageView
    android:src="@drawable/myimage"
    android:layout_width="40dp"
    android:layout_height="50dp"
    />
```

このケースでは、onMeasure()はただ40dp、50dpに相当するピクセルを引数にsetMeasureDimension()を呼び出せば良いことになります。

❷幅がwrap_contentの場合

レイアウトのリソースでの幅の指定がwrap_contentの場合を考えます。例えば、次のケースです。

```
<ImageView
    android:src="@drawable/myimage"
    android:layout_width="wrap_content"
    android:layout_height="wrap_content"
    />
```

この指定があった時には2つのケースが考えられます。

①親のViewの幅が決まっている時
②親のViewの幅が決まっていない時

①親のViewの幅が決まっている時は、葉のViewに幅を自由に決めてもらって良いけれど、最大値は決まっているという状態になります。この場合は「最大でも指定サイズ以下」(**AT_MOST**)という状態で制約がやってきます。ImageViewは自分でmyimageの画像オブジェクトから幅と高さを取り出し、指定サイズとのminを取った結果を申告します。つまり、setMeasuredDimension()を呼び出します。

②親のViewの幅が決まっていない場合は、幅と高さは参照している画像、myimageの幅と高さになります。このケースでは、onMeasure()には幅も高さも「指定されていない」(**UNSPECIFIED**)という制約がやってきます。ImageViewは自分でmyimageの画像オブジェクトから幅と高さを取り出し、その値をsetMeasuredDimension()で申告します。

❸幅がmatch_parentの場合

親のViewの幅と高さに合わせたいというのは、よくあるシチュエーションです。その場合にはmatch_parentを使っていると思います。例えば、以下のようなレイアウトのリソース記述です。

```
<ImageView
    android:src="@drawable/myimage"
    android:layout_width="match_parent"
    android:layout_height="match_parent"
    />
```

これはonMeasure()の実装という点では少し特殊です。ImageViewは親のサイズなど知らないので、これを決定することはできません。この場合にImageViewの幅と高さを決めるのは、このImageViewを持っているViewGroupの仕事です。例えば、LinearLayoutの中にあるなら、LinearLayoutがこの幅は決めます。そして、ImageViewのonMeasure()には、ハードコードされたサイズが指定されているかのように値が渡ってきます。

そこで、ImageViewとしての処理は「幅がハードコードの場合」と同様で良く、

ただ渡ってきた値をそのまま引数として setMeasuredDimession() を呼び出せば良いということになります。

このように子供のViewとしては、最終的には「幅の指定無し」と「最大サイズ以下では自由に申告して良い」と「ハードコードされた即値」の3通りに対応すれば良いわけです。以上をまとめると**表4.6**のようになります。それぞれのケースを具体的にどう扱うかを考えるためには、onMeasure()の引数で渡ってくるMeasureSpecの詳細を知る必要があります。

表4.6 幅の属性と渡ってくる制約条件

幅の属性と条件	渡ってくる制約条件
70px (数値でハードコードされた幅)	EXACTLYで70
wrap_contentで親の幅が決まっている時	AT_MOSTで親にレイアウトされず残っている幅
wrap_contentで親の幅が決まっていない時	UNSPECIFIED
match_parent	EXACTLYで親にレイアウトされず残っている幅

4.6.3
いろいろな幅の指定のコードによる表現　MeasureSpecとサイズのエンコード

onMeasure()の引数にはintのwidthMeasureSpecなどが渡ってくる、という話を少しだけしました。

```
protected void onMeasure(int widthMeasureSpec, int heightMeasureSpec)
```

このintのwidthMeasureSpecは、型はintとなっていますが、3つの種類が1つのint値にエンコードされている特殊な数値です。

このint値の上位2bitに、この値の種類を表す情報や丸め込まれた等の付加情報など、いろいろな数値を埋め込むことになっています。この付加情報のうち、上位の2bitにはMODEと言われる値の種類を入れることになっていて、このMODEは全部で**表4.7**の3種類あります。

表4.7 MeasureSpecのMODE

MODE	説明
UNSPECIFIED	指定無しで、葉Viewは好きなサイズを申告できる。wrap_contentなど
EXACTLY	ハードコードされた即値
AT_MOST	指定された値より小さい範囲なら好きな値を申告して良い

これは以下のように取り出すこともできますが、

```
(widthMeasureSpec>>30)&0x03
```

これと同じ処理を行うutilityメソッドとして、Viewクラスの内部クラスにMeasureSpecというクラスがあり、普通はこのMeasureSpecを使うことになっています。MODEを取得するのは、getMode()メソッドです。上記コードと同じことを以下のように書けます。

```
MeasureSpec.getMode(widthMeasureSpec)
```

なお、EXACTLYとAT_MOSTの時には値も取得する必要があります。値は下位30bitなので、以下のようなコードで取得できます。

```
(widthMeasureSpec & 0x3fffffff)
```

このように取得しても良いのですが、これもMeasureSpecのgetSize()というメソッドが提供されているので普通はこちらを使います。以下のようなコードになります。

```
MeasureSpec.getSize(widthMeasureSpec)
```

以上の仕組みを用いて、葉のViewのonMeasure()を実装していくことができます。

onMeasure()の実際の実装　ImageViewの場合

4.6.4

4.6.2項で見たように、葉Viewの場合は、UNSPECIFIEDな場合とAT_MOSTの場合、そしてEXACTLYの場合の3つを処理すれば良いことがわかります。これはwidthMeasureSpecのMODEを見ればわかるので、典型的には以下のようなコードになります。

```
protected void onMeasure(int widthMeasureSpec, int heightMeasureSpec) {
    switch(MeasureSpec.getMode(widthMeasureSpec)) {
        case MeasureSpec.EXACTLY:
            // 即値の場合の処理をここに書く
            break;
        case MeasureSpec.AT_MOST:
            // 最大値指定の場合の処理をここに書く
            break;
        case MeasureSpec.UNSPECIFIED:
            // サイズ指定無しの場合の処理をここに書く
            break;
    }
}
```

以下、それぞれのケースでの実際の処理を見ていきましょう。なお、maxWidth などここで説明しない属性によって実際の挙動は異なりますが、以下の基本的なケースを理解しておけば、それらの属性との組み合わせでどう変わるかは大体想像できると思うので、ここでは本質的な仕組みが理解できるような基本的なケースのみに絞って説明します。

ハードコードされた値の場合　EXACTLY

上から渡ってきた値をそのまま申告します。以下のようなコードになります。

```
onMeasure()の実装、EXACTLYの場合
int width = MeasureSpec.getSize(widthMeasureSpec);
int height = MeasureSpec.getSize(heightMeasureSpec);
setMeasuredDimension(width, height);
```

最大値指定の範囲内で自由な値を申告して良い場合　AT_MOST

以下、AT_MOSTの場合もUNSPECIFIEDの場合も、表示する予定の画像のサイズが計算に必要になります。そこで、表示する予定の画像のサイズは、あらかじめmDrawableWidthとmDrawableHeightにセットされているとします。

AT_MOSTの場合はmDrawableWidthと渡ってくるサイズのうち、小さい方を用いる必要があります。コードにすると以下のようになります。

```
onMeasure()の実装、AT_MOSTの場合
// 渡ってきた幅と高さ
int specWidth = MeasureSpec.getSize(widthMeasureSpec);
int specHeight = MeasureSpec.getSize(heightMeasureSpec);

// 画像の幅と渡ってきた幅のうち、小さい方を採用
int width = Math.min(specWidth, mDrawableWidth);

// 高さも同様
int height = Math.min(specHeight, mDrawableHeight);

// 計算した幅と高さを申告
setMeasuredDimension(width, height);
```

このようにして、画像のサイズそのままが許可されている値の範囲内ならそのサイズを、許可されている最大サイズを超えている場合は許可されている最大サイズを自身のサイズとします。

制約の指定がない場合　UNSPECIFIED

この場合は、画像の幅と高さをそのまま申告すれば良いことになります。つ

まり、mDrawableWidthをそのまま申告すれば良いわけです。

`onMeasure()の実装、UNSPECIFIEDの場合`
```
setMeasuredDimension(mDrawableWidth, mDrawableHeight);
```

このように、ImageViewは上からの制約条件と自身の幅に応じてサイズを計算し、それをsetMeasuredDimension()で申告することになります。

4.7 ViewGroupの場合のonMeasure()によるサイズ計算
LinearLayoutを例に

子供を持たない葉Viewのサイズ計算は、基本的にはここまで話してきたImageViewの場合で説明し尽くせています。TextViewでもButtonでも、基本的な処理はそれほど変わりません。しかし、ViewGroupはクラスごとにまったく実装が異なるので、一つの一般的な場合を説明することができません。むしろViewGroupのサブクラス達は、このonMeasure()の違いごとに別のクラスになっているとさえ言えます。一方で、ViewGroupのmeasureはAndroidのレイアウト関連処理の中核となる極めて重要な部分であり、ある程度複雑な処理を見てみないと、ViewGroupのmeasureで何を行っているのかがもやもやしていまいちわからないままになってしまいます。ViewGroupの実装を見ずに葉のViewのonMeasure()だけ読んでも問題の片方だけしか読んでいないため、いまいちしっくりこないはずです。

そこで、ここではある程度複雑なViewGroupの例としてLinearLayoutを取り上げて、その実装を具体的に押さえていきます。しかしながら、LinearLayoutだけに絞ってもLinearLayoutには豊富な機能があり、すべてを見ていくのは大変です。そこで主要なレイアウトの問題を一通り理解できるようにと筆者が選んだいくつかのケースに集中して、その実装を見ていきます。

問題の概要
4.7.1

以下ではある基本的な設定のレイアウトの一部だけを変えて、それぞれのmeasureの計算がどう変わるかを確認してみましょう。ここでは、まず前提となる基本のレイアウトについて説明します。

以下の基本ケースのレイアウトから、

4.7 ViewGroupの場合のonMeasure()によるサイズ計算

```
基本ケースのレイアウト
<LinearLayout android:width="700px" android:height="1000px">
    <Button android:text="Button A"
        android:layout_width="wrap_content"
        android:layout_height="wrap_content" />

    <!-- このButton Bの幅がいろいろ変わる。これはwrap_contentのケース。 -->
    <Button android:text="Button B"
        android:layout_width="wrap_content"
        android:layout_height="wrap_content" />

    <Button android:text="Button C"
        android:layout_width="140px"
        android:layout_height="wrap_content" />
</LinearLayout>
```

LinearLayoutにButton A、B、Cを横に並べて、Bだけ幅の指定をいろいろ変えた場合の違いを見ていきます。Aはwrap_content、Cはハードコードされたボタンを置きます。ここで見ていくViewGroupであるLinearLayout自身の幅はハードコードされた即値で700pxとします。orientationはhorizontalです。marginやopticalモードなどの細かい属性の話はキリがないので、そういった細部は無視して解説をします。Button Bの幅は、wrap_contentの場合、match_parentの場合、layout_weight="1"の場合の3つのケースを取り上げます（**図4.21**）。

図4.21 measureのための基本問題設定

A、B、Cを左から並べる。Button Aがwrap_contentでCがハードコードされている。Bの幅の指定をいろいろ変えた時、measureの処理がどうなるかを以下では考えていく。

4.7.2
基本ケースのButton B以外のonMeasure()処理

Button Bの処理に集中するために、まずはButton B以外の処理を一通り見ておきましょう。

ViewGroupは、自身の子供のViewを順番に見ていって、そのlayout_widthなどの属性を元にmeasureを呼び出していき、それらの結果を元に最後にViewGroup自身のsetMeasuredDimension()を呼び出します。LinearLayout自身の幅は700pxとハードコードされているので、onMeasure()にはEXACTLY

第4章 Viewのツリーとレイアウト

で700が渡ってきます。このonMeasure()の中で子供のViewに引数をいろいろ変えてmeasureを呼び出していきます。

まず最初のButton Aは幅の指定がwrap_contentなので、A自身に幅を決めさせます。ただし、LinearLayout自身が700なので、AT_MOSTで700の幅を引数にmeasureを呼びます（**図4.22**）。

図4.22 Button Aのmeasure

wrap_contentとは、親の幅に収まってさえいれば、Button Aはどれだけ大きくてもかまわないから好きなサイズにしなよという指示になる。

```
LinearLayoutのonMeasure()、Button Aのmeasure()呼び出し
int childWidthSpec = 700 | MeasureSpec.AT_MOST;
int childHeightSpec = 1000 | MeasureSpec.AT_MOST;

View buttonA = getChildAt(0);
buttonA.measure(childWidthSpec, childHeightSpec);
```

getChildAt()というメソッドで、順番に子供を取得できます。具体的にはgetChildAt(0)でButton Aが、getChildAt(1)でButton Bが、getChildAt(2)でButton Cが取得できます。

buttonA.measure()を呼ぶと、この制約条件でのbuttonAのサイズが確定します。この中での計算はImageViewのケースとほとんど同様で、自身のラベルのサイズと渡ってきたサイズのminをsetMeasuredDimension()で申告します。

setMeasuredDimension()を呼び出すと、以後その申告したサイズはgetMeasuredWidth()メソッドで取り出すことができます。Button B、Cの幅を考える時には、LinearLayoutには既にButton Aが占める範囲はわかっているため、使える領域はこのButton Aの幅を引いたものとなります。

意味がわかりやすくなるように、変数にして名前を付けておきます。これまでに使った幅をtotalWidthUsedという変数に入れていくことにします。

```
int totalWidthUsed = 0;
totalWidthUsed += buttonA.getMeasuredWidth();
```

続いてButton Bのmeasure()を処理するのですが、ここはいろいろと変えた

い所なので飛ばします。何かしら計算をして、totalWidthUsedが更新されると仮定して次に進みます。

次に、Button Cのmeasure()を呼び出すのですが、Button Cのlayout_widthは140pxと即値で指定されていました。そこでこのmeasure()も、この即値をそのまま使います（**図4.23**）。

図4.23 Button Cのmeasure()は140pxのハードコードされた値

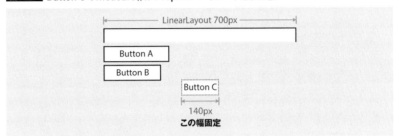

ハードコードで140pxと幅が指定されている時は、最初から140pxにしろと親が指示する。

```
Button Cのmeasure()呼び出し
childWidthSpec = 140 | MeasureSpec.EXACTLY;

View buttonC = getChildAt(2);

// childHeightSpecは前と同じもの
buttonC.measure(childWidthSpec, childHeightSpec);

// totalWidthUsedの更新。buttonC.getMeasuredWidth()はこの場合はおそらく140px
totalWidthUsed += buttonC.getMeasuredWidth();
```

最後にLinearLayout自身のsetMeasuredDimension()を呼びますが、LinearLayoutの幅と高さはハードコードされた即値なので、子供のViewの幅がいくつであれ、それは無視して即値で指定された幅を申告すればOKです。

```
LinearLayout自身のsetMeasuredDimension()
setMeasuredDimension(700, 1000);
```

以上が、Button Bを除いたLinearLayoutのonMeasure()の概要となります。基本的には自身の幅から子供の幅を引いていって、残っている幅をAT_MOST指定で子供のmeasure()を呼び出していく、そして最後に自身の幅をsetMeasuredDimension()で申告するという処理となっています。

以上のコードを基本として、Button Bの幅だけを変えた場合にそれぞれonMeasure()の処理がどう変わるかを見ていきます。

Button Bがwrap_contentの場合

Button Bの幅がwrap_contentの場合を考えます。

```
Button Bがwrap_contentのレイアウト
<LinearLayout android:width="700px" android:height="1000px">
    <Button android:text="Button A"
        android:layout_width="wrap_content"
        android:layout_height="wrap_content" />
    <Button android:text="Button B"
        android:layout_width="wrap_content"
        android:layout_height="wrap_content" />
    <Button android:text="Button C"
        android:layout_width="140px"
        android:layout_height="wrap_content" />
</LinearLayout>
```

結果は以下の図4.24のようになります。

図4.24 Button Bがwrap_contentの場合

Bがwrap_contentの場合は、ボタンの幅がテキストの長さから計算される幅になる。

この場合は、Button Aのケースとそれほどの違いはありません。前述のtotalWidthUsedを使ってButton Bのmeasure()を呼ぶコードは、以下のようになります。

```
Button Bのmeasure呼び出し
// LinearLayoutの残りの幅
childWidthSpec = (700-totalWidthUsed) | MeasureSpec.AT_MOST;

View buttonB = getChildAt(1);

// childHeightSpecは前と同じもの
buttonB.measure(childWidthSpec, childHeightSpec);

// totalWidthUsedも更新しておく
totalWidthUsed += buttonB.getMeasuredWidth();
```

上記のコードは、大雑把には以下の図4.25のような意味となります。

buttonBのmeasure()も、この場合はbuttonAとほとんど変わらない挙動となります。このケースでは、特に難しい箇所はありません。

図4.25 Button Bのmeasure呼び出し

Bの幅は「700px - Button Aの幅」を上限として、その範囲内で好きな幅という指示となる。この場合は「Button Aの幅」だが、もっとボタンがたくさん並んだ時にも成立するように、これを「これまで既に使用した幅の合計」というふうに考える。この「これまで既に使用した幅の合計」を「totalWidthUsed」という変数で表している。

4.7.4
Button Bがmatch_parentの場合

さて、少し難しくしていきます。真ん中のボタンのlayout_widthをmatch_parentにした場合を考えてみます。

```
Button Bの幅がmatch_parentになったリソース
<Button android:text="Button B"
    android:layout_width="match_parent"
    android:layout_height="wrap_content" />
```

この場合、700ピクセルからAの幅を引いた値でEXACTLYとしてmeasureが呼ばれます。これはbuttonBにとっては700-buttonAの幅をハードコード指定されたのと同じため、この幅一杯にボタンは広がります（**図4.26**）。

```
childWidthSpec = (700-buttonA.getMeasuredWidth()) | MeasureSpec.EXACTLY;
buttonB.measure(childWidthSpec, heightWidthSpec);
```

図4.26 Button Bがmatch_parentの場合のmeasureの意味

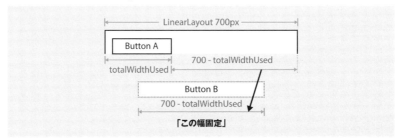

match_parentの場合は「700px - Button Aの幅」というサイズを最初からハードコードで指定されたかのように振る舞う。この「Button Aの幅」も、前の図と同様の理屈で「700(px) - totalWidthUsed」と考えておく方が汎用的。

結果として、buttonCを配置する場所はなくなってLinearLayoutの外に出てしまいますが、buttonCのmeasure自体はハードコードされた140pxで呼ばれます。結果は以下の図4.27のようになります。

図4.27 Button Bがmatch_parentの場合。Bが残りすべてを埋めてしまいCは親の外へ

Bの時点でLinearLayoutの幅は全部使ってしまうので、Cは親の外に出てしまうので描画されない。

4.7.5
真ん中の子がlayout_weight="1"の場合

Button Bがlayout_weight="1"の場合を考えてみます。Button Bの幅は、AとCの計算が終わってみなければ確定しません。そこで、Button Bの幅は0だとして次に進みます。すべての子供のViewのmeasureを呼び終わりgetMeasuredWidth()をtotalWidthUsedに足した後に、余った幅をlayout_weightのあるViewで分けます。

余った幅は700 - totalWidthUsed分のピクセルです。そして、layout_weightのあるViewは今回のケースではButton Bのみですので、この幅すべてを使ってButton Bのmeasureが呼ばれます（図4.28）。

図4.28 Button Bの幅の計算はLinearLayoutからtotalWidthUsedを引いた幅でEXACTLY指定

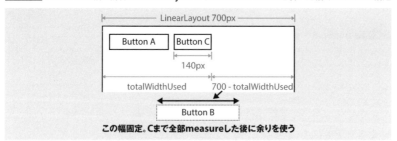

layout_weightがある時は、Bの幅の計算をする時にCの幅が必要となる。それをプログラム的にどのように計算しているか、という話。まずはlayout_weightの指定がないViewを全部計算してtotalWidthUsedに足し込む。そして、「LinearLayoutの幅 - totalWidthUsed」をハードコードしたかのようにBの幅に指定する。

```
// 700は親のLinearLayoutの幅
childWidthSpec = (700-totalWidthUsed)|MeasureSpec.EXACTLY;

buttonB.measure(childWidthSpec, childHeightSpec);
```

結果は、以下の図4.29のようになります。

図4.29 Button Bがlayout_weight="1"の場合。BがAとCを置いた残りの幅を埋める

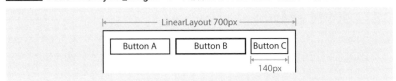

AとCの幅を先に計算し、残った幅一杯に広がる(measureでは幅の決定までで、左から順番に並べるのは本当は次のlayoutパス)。

なお、上図ではどこがBの幅になるかがわかりやすいように図示するために左から並べていますが、実際にはこの段階では幅の計算までしかせず、左から並べるのは次のlayoutパスの仕事です。

以上でLinearLayoutの幅が固定のケースの場合は、基本的なパターンを一通り見終わったことになります。LinearLayoutのonMeasure()では、渡ってくる自身の幅と高さの制約条件と、各子供のlayout_widthなどの属性を合わせて制約条件を計算して、それを元に各子供のonMeasure()を呼んでいくわけです。

ここで説明していないケースでも基本的な考え方は同じです。ViewGroup自身の幅の制約条件と、各子Viewの幅の指定を合わせて制約条件を計算し、その制約条件を引数に各子Viewのmeasure()を呼び出していきます。そして、measure()した子Viewの幅が自身の幅の申告に必要なケースでは、子ViewのgetMeasuredWidth()メソッドを呼べば良いわけです。

4.8 layoutパスとその他の話題
構築されたViewツリーをレイアウトする❷

measureパスの説明が終わったので、次はlayoutパスとなります。layoutパス自体はそれほど複雑な処理ではありませんので、目次構成の都合もありレイアウト周辺のその他の話題も本節で言及しておきます。

4.8.1

layout_で始まる属性達　LayoutParamsとViewGroupのgenerateLayoutParams()メソッド

ここまでで、ViewGroupのonMeasure()の具体例として、LinearLayoutのonMeasure()について説明してきました。ViewGroupのonMeasure()では、各子のViewの属性を見て計算を行う様子を見てきました。例えば、Button Bのlayout_widthなどの属性を読んでonMeasure()の処理を行っていました。

ここには注意したい部分があります。例えば、layout_weightはLinearLayoutに特有の属性です。RelativeLayoutにはありません。しかし、layout_weightの指定はButton B、つまり子供のViewにありました。layout_weightはLinearLayoutに特有の属性なのに、指定は子ViewのButton Bに付いています（**図4.30**）。

図4.30 **layout_weightは子供のViewに指定されているが、解釈するのは親のLinearLayout**

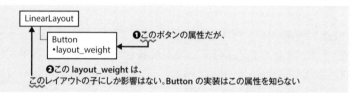

layout_weightは子供のViewの属性としてマークアップ上は書かれるが、この属性を解釈するのは親のLinearLayout。解釈する人と付いているViewが別という特殊な属性。実は、これはlayout_weightに限らずlayout_で始まる多くの属性に共通する性質。

```
layout_weightは子供のButtonの属性
<LinearLayout ...>
...
    <!-- layout_weightはButton要素の属性 -->
    <Button android:text="Button B"
        android:layout_width="0dp"
        android:layout_weight="1"
        android:layout_height="wrap_content" />
...
</LinearLayout>
```

このように、レイアウトに必要な属性を子供のViewに持たせなければならないというのは、レイアウトのマークアップには一般的なことです。そこで、AndroidでもLayoutInflaterのレベルでサポートがあります。

まず、各ViewはLayoutParamsというクラスのメンバを持つことになっています。これはViewはほとんど関知せず、ただ持つだけです。

そして、LayoutInflaterはいつも子供のViewをcreateViewFromTag()メソッド[注7]

[注7] createViewFromTag()メソッドは、4.3.4項で扱ったcreateView()とonCreateView()を呼び出すメソッドで、タグからViewを作ります。

で生成する時に、その親の ViewGroup の generateLayoutParams() メソッドを呼ぶことになっています。そして、その結果返ってくる LayoutParams を子供の View にセットします。実際のコードを少し簡略化して示すと以下のようになります。

LayoutInflaterのinflate()メソッドで、子のViewを作る所
```
// まず子のViewを作る
final View view = createViewFromTag(parent, name, attrs, inheritContext);

// 次に親のViewGroupのgenerateLayoutParamsメソッドを呼ぶ
final ViewGroup viewGroup = (ViewGroup) parent;
final ViewGroup.LayoutParams params = viewGroup.generateLayoutParams(attrs);

// 子のViewにセット
view.setLayoutParams(params);
```

このように親の ViewGroup に一旦パースを部分的に委譲して、必要なオブジェクトを生成して子の View にぶら下げておくことで、以後はパースされた結果の LayoutParams オブジェクトを使うことができます。当然各 ViewGroup のサブクラスで、この LayoutParams のサブクラスを作り、generateLayoutParams() ではこのサブクラスを生成して返すことができますし、通常そのようにします。

なお、layout_weight は LinearLayout に特有の属性なのでわかりやすいのですが、実は layout_ で始まる属性はすべて LayoutParams で、その値は親の ViewGroup が使います。例えば layout_width や layout_height は一見すると、それが指定されている View の幅を決めているので、それが指定されている View が処理しているように見えますが実際は違います。あくまで親の ViewGroup がこの属性を処理して、その値を元に measure を呼び出しているのです。

layout_ で始まる属性は、その親の ViewGroup のための属性です。layout_width でも layout_height でも layout_weight でも layout_gravity でも、layout_ で始まる属性はその親の ViewGroup が使用するルールとなっています。この layout_ で始まる属性を LayoutParams と言います。

4.8.2
layoutパスとgravity

measure パスは、View ツリーの全ノードの幅と高さを決めるものと言えます。同様に layout パスは、全ノードの left と top の座標を決めるものと言えます。

layout パスは measure パスが終わっていれば難しいことはほとんどありません。measure パスで既にすべての子 View のサイズは決まっているので、layout パスではレイアウトを担当する ViewGroup の特徴に応じて、順番に並べていけば良いだけです。これはほとんどのケースで何をしているか自明なため、特に解説はしません。

第4章 Viewのツリーとレイアウト

　layoutパスで処理されることが多い処理で、ただ並べるだけより少し複雑な処理としてはlayout_gravityとgravityの処理があります。
　ここでは、LinearLayoutがorientation="horizontal"で子供を並べるケースを考えます。結局自身がonMeasure()で申告したサイズはもう決定しているため、layoutパスでもこの範囲内で子供を並べていきます。また、onMeasure()の段階ですべての子供を横に並べたサイズはわかっていて、これはlayoutパスでは変化しません。後はこの子供の群れを、どこにアライン（*align*）するかというだけの問題となります。
　LinearLayout自身にgravity属性が指定されていれば、それに応じた側から並べていきます。例えば、gravity="left"なら左から、gravity="right"なら右から並べていきます。これは、最初の1つめのViewを置く時のleft座標のオフセットとして実現されます。2つめ以降はその隣に並べていくだけです。centerも同様にオフセットをずらすだけで実現できます（図4.31）。

図4.31　LinearLayoutにgravityのleftとrightを指定する場合

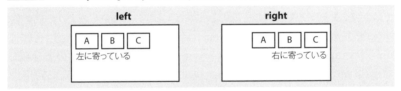

gravityのleftを指定していると、子供のViewが左に寄る。逆にrightを指定していると右に寄る。gravityを付けるのは子供のViewではなく、LinearLayoutという親なのに注意。

Column

measure()が複数呼ばれるケース

　複雑なレイアウトの場合、同じ子Viewに対して制約条件を変えながら何回かmeasureを呼ぶことがあります。例えばLinearLayoutの幅がwrap_contentで、子供にlayout_weightのViewがある場合などは、2回measure()が呼ばれます。1回めは可能な最大サイズで呼んで、そのViewが本来望むサイズ、CSSで言うところのintrinsicなサイズを取得し、その合計が親のViewGroupのAT_MOSTより大きいかどうかで処理が分かれるなどします。
　したがって、カスタムのViewを実装しonMeasure()をオーバーライドする時は、onMeasure()は複数回呼ばれることがあるという前提で実装する必要があります。複数回呼ばれた時には、最後に呼ばれたonMeasure()の結果が正しいmeasureの結果であるというふうに振る舞うようにコーディングする必要があります。

子供のViewにlayout_gravityが指定されていれば、LinearLayout自身のサイズの範囲内で端っこに各Viewを配置していきますが、これは上下の縦方向のみ有効なため、各子供のleftの座標には影響を与えません。子のViewを順番に並べていく時にtopの座標をこのlayout_gravityの値に応じて変更するだけです。topの座標は他のViewには影響を受けないので、これは特に難しいことはありません（図4.32）。

どちらにせよ、measureが終わっていれば難しい処理はありません。こうしてすべてのViewのleftとtopが確定し、レイアウトが終わります。

図4.32 layout_gravityはLayoutParams

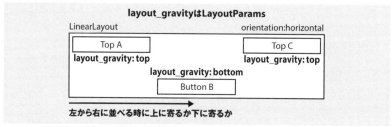

layout_gravityはLayoutParamsなので親が解釈して、配置する時に使用する。layout_gravityは、それが付いているViewがどこに置かれるかに影響を与える。それが付いているViewの中には影響を与えない。

4.8.3
タッチの送信とInputChannel

4.1.4項の補足として、タッチイベントについて他の章の関連する場所との関係に少し触れておきます。デバイスドライバからやってくるイベントは、第2章で扱ったInputManagerServiceを通してタッチされた座標に対応するViewRootImplのInputChannelに送信されます。InputManagerServiceからInputChannelまでの送信は2.5.2項を、ViewRootImplがこの処理をどう受け取るかは6.5.6項で扱います。

この受け取ったViewRootImplが最終的にはViewツリーのルートのViewのdispatchTouchEvent()を呼びます。そこから先は、Viewツリーを辿ってタッチした座標にあるViewのonTouchEvent()が呼ばれるのは4.1.4項で説明した通りです。

タッチした座標にどのViewがあるかを知るためには、当然ながらレイアウトが完成して、各Viewの幅、高さと左上の点の座標が決まっている必要があります。

4.8.4
onDraw()とCanvasとハードウェアアクセラレーション（第5章に続く）

4.1.3項と4.1.4項の画面の描画の補足として、他章の関連する場所との関係にも触れておきます。

第4章 Viewのツリーとレイアウト

Column

gravityとlayout_gravity

　開発者にはお馴染みのgravityとlayout_gravityですが、gravityやlayout_gravityとは何かを簡潔に説明するのは意外と難しいことです。なぜなら、結局はレイアウトを担当するViewGroupの実装によるというのが厳密な答えだからです。

　gravityは指定されたViewの内部のレイアウトに影響を与えるものです。LinearLayoutに指定されていると、要するに「どちらから並べるか」を指定するものです。例えば、orientationがhorizontalの時、gravityがrightだと右から並べます。gravityは例えばButtonなどのViewにも指定できて、中のテキストなどがどちらに寄るかなどが影響を受けます。gravityは名前からもわかる通り、LayoutParamsではありません。View自身の属性です（図C4.A）。

　layout_gravityは、この属性を指定したViewの親のViewGroupが使うLayoutParamsです。親のViewGroupがレイアウトする時にどうレイアウトするかを決めるのに使います。LinearLayoutのorientationがhorizontalの場合に子供のViewにlayout_gravityを指定する場合、例えばlayout_gravityがtopならこのLinearLayoutの一番上に引っ付き、bottomならこのLinearLayoutの一番下に引っ付きます。この場合、縦方向のlayout_gravity、つまりtopやbottomなどしか有効ではなく、rightやleftなどの横方向の指定は無視されます（p.167の図4.32を参照）。

　これだけだと何となくどのようなものか説明できそうに見えますが、実際の処理は結局はレイアウトのViewGroupサブクラスごとにバラバラに実装されていて、どの属性との組み合わせでどう振る舞うかは結局はサブクラスごとに違うため、実際の挙動は試行錯誤して動いた結果が仕様という状況なのが正直なところです。

　gravityとlayout_gravityは良く、measureパスには影響を与えずlayoutパスにのみ影響を与えると説明されます。実際LinearLayoutやFrameLayoutなどは、gravityの処理はlayoutパスで行われるので、基本的にはこの説明は正しいと言えます。しかし、RelativeLayoutなどはonMeasure()の中でこの計算を行うなど例外もあり、厳密には一概には言えず各レイアウトの実装を読むしかないとなってしまいます。

図C4.A gravityはViewの属性

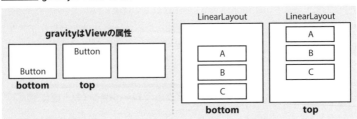

gravityはViewの属性で、Viewの中の表示のされ方に影響。View自体の幅や位置には影響しない。LinearLayoutに指定されていると子供のViewの配置に影響を与えるが、指定されているLinearLayout自身の配置には影響を与えない。あくまで指定されているViewの内部でどうレイアウトするかという指定。

画面を描画したい時は、ViewRootImplはViewツリーのルートのViewに対してdraw()を呼び出します。すると、このViewは自身の担当する領域、つまり全画面を描画します。この時に、このルートのViewは、各子供のViewに子供のViewの担当する領域の描画を任せます。つまり、子供のViewのdraw()を呼んでいくわけです。

　こうしてツリーの各Viewのdraw()が呼ばれていき、画面全体の描画が終わります。これは4.1.4項で説明したヒット判定とほとんど同じ仕組みです。

　Viewから見ると各draw()では、引数で渡されたCanvasオブジェクトに対して描画命令を呼び出します。例えば、drawPoint()で点を打ったり、drawRect()で長方形を描いたり、drawBitmap()で画像を表示したりします。

　この各ViewがCanvasの描画メソッドを呼び出した結果は、5.2節で説明するDisplayListとなります。DisplayListとそれがどう最終的に画面に描かれるかについては、第5章と第6章で扱います。

4.9 まとめ

❶ Viewツリーとは何か、その使われ方
❷ Viewツリーを生成するLayoutInflater
❸ Viewツリーのレイアウトの2つのパス（measureとlayout）

　本章では上記について説明しました。ViewツリーはAndroidでアプリを実装する時にお世話になるもので、開発者の読者には馴染みの深いものです。

　Androidのコンパイルされたxmlのパースは、かなり省メモリかつ高速に動くように実装されていて、それがAttributeSetの作りや、LayoutInflaterをどのくらい気軽に使えるか、その結果AndroidのView周辺がどのようなコードになっているかという非常に多岐にわたる設計思想に影響を与えている所でもあります。

　また、Viewツリーのレイアウトは、比較的簡素なmeasureとlayoutの2パスだけでできることに限っています。この割り切りが、高速なレイアウトでありながらそれなりに複雑なUIも構成できるという、現代的なGUIと組み込みのバランスを取ったAndroid的な選択と言えるでしょう。

　普段Viewを少し触っているだけではなかなか知る機会のないレイアウトの詳細ですが、一度本章で扱ったような基礎を理解してしまえば、新しいレイアウトのクラスのソースを読む時や、自身のViewで少しトリッキーなレイアウトの挙動をしなくてはならない時のonMeasure()の実装など、入門書や公式ドキュメントを読むだけでは解決できないような問題も難なく解決できるようになったはずです。

Column

第二の傑作、Ice Cream SandwichとNexus 7　Androidバージョン小話❻

　Honeycombの泥沼はいつ果てることもなく続き、タブレット市場も崩壊し、GBもアップデートされてバージョニングも無茶苦茶になり、もうどうにもならんなぁと思っていたところで登場したのがIce Cream Sandwich、通称ICSです。ICSはHoneycombとGBを統合したバージョンとして作られ、基本的にはHoneycombをまともに動くようにして携帯用のUIを付けたものと言えます。あれだけの悲惨な状況から見事に建て直したチームは、相当の凄腕揃いだったのだろうなと予想できます。その人達が最初からHoneycombに関わっていたら、今のAndroidはもっとずっと良いものだったでしょうね...。

　ICSは非常に安定していて、Androidの歴史においてGBに続き2つめの製品クオリティと言えるバージョンでした。ActionBarなどの現在まで続くGUIの基本的な構成が固まり、DisplayListを用いたハードウェアアクセラレーションの活用なども完成し、Nougat現在まで続くAndroid環境の基本が完成したバージョンです。アプリとしても、2.3までと4.0以降ではずいぶん違うコードとなってしまうので、GBとICSの間には大きなギャップがあると言えます。

　ActionBarは画面のかなりの領域を占めるので、ICS登場当時の端末だと邪魔になっていまいちでした。GBは小さい画面でも使いやすかったので、アップデート時点ではGBの方が良いと感じた人も多いことでしょう。しかし、その後の解像度や画面サイズが大きくなっていくというトレンドからすると、良いタイミングでActionBar形式のUIに移ったなという気がします。

　また、ICSはHoneycomb時代に作られた数々の酷いクラスを取り込んだ結果として、GBまでに比べると酷いAPIが増えました。ICSはAndroidらしさという点でも純粋さという点でもGBには大きく劣りますが、Honeycombの悪夢を体験していた一アプリ開発者からすると「よくぞここまで... 大したものだ」と感嘆するほど、見事に建て直しました。壊れながらも建て直して前に進んでいくという、その姿勢こそがAndroidらしさであると考えるなら、GBよりもICSの方が象徴的なバージョンにも思います。

　また、Honeycomb時代に死屍累々だったAndroidタブレットで、初めてまともに使いものになるタブレットが登場します。Nexus 7です。Nexus 7は当時の常識からすると驚くほど値段が安くスペックもまぁまぁ高くて、何よりICSの安定度をそのまま享受できた結果、一般ユーザーが普通に使って十分使えるものになっています。その後のAndroidタブレットのベンチマークとなったモデルと言えるのではないでしょうか。

　ActionBarなども動くので、ICSをサポートするのは2016年末現在でも現実的な範囲の大変さで済みます。現代のAndroidへと至る基礎となるバージョンが完成したのがこのICSと言えるでしょう。次のJBが冴えなかったこともあり、長く現役だったバージョンです。筆者が最も長いことお世話になったバージョンも、このICSです。なお、個人的にはお絵かきアプリ作者として、正式にスタイラス対応されたのがうれしかったです。

第5章

OpenGL ESを用いた
グラフィックスシステム
DisplayListとハードウェアアクセラレーション

第5章 OpenGL ESを用いたグラフィックスシステム

4.8.4項では、Viewのツリーのdraw()を呼ぶと、各ViewはCanvasのメソッドを呼び出すことで自身を描画するという話をしました。本章は、このViewツリーの下のレイヤではOpenGL ESが使われているという話をします。

Canvasのメソッドを呼び出した結果は、内部的にはDisplayListというものに変換されます。DisplayListはAndroidが定義している独自のデータ構造です。DisplayListはOpenGL ESの命令列を表したものとなっていて、実際に描画が必要になると、DisplayListを解釈してOpenGL ES呼び出しを実行していきます。

このDisplayListの生成から実際にOpenGL ESを呼び出すまでが、本章で扱うテーマです。

OpenGL ESを用いたグラフィックスシステムがどのように作られているかだけではなく、なぜOpenGL ESを用いたグラフィックスシステムなのかという話や、実際にそのことの良い実例となるListViewのスクロールの話などもしていきます。

本章ではまず5.1節で、そもそもなぜOpenGL ESを使ったGUIシステムを作りたいと思うのか、その必要性について説明します。消費電力の都合からグラフィックス処理は並列度の高いハードウェアの方が望ましいこと、解像度やユーザーの期待値などは年々増している状況などを見ていきます。

5.2節では、Canvasのメソッド呼び出しからどのようにDisplayListが生成されるのかを見ていきます。実際にViewツリーのdraw()を呼んでいるのは誰なのか、その処理の結果何が起こるのか、それがどうOpenGL ES呼び出しになるのかを押さえます。ここでThreadedRenderer、RenderNode、RenderThreadといったクラスの役割を見ていくことになります。

次の5.3節では、生成されるDisplayListとはそもそもどのようなものなのか、DisplayListを構成する各ノードにはどのようなものがあるかなどについて詳細に解説します。また、ここで各ノードの中身を踏まえた上で、DisplayListのシステムが画面を再描画する時の処理が、従来のソフトウェアレンダリングの場合と比べてどう違うのかも確認します。

最後に5.4節で、DisplayListの応用例の1つとして重要なListViewのスクロ

ールを例に解説します。DisplayListのシステムがいかにJavaのロジックを用いずにViewの移動を処理するかが話の中心とはなりますが、副次的にアニメーションで60fpsを維持するのに重要となる、VSYNCやChoreographerについても扱います。

なお、本章で述べるListViewのfling処理は、基本的な構造はより新しいRecyclerViewでも同様になっています。間にLayoutManagerやCompatレイヤが入る都合で多少読みにくくはなりますが、flingを特別扱いしてChoreographerでDisplayListのプロパティだけを更新してスクロール処理を行うという基本は変わりません。コードの解説のしやすさからListViewを選んでいますが、RecyclerViewの内部構造を知りたい読者にも本章の内容は同様に役に立つことでしょう。

図5.A 第5章の概観図

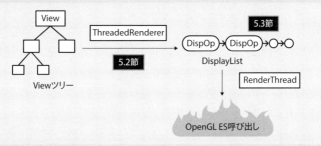

本章では5.2節で全体的な構造を扱い、5.3節ではDisplayListについて詳細に解説する。なお、5.4節はこのシステムの応用例なので上図には登場しないが、このGUIシステムの目的と言っても良いほど重要な応用例で決しておまけではない。

第5章 OpenGL ESを用いたグラフィックスシステム

5.1 なぜOpenGL ESを使ったGUIシステムなのか？
スピードと電力の問題

　本章では「Viewの描画がどうOpenGL ESの呼び出しになるのか」ということを扱っていくのですが、その前にそもそもなぜOpenGL ESを使ったシステムとなっているのかについて話をしていきます。

　CPUというハードウェアを搭載している以上、汎用の計算を行うことができるのですから、グラフィックス関連の作業もその他の計算と同様になるべくCPUのみで行う方が、ソフトウェアにしてもハードウェアにしてもシンプルで簡単なものにできます。

　ソフトウェアという視点で見ると、CPUのみで計算すればハードウェアの制限と比較すればほぼ無尽蔵のメモリを使えて、計算にかかる時間制限もないに等しい、自由な環境で処理が行えます。ハードウェアという視点で見れば、追加のハードウェアが必要ないので、ハードウェア的にもよりシンプルです。さまざまなハードウェアが連携しなくてはならないとなると、通信や調停のオーバーヘッドもかかります。

　また、多くの場合、グラフィックスのハードウェアを活かそうとするGUIシステムは、より多くメモリを消費するシステムになりがちです。Androidにおいても、システムに必要な端末スペックはハードウェアレンダリングを活用するICS以降よりGB以前の方が低く済んでいました。

　このように欠点も多いハードウェアを活かしたGUIシステムですが、近年、画像にまつわることはグラフィックス専用のハードウェアに任せることが増えています。そこにはスピード的な理由と、電力的な理由があります。

　実際のAndroidの話に入る前に、そういった事情について背景知識を少し説明しておきます。

解像度とゲートの数　消費電力とコア数

5.1.1

　前述の通り、スマホの解像度は年々増加傾向にあります。初期の頃のAndroidのスマホであるG1は、320 × 480ピクセルの画面サイズでした。最近のAndroidのスマホであるNexus 6Pは1440 × 2560ピクセルです。ピクセル数は24倍です。

　一方で、画像の合成に関わる多くのことは、それほど複雑なロジック無しで実行できます。Androidでよく発生するものとしては、複数の画像を貼り合わ

せて1つの画像にするという作業があります(**図5.1**)。

図5.1 タスクバー、画面、下方のソフトボタンの合成の例

Androidでは通常、一番上の所のタスクバーと下の所のナビゲーションバーと真ん中のアプリの画面が別々のグラフィックスバッファになっていて、表示する時に3つを貼り合わせて1つの画面にしている。

　この場合、それぞれのピクセルは並列にアクセスすることができ、必要なロジックは入力となるピクセルを出力先にコピーするだけです。対応関係は簡単な算数が必要な場合がありますが、それらの式はほとんど固定的で簡単な計算ができる回路で十分処理が行えます。

　Androidという文脈で「グラフィックスのハードウェア」と言う時には、GPUのような高機能なものと、単純に合成を行うだけのHWC（*Hardware Composer*）と呼ばれるものの2種類があります。本章のレベルではCPUと比較すればどちらも同じような種類のものと考えられるので、本章ではGPUもHWCもまとめて「GPUなど」と呼ぶことにします。そして次章で、この両者のハードウェアそれぞれの役割を見ていきます。

　小さい画像の場合はシステムのオーバーヘッドが勝るので必ずいつもそうだと言えるわけではありませんが、一般的には大きな画像を扱う場合、同じ処理を行う場合はGPUなどの方がCPUよりも速く処理が行えて処理にかかる電力消費も少なくて済みます。

　CPUとGPUなどを比較した場合、以下の3つの事情からGPUなどの方が省電力に作りやすくなります。それぞれ順番に見ていきましょう。

❶直列に並ぶゲートの数がGPUなどの方が少なくて済む

第5章 OpenGL ESを用いたグラフィックスシステム

❷同じ仕事をこなすのに、ゲートの総数がGPUなどの方が少なくて済む

❸同じ仕事をこなすのに、GPUなどの方がサイクルが少なくて済むからクロックを下げられる

❶について、CPUはさまざまな命令を実行するためにとても複雑な回路となっています。GPUやグラフィックスのハードウェアは大量の並列な実行ユニットが並んでいますが、個々の実行ユニットはシンプルな機能で簡単な処理しか行えません。

実行ユニットの複雑さは、ゲートの数となって現れます。CPUやGPUなどのハードウェアは一般に、ANDやORなどの論理演算を表す電子回路、通称ゲートを組み合わせて作られています。複雑な計算ができるCPUはこのゲートの数が多くなっています。一方で、GPUは各実行ユニットのゲート数は少なく、それが多数並列に並んでいるという構造になっています。

ゲートは、入力が来てからその論理値が成立して次へと信号を渡します。ここで時間が少しかかります。この入力が1つのゲートを通って次の出力に行くまでにかかる時間を、ゲート遅延時間と言います。複数のゲートを直列に並べる場合、この遅延時間の和が1クロック以内(厳密には1クロック内の一定時間まで)に収まっていなければなりません。ゲートの数が増えてきてもこの一定時間を死守するためには、1つあたりのゲート遅延時間を減らす必要があります。つまり、ゲートを増やしても同じクロックを達成するには、1つあたりのゲート遅延時間を減らす必要があります。

このゲート遅延時間は、かける電圧を上げると減らすことができます。つまり、直列につながるゲート数が多い回路のクロックを上げるためには、高い電圧をかける必要があります。高い電圧は高い消費電力と熱という副産物を生んでしまいます。どちらもスマホには望ましくないものです。

一方で並列に並べる場合、単純化して言ってしまえばゲート遅延時間の和は、おもにこの各実行ユニット内の直列に並んでいるゲート数だけで決まります。並列に並んでいるゲートがいくつかは関係ありません。各実行ユニット内の直列に並んでいるゲートだけで決まります(図5.2)。

GPU全体でもゲートの数は多いのですが、1つの実行ユニット内に直列に並んでいるゲートの数はCPUのゲート数に比べてずっと少ないのが普通です。そのため、同じクロックを達成させるためにかけなくてはならない電圧は、CPUより低くて済みます。その結果、同じ処理を行う場合、並列数が高くて個々の実行ユニットのゲート数が少ないグラフィックス専用のハードウェアの方が、CPUで行うよりも消費する電力は少なくて済みます。

❷について、消費電力はゲートの総数にも影響を受けます。各ゲートは電荷

図5.2 9個のゲートが並列に並ぶ場合と直列に並ぶ場合

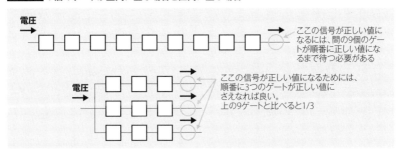

あるゲートの値が確定するためには、そのゲートに入ってくる信号が確定する必要がある。入ってくる信号はその前のゲートの出力となる。その入ってくるゲートの値が確定するためには、さらにそのゲートに入ってくる信号を出しているゲートの値が確定している必要があり...と、どんどん遡っていくことになる。直列だと最後のゲートの値が確定するためには、左端から順番に1つずつゲートの値が確定していく必要がある。一方で、並列だと並列に並んでいるゲートは自分のゲートの値の確定には不要なので、ゲート総数が同じ時には並列の方が遡っていかなくてはならない個数が減る。この図の場合だと3列に並列化すると最後のゲートの値が確定するために、確定しなくてはならないゲートの数は1/3になる。

を蓄えたり放出したりすることで状態を変化させますが、それが電力を消費するからです。

　CPUは複雑な回路で大量のゲートが使われますが、グラフィックスのピクセル処理などのような単純なことしか行わない処理では、そのゲートの多くは使われない、無駄なゲートとなります。一方で、グラフィックス関連ハードウェアは、自分の目的に特化した回路となっていて単純なピクセル操作の作業しかしないため、その作業に必要のない無駄なゲートがあまりありません。つまり、グラフィックスの作業に限定して言えば、相対的に無駄なゲートが少ないと言えます。

　同じ量の作業をさせる場合、GPUなどの方がゲートの総数が少ないハードウェアで行えます。これも消費電力に影響を与えます。

　❸について一般的に言えば、GPUなどのハードウェアの方がCPUよりずっと並列度が高いものです。GPUなどのグラフィックス関連のハードウェアが行う作業はピクセルごとに独立性が高く、互いのスレッドで協調する必要はあまりありません。例えばピクセルをコピーする場合、隣のピクセルを見なくてもコピーができます。一つ一つのユニットが実行する操作が単純でなおかつ独立性が高いので、並列性を高めるのがCPUより容易です。

　例を挙げると、Nexus 6PはCPUとしては8スレッド、GPUとしては192スレッドとなります。つまり、1クロックで1スレッドが同じ命令を実行するとしたら、CPUが1クロックで8命令実行するのに対し、GPUは192命令実行されることになります。実際の対応関係はもう少し複雑ですが、基本的にはGPUなどの方が並列度が高く、ピクセル操作などの限定した作業については1クロッ

第5章 OpenGL ESを用いたグラフィックスシステム

クでより多くの作業が行えます。

1秒あたりに処理する量が同じなら、GPUなどのハードウェアの方がクロックを落とすことができるわけです。クロックを落とすと消費電力も大きく下げることができます。

以上の理由から、大きな解像度の画面に対してたくさんの単純作業をする必要がある近年のスマホでは、画像に関することはなるべくGPUなどのハードウェアに任せようという方針があります。これが「描画にはOpenGL ESを使いたい」とする理由の一つとなっています。

5.1.2 なめらかなアニメーションとViewごとのキャッシュ　ListViewのスクロールを例に

　GUIシステムをOpenGL ESベースにする大きな動機の一つに、アニメーションがあります。アニメーションの中でも、Androidの中で特に力を入れている分野の一つにListViewのスクロールがあります。昨今は、ListViewのスクロールがどれくらいなめらかで引っ掛からないかは、スマホにおいて極めて重要な要素となっています。第7章のバイトコード実行環境でも触れますが、ListViewのスクロールが60fpsを維持できるというのが、Androidのプラットフォームの発展の根源的な要請でした。

　ListViewは、同じ要素を並べるViewGroupの一種です。ListView自身は、自身が並べているViewのレイアウトなどは理解していません。ListViewを利用する開発者が、layout.xmlなどで記述したレイアウトのリソースIDを指定して自由にレイアウトさせることができます。ですから、中のViewによらず汎用に使える子Viewの高速なスクロールの方法が必要です。

　ListViewは高速でなめらかなスクロールを実現するために、子Viewをスクロールさせるための移動は、一々Javaでdraw()を呼び出して再描画をするのではなく、一度生成したDisplayListを再利用して、DisplayListのプロパティの変更だけを行って画面を更新することでスクロール処理をを実現しています[注1]。

　アニメーションの処理の都度Javaのコードでdraw()の処理を行って、グラフィックスのハードウェアにその内容を転送することに比べると、グラフィックスのハードウェア側に配置したものをtransformするだけでアニメーションを実現する方が遥かに効率的です。

　CPUの側での処理を最小にしておくことは、フレーム落ちを防ぐだけでなく、アニメーション時のバッテリーの持ちの改善にもつながります。高解像度で高

注1　処理としては、ViewGroupのoffsetChildrenTopAndBottom()で行われています。

いfpsの描画を行うということは、1秒間に何度も大きな絵を画面に描くということです。この大変な仕事をCPUをそれほど消費せず、フレーム落ちもあまりしないで実現するためには、OpenGL ESなどのハードウェアアクセラレーションで移動などを処理して、CPUとグラフィックスハードウェアの間を移動するデータを節約しておくのは必須です。

ListViewのスクロールは重要なので、後ほどこの解説に5.4節を費やすことにします。

5.1.3
動画の再生と消費電力

動画の再生も、Androidにおいては重要なトピックとなります。これはどちらかと言えばOpenGL ESよりも一段下の、次章で扱うHWCやSurfaceFlingerといった所の話となるので、本来なら第6章で扱うべきかもしれません。しかしながら、グラフィックスハードウェアつながりということで、ここでも簡単に言及しておきます。

動画を再生している時、特にフルスクリーンで動画を再生している時には、デコードと画面の表示さえできれば、その他のプログラム的要素はそれほど必要ありません。つまり、CPUはあまり動いていなくても問題がありません。そして、近年ではカメラなどとの兼ね合いもあり、動画のエンコーダやデコーダ用に専用のハードウェアを持っている端末も多くあります。

そこで、動画をフルスクリーンで再生している時には、ハードウェアであるデコーダから直接グラフィックスのハードウェアに画像データを送り、あまりCPUを介さずに再生ができると、動画再生時のバッテリー消費を大きく改善できます。

動画を再生するアプリを作成する側としては、その場合だけ特別な方法でプログラミングするのではなく、通常のViewなどのGUI部品を使ったプログラミングの自然な延長として、そのようなアプリが作成できることが望まれます。

AndroidのGUIシステムは以上のようなメリットを享受しつつ、まだGPUがそれほど一般的ではなかった頃のアプリがそのまま動くようにという互換性も考慮に入れて、現在のようになっています。

5.1.4
Androidのグラフィックスシステムのうち、本章で扱う範囲

Androidの描画は、3つの部分に分けられます（図5.3）。

❶Viewツリーのdraw()

第5章 OpenGL ESを用いたグラフィックスシステム

❷ OpenGL ES呼び出し
❸ Surfaceの合成

図5.3　グラフィックスシステムの概要と本章の範囲

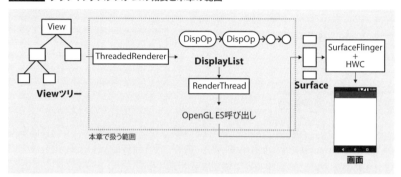

本章ではグラフィックスシステムのうち、ThreadedRendererがDisplayListを作る所から、RenderThreadがOpenGL ES呼び出しをする所までを扱う。前提条件としてはレイアウト済みのViewツリーがあること、後ろに想定しているのはOpenGL ES呼び出しを行うと画面に描かれること。

　4.8.4項では、AndroidのViewツリーがdraw()を呼ぶことでCanvasの描画メソッドを呼んでいくことを学びました。これは、上記の❶にあたります。
　本章では、上記の❷に相当する部分を見ていきます。Canvasの描画メソッドを呼び出すと、CanvasはDisplayListと呼ばれるものを生成します。Androidはそれを解釈してOpenGL ESのAPIを呼び出していきます。この生成されるDisplayListとはどのようなものか、それを用いるとどのようなメリットがあるのかについて説明します。
　本章で扱ったOpenGL ES呼び出しが、その後どのように画面に描かれるのかという話題は次の第6章となります。ここが❸のSurfaceの合成の部分となります。
　つまり、本章ではViewツリーのdraw()呼び出しが、どうOpenGL ES呼び出しになるのかという部分に焦点を当てることにします。

5.2
Viewのdraw()からOpenGL ES呼び出しまで
ThreadedRendererとRenderThread

　本節では、Viewのdraw()がどこから呼ばれるのか、その結果がどのようにしてOpenGL ES呼び出しにつながるのかについて話をします。Viewのdraw()

はDisplayListというものを作り出し、このDisplayListがOpenGL ESへの命令列となっています。

DisplayListの詳細自体は次節で扱うことにし、本節ではDisplayListがどのように生成されて、どのように使われるのかという周辺の構造をまずは取り上げます。

5.2.1 誰がdraw()を呼び出し、誰がOpenGL ESを呼び出すのか？

ViewRootImplは、必要に応じて自身のViewツリーを巡回してmeasure、layout、drawなどの作業を行います。measureやlayoutについては第4章で扱いました。

これらのツリーを巡回して行う作業は、ViewRootImplのperformTraversal()メソッドで行われます。このperformTraversal()メソッドは必要に応じてUIスレッドから呼ばれるもので、かなり大きなメソッドです[注2]。Viewツリーに関わるたくさんの作業を、このメソッド1つで行っています。

performTraversal()メソッドでは、その時にやらなくても良い作業をスキップするため、さまざまなフラグがViewRootImpl内で管理されていて、例えばmeasureやlayoutは必要ないけどdraw()だけ必要といった時には、measureやlayoutは行われないような実装になっています。そこで、このメソッドを呼ぶ人は何か必要性が生じたら、とりあえずこのperformTraversal()をUIスレッドで呼ぶようにスケジュールするというコードになっています。

performTraversal()メソッドのうち、draw()関連の処理はThreadedRendererというオブジェクトのdraw()に任されます。ThreadedRendererはUIスレッドからレコーディング用のCanvasを生成して、これを引数にViewツリーのdraw()を呼び出してDisplayListを構築します。そして、RenderProxyというクラスを通じて、RenderThreadにこのDisplayListを解釈してOpenGL ES呼び出しを行うように依頼します。

RenderThreadは、自身のスレッドで要求を待っているクラスです。要求がやってくると、DisplayListを解釈していってOpenGL ES呼び出しを行っていきます。

以上が、基本的な構成です（**図5.4**）。ViewRootImplのperformTraversal()からThreadedRendererのdraw()が呼ばれ、この中でViewのdraw()メソッドを用いてDisplayListを構成し、それをRenderThreadが解釈してOpenGL ES APIを呼び出していきます。

以下、上記の構成要素をそれぞれ詳しく確認してみましょう。

注2　手元のコードでは780行のメソッドでした。

第5章 OpenGL ESを用いたグラフィックスシステム

図5.4 ThreadedRendererがDisplayListを作り、RenderThreadが描く

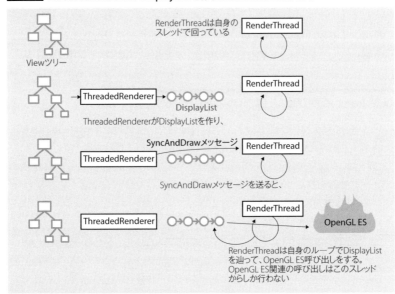

ThreadedRendererがdraw()を呼び出し、RenderThreadがOpenGL ESを呼び出す。

5.2.2
ThreadedRendererによるdraw()の呼び出し

VewRootImplのperformTraversal()メソッドのうち、draw関連の処理はThreadedRendererのdraw()呼び出しで行われます。このメソッドはなかなか複雑な実装になっていますが、要点だけを抜き出すと以下のようなコードとなります。

ThreadedRendererのdraw()メソッド

```
// ❶ルートとなるRenderNode。コンストラクタで作られる
private RenderNode mRootNode;

void draw(View view, AttachInfo attachInfo, HardwareDrawCallbacks callbacks) {

    // ❷最初に1回updateDisplayListIfDirty()メソッドを呼んでキャッシュさせておく
    view.updateDisplayListIfDirty();

    // ❸RenderNodeのstartでcanvasを作り、endで結果を保存する。まずはstart()
    DisplayListCanvas canvas = mRootNode.start(mSurfaceWidth, mSurfaceHeight);

    // ❹viewのupdateDisplayListIfDirty()でDisplayListを作り、
    // それを描画するDisplayListOpを追加
    canvas.drawRenderNode(view.updateDisplayListIfDirty());

    // ❺canvasにdrawした結果できるDisplayListをRenderNodeに格納
```

```
    mRootNode.end(canvas);

    // ❻SyncAndDrawFrameメッセージをRenderThreadに送信
    nSyncAndDrawFrame(mNativeProxy, frameTimeNanos,
        recordDuration, view.getResources().getDisplayMetrics().density);
}
```

　RenderNodeというオブジェクトが、DisplayListを保持します。RenderNodeのstart()で得られたCanvasの描画関係のメソッドを呼び出すと、このRenderNodeにDisplayListが貯まっていくという仕組みです。書き終わった後は、必ずRenderNodeのend()を呼ぶという決まりになっています。Androidのアプリで設定を保存するのによく使われる、SharedPreferencesのedit()とcommit()に似ていますね（**図5.5**）。

図5.5 SharedPreferencesのedit()とRenderNodeのstart()の類似性

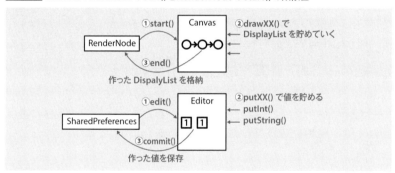

皆が普段アプリ開発で使っているSharedPreferencesも、RenderNodeと同じようなパターンで更新を行うので比較するとわかりやすい。RenderNodeはstart()でレコーディング用のCanvasを生成して、描き終わったらend()で結果を保存する。SharedPreferencesはedit()でレコーディング用のEditorを生成して、書き終わったらcommit()で結果を保存する。CanvasのdrawRect()やdrawText()などに、EditorのputString()やputInt()が対応する。

　前出のコードでは❸でstart()を呼び、❺でend()を呼んでいます。間の❹でcanvasの描画関連のメソッドを呼び出しています。drawRenderNode()メソッドはdrawXXX関連のメソッドの一つなのですが、少し特殊なので5.3.2項で別途扱います。

　少し意外に見えるかもしれませんが、このcanvasをViewのdraw()メソッドには渡していません。その代わり、ViewのupdateDisplayListIfDirty()というメソッドを呼び出しています。このメソッドが内部でViewのRenderNodeをstart()してdraw()を呼び、end()を呼んでいます。

　こうしてmRootNodeにDisplayListを保存したら、❻でnSyncAndDrawFrame()というJNIメソッドを呼びます。これはRenderProxyというプロキシを通してスレッド間通信を行い、RenderThreadという別のスレッドで動いてい

第5章 OpenGL ESを用いたグラフィックスシステム

るオブジェクトにSyncAndDrawFrameのメッセージを送信します。

細かい処理を忘れて大きな視点に立つと、ThreadedRendererの描画の処理は基本的には以下の2つのステップで行われています。

❶Viewのdrawなどを用いてDisplayListを構成し、mRootRenderNodeに格納する
❷nSyncAndDrawFrame()メソッドを呼び出す

それでは、ここで登場したクラスについてもう少し詳細に見てみましょう。

5.2.3 RenderNodeとDisplayListCanvas

RenderNodeとは、描画時のDisplayListの単位となるものです。Viewツリーの、描画に都合が良いサブツリー1つにつきRenderNode1つを割り当てます（**図5.6**）。RenderNodeは、それが対応するViewサブツリーのDisplayListをキャッシュする役割を果たします。

図5.6 RenderNode1つにつき、Viewのサブツリー1つが対応

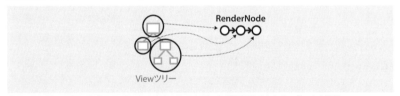

各View、またはViewサブツリー1つにつき1つRenderNodeが割り当てられる。多：1の関係。

RenderNodeは自身にDisplayListを格納するために、DisplayListCanvasというクラスを生成します。これはBuilderデザインパターンとなっていて、SharedPreferenceのEditorと同じような役割をしています。

RenderNodeにDisplayListを格納する手順は、以下の3ステップとなります。

❶start()を呼び出してDisplayListCanvasを取得
❷取得したCanvasの描画関連メソッドを呼び出す
❸end()に描画したcanvasを渡す

この手順を踏むと、RenderNodeにDisplayListが格納されます。手順の❷の所でViewのdraw()メソッドを呼び出すわけです。

各Viewでは最初のupdateDisplayListIfDirty()関数呼び出しで上記3ステップを行い、結果をキャッシュし、以後はキャッシュされたDisplayListを返します。ViewのupdateDisplayListIfDirty()メソッドの概要は、以下のようになります。

```
ViewのupdateDisplayListIfDirty()メソッドの概要
public RenderNode updateDisplayListIfDirty() {
    // キャッシュがあったらそれを返す（実際の条件はもう少し複雑）
    if(mRenderNode.isValid())
        return mRenderNode;

    // 以下キャッシュがまだできてない場合

    // ❶startでDisplayListCanvasを取得。
    DisplayListCanvas canvas = mRenderNode.start(width, height);

    // ❷Viewのdrawを呼んで、DisplayListCanvasのメソッドを呼び出す
    draw(canvas);

    // ❸DisplayListCanvasに貯まったDisplayListをRenderNodeに格納
    mRenderNode.end(canvas);

    // ❹mRenderNodeを返す
    return mRenderNode;
}
```

　このように、Viewの updateDisplayListIfDirty()を呼ぶと、そのViewのRenderNodeからレコーディング用のCanvasを取り出して、そのCanvasを引数にdraw()メソッドを呼び出すことで、DisplayListをViewのRenderNodeに格納していきます。

　子ViewをどのくらいのRenderNodeに含めるのか、子Viewには別のRenderNodeを割り当てるのかは、ViewGroupレベルでの最適化要素となります。各ViewGroupのサブクラスごとに、自身の特性に合わせて決めます。

　なお、RenderNodeとDisplayListはソースコード上ではかなり曖昧に使い分けられていて、例えばupdateDisplayListIfDirty()というメソッドでは、メソッドの名前はupdateDisplayListIfDirtyとDisplayListが入っているのに、返ってくるのはRenderNodeだったりもします。

　基本的にはRenderNodeはDisplayListを保持するオブジェクトなのですが、対応関係は一対一なので、多くの場合にこの2つの用語は同じ意味で使えますし、実際コードがそのように混同しているため、コードを説明する本節でもこの区別は曖昧になってしまっています。

5.2.4
drawRenderNode()メソッドとDrawRenderNodeOp

　5.3節で詳しく扱いますが、DisplayListは基本的にはOpenGL ESの描画の命令を表すオブジェクトをリストとしたものです。このオブジェクトには、四角を描く、丸を描くなどの命令を表すオブジェクトがあり、このオブジェクトの

第5章 OpenGL ESを用いたグラフィックスシステム

列がリストを構成します。その中で少し特別で重要な命令を表すクラスとして、DrawRenderNodeOpがあります。

このDrawRenderNodeOpは、外部のDisplayListを参照してそれを描くというオブジェクトです。このDrawRenderNodeOpによって、外部のDisplayListを参照するわけです。Viewツリーのサブツリー単位でRenderNodeがキャッシュされて、そのサブツリーを参照するのがこのRendeNodeOpというわけです（図5.7）。

図5.7　RenderNodeがDisplayListのサブリストを保持する

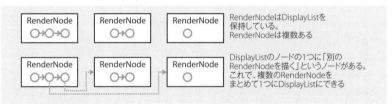

RenderNodeとDisplayListの関係。RenderNodeがDisplayListのサブリストを持ち、DisplayListの中に別のRenderNodeを参照するというノードがある。この別のRenderNodeを参照するノードを使ってそれぞれのRenderNodeをつなげることで、全体で1つのDisplayListとなる。

DisplayListCanvasのメソッドとしては、drawRenderNode()メソッドが、このDrawRenderNodeOpをDisplayListに追加するメソッドとなります。

例えば、5.2.2項で扱ったThreadedRendererのdraw()で該当箇所（❹）を見ると、以下のようなコードがありました。

```
ThreadedRendererでのdrawRenderNode()
canvas.drawRenderNode(view.updateDisplayListIfDirty());
```

viewのupdateDisplayListIfDirty()でRenderNodeが返ってくるわけですが、このRenderNodeを描画するというインクルードのような役割をするDrawRenderNodeOpが、canvas.drawRenderNode()で生成されるわけです。canvasのdrawRenderNode()メソッドはdrawRect()やdrawBitmap()などと同様にdrawXXX()系のメソッドです。

Viewの中でも、ViewGroupから呼ばれる場合に、このDrawRenderNodeOpを使って自身のRenderNodeをDisplayListにつなげるという処理があります。以下のようになっています。

```
Viewのdraw()実装のうち、自身のDisplayListをつなぐだけというパス
// 親から呼ばれるdrawメソッド。draw(Canvas canvas)とは別のメソッドである点に注意
boolean draw(Canvas canvas, ViewGroup parent, long drawingTime) {
    ...
```

```
    if (drawingWithRenderNode) {
        // ❶DisplayListがキャッシュされていたら、それをdrawRenderNodeを用いてつなぐだけ
        ((DisplayListCanvas) canvas).drawRenderNode(mRenderNode, null, flags);
    } else {
        // ❷DisplayListがキャッシュされていなければ、自身のdrawを呼ぶことで、
        // このcanvasに自身のDisplayListを直接構築する
        draw(canvas);
    }
}
```

　Viewのdraw()メソッドの処理はかなり複雑なので要点だけを抜き出した上記コードを見ると、❶自身のRenderNodeをそのままつなげる場合と、❷上からやってくるRenderNodeに直接DisplayListを構築する場合の処理の、2つのケースを処理しているのがわかります。

　このように、canvasのdrawRenderNode()というメソッドを使うと、DisplayListのサブリストをつなげるという、言わば外部参照のノードをDisplayListに追加することができます。

　drawRenderNode()を用いることで、DisplayListを複数のサブリストに分割しておくことができます。この分割をDisplayListの再生成がなるべく少なくて済むような単位で分割しておくことで、画面の一部が変更された時に、その変更された所と関係ないViewサブツリーは以前のDisplayListを使い回して必要な所だけ再構築するようにしておくことができます。

5.2.5
nSyncAndDrawFrame()メソッドとRenderThread

　ThreadedRendererはViewツリーを利用して自身のRenderNodeにDisplayListを構築させて、nSyncAndDrawFrame()メソッドを呼びます。このnSyncAndDrawFrame()メソッドはRenderThreadにメッセージを送ります。

　このメッセージを受け取ったRenderThreadが、ThreadedRendererが構築したDisplayListを辿ってOpenGL ESのAPIを呼び出していきます。nSyncAndDrawFrame()からメッセージを受け取ったRenderThreadは、OpenGLRendererのdrawRenderNode()を呼び出します。

　このメソッドは、詳細を省くと以下のような実装となっています。

```
（RenderThreadが描画している部分）
void OpenGLRenderer::drawRenderNode(RenderNode* renderNode, Rect& dirty,
                                                int32_t replayFlags) {

    DeferredDisplayList deferredList(mState.currentRenderTargetClip());
```

```
        DeferStateStruct deferStruct(deferredList, *this, replayFlags);

        // ❶renderNodeのdeferを呼び出す
        renderNode->defer(deferStruct, 0);

        flushLayers();
        startFrame();

        // ❷defer()で作ったDisplayListをいらないチャンクをサボりつつ描画（replay()を呼び出す）
        deferredList.flush(*this, dirty);
}
```

レンダリング周辺は膨大なコードとなっていて、コードの一つ一つの内容を追っていくと際限がないのですべてのコードの解説はしませんが、重要なのは❶と❷です。

RenderThreadはnSyncAndDrawFrame()のメッセージを受け取ると、最終的にはDisplayListのdefer()を呼び出し、いくつかの最適化をした後でreplay()を呼び出していくという大きな役割を理解しておくのが大切です。

このDisplayListのdefer()とreplay()については次の5.3節で扱いますが、この段階では、この2つのメソッドを呼び出すとOpenGL ESのAPIが呼び出されると思っておけば十分です。

近年のマシンではマルチコアが一般的となっているので、描画用のスレッドはハードウェアスレッドがそのまま割り当てられて、UIスレッドの負荷にかかわらず定期的に走ることができます。そこでViewツリーのレイアウトやdraw()などで負荷の高い作業をしても、かつてのように画面の更新がされなくなっしまうようなことは滅多にありません。

5.2.6
drawからDisplayListのメソッド呼び出しまで、まとめ

登場人物が多くてクラス名やメソッド名も似たものが多く、draw()やdrawRenderNode()がいろいろなクラスで出てくるなど、なかなかややこしいですね。最後にまとめの意味で全体像をもう一度見ておきます。

ViewRootImplのperformTraversal()からThreadedRendererのdraw()メソッドが呼ばれます。このThreadedRendererのdraw()メソッドが画面の描画の起点となるメソッドです。

ThreadedRendererはRenderNodeを保持し、このRenderNodeにDisplayListを貯めていきます。RenderNodeにDisplayListを貯めるのは、RenderNodeのstart()で得られるレコーディング用のCanvas（DisplayListCanvas）で、このメソッドを呼んでいくとこのキャンバスの元となったRenderNodeにDisplayListが

貯まっていきます。この過程でViewツリーのupdateDisplayListIfDirty()を呼び出すことで、Viewツリーのdraw()によってDisplayListを生成させます。

ThreadedRendererはDisplayListの生成が終わったら、RenderThreadというオブジェクトに対してnSyncAndDrawFrame()メソッドにより、RenderNodeを画面に描画するように依頼します(図5.8)。

図5.8 ThreadedRendererとRenderThreadの関係

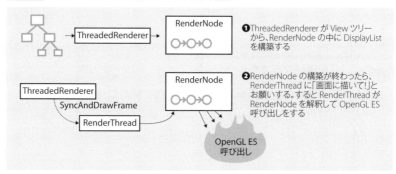

ThreadedRendererがRenderNodeを構築してから、RenderThreadに画面への描画を依頼し、RenderThreadはRenderNodeを解釈し、OpenGL ESを呼び出す。

RenderThreadは自身のスレッドで要求を待っていて、nSyncAndDrawFrame()からメッセージがやってくると起きてDisplayListを辿り、defer()とreplay()を呼び出します。DisplayListのdefer()とreplay()がどうOpenGL ES API呼び出しを行うかは、次の5.3節で扱います。

5.3
DisplayList
「コマンドオブジェクトのリスト」にする効用

前節では、AndroidはViewツリーのdraw()をDisplayListに変換し、それを画面に描いているという話をしました。

本節では「そのDisplayListとはそもそもどのようなものなのか」について詳しく見ていきます。DisplayListは、OpenGL ES API呼び出しをコマンドオブジェクトとしたものをつなげた列です。いわゆるデザインパターンのCommandパターンになっています。

その場でOpenGL ES APIを呼び出さずに一旦コマンドオブジェクトのリス

トとすることで、裏に隠れる不要な描画命令をスキップしたり、他のオブジェクトが上に来て隠れたり、逆に他のオブジェクトが上から移動して画面に現れたりした時にも、Viewのコードまでわざわざ戻らずにDisplayListを再利用するだけで対応できます。

　本節では具体的にこのDisplayListの実装を追いながら、上記の概念的な話がどう実現されているかを解説していきます。DisplayListを見ていくことで、Viewのdraw()からOpenGL ES APIの呼び出しまでの知識が実際につながることになります。

5.3.1　DisplayListが保持するオペレーション　DisplayListOp基底クラス

　DisplayListが保持する各オペレーションの基底クラスは、DisplayListOpクラスです。これはC++のクラスです。いくつかの補助的なメンバ（寿命管理やアロケータなど）の他に、このクラスにはdefer()とreplay()という純粋仮想関数が定義されています。

```cpp
class DisplayListOp {
public:
    virtual void defer(DeferStateStruct& deferStruct, int saveCount, int level,
            bool useQuickReject) = 0;

    virtual void replay(ReplayStateStruct& replayStruct, int saveCount, int level,
            bool useQuickReject) = 0;

...
};
```

　以下、それぞれ簡単に説明していきます。

DisplayListOp::defer()

　defer()は、描画発行を遅延する時に使われるメソッドです。DisplayListは、複数の描画発行命令をまとめて実行する方が効率的な状況では、命令をまとめて実行しようとします。例えば、30度右回転した後に50度左回転するというようなtransformが連続する場合は、最初から左に20度回転するように命令列をまとめてから実行します。

　また、Viewが他のViewの下に完全に隠れる場合には、その命令をスキップします。描画システムはDisplayListを順番に描いていくだけでツリーという概念は持っていませんが、基本的には、Viewごとの単位に対応するチャンクというものに分けてDisplayListOpを管理しています（図5.9）。

5.3 DisplayList

図5.9 DisplayList、DisplayListOp、チャンクの図

DisplayListOpがDisplayListを構成し、DisplayListの中で複数のDisplayListOpをまとめたチャンクという単位がある。

そして、defer()の時には、後に来るチャンクの描画範囲が前のチャンクの描画範囲を完全に覆っている場合、前のチャンクを削除しています。defer()は、これらの合成や無駄なチャンクの削除の時に必要な情報を返す関数です。例えば、このDisplayListOpがどのような範囲を書き潰すかという情報を表すrectを返すなどします。

DisplayListOp::replay()　DrawRectOpを例に

replay()は実際にOpenGLRendererのメソッド達、例えばdrawRect()やdrawBitmap()などを呼び出していきます。OpenGLRendererのこれらのメソッドが、内部で実際にOpenGL ESのAPIを呼んでいます。とうとうOpenGL ESを実際に呼び出している所まで到達しました。

OpenGLRenderer自体は単なるOpenGL ESのAPIをラップしているオブジェクトなので、実質このreplay()で実際にOpenGL ESのAPIを呼び出していると言えます。

例として、DrawRectOpのreplay()の実装を見てみましょう。実際のDisplayListOpは継承関係が深く読みにくいのですが、重要な所だけ展開すると以下のようなコードとなります。

```
DrawRectOpのreplay()メソッド
void DrawRectOp::replay(ReplayStateStruct& replayStruct, int saveCount, int level,
        bool useQuickReject) {
    /*
        replayStruct.mRendererはOpenGLRenderer。
        mLeftからmBottomまでとmPaintはすべてコンストラクタで渡されるもの。
        mPaintはSkPaint
    */
    replayStruct.mRenderer.drawRect(mLeft, mTop, mRight, mBottom, mPaint);
}
```

本質的には、上記コードはOpenGLRendererのdrawRectを呼び出しているだけです。このように、DrawXXXOpというクラスは、replay()メソッドでXXXという部分に対応したOpenGL ES APIを呼ぶコマンドオブジェクトとなってい

第5章 OpenGL ESを用いたグラフィックシステム

ます[注3]。SkPaintはSkiaのオブジェクトです。Skiaについては本ページ下のコラム「AndroidとSkia」を参照してください。

5.3.2 その他のDrawXXXOpクラス DrawBitmapOpとDrawRenderNodeOp

OpenGL ES APIに対応したDrawXXXOpというクラスが存在します。例えば、DrawRectOp、DrawBitmapOp、DrawArcOp、DrawLinesOp、DrawPathOp、DrawTextOnPathOpなどがあります。

5.3.1項ではDrawRectOpを例にreplay()の実装を見ましたが1つだけだといまいちイメージが掴みづらいので、その他のDrawXXXOpも少し見ておきます。ここでは、典型的なDrawXXXOpであるDrawBitmapOpと、少し特殊で登場回数の多いDrawRenderNodeOpを取り上げます。まずはDrawBitmapOpからです。

DrawBitmapOp

基底クラスであるDrawBoundedOpとの絡みで実際の実装はやや異なりますが、本質的には次のようになっています。❶のコンストラクタでSkBitmapを受け取り、❷のreplay()でそれを描いているのがわかります。

ほとんどのDrawXXXOpが、この基本的なパターンを踏襲しています。

注3 実際には一対一に対応したOpenGL ES呼び出しではなく、いくつかの呼び出しを組み合わせて1つのDisplayListOpを実現します。

Column

AndroidとSkia

Skiaとはオープンソースのグラフィックスライブラリで、ChromeやFirefoxなどでも使われている実績のあるライブラリです。Skia自身はグラフィックスライブラリで、ソフトウェアによるレンダリングのロジックも含まれていますが、OpenGLともつなぐこともできる作りとなっています。

Androidとしては、ソフトウェアレンダリングの時にSkiaによるレンダリングも使いますし、またハードウェアレンダリングのOpenGL呼び出しの時でも間のビットマップやペイントオブジェクトなどのデータ構造はSkiaのものを使っています。

```
┌DrawBitmapOp::replay()メソッド周辺┐
class DrawBitmapOp : public DrawBoundedOp {
private:
    const SkBitmap* mBitmap;

public:
    DrawBitmapOp(const SkBitmap* bitmap, const SkPaint* paint)
            : DrawBoundedOp(0, 0, bitmap->width(), bitmap->height(), paint)
            // ❶mBitmapにコンストラクタで受け取ったbitmapを保存
            , mBitmap(bitmap)
            , mEntryValid(false), mEntry(nullptr) {
    }

    virtual void DrawBitmapOp::replay(ReplayStateStruct& replayStruct, int saveCount, int level,
            bool useQuickReject) override {
        if (mQuickRejected && CC_LIKELY(useQuickReject)) {
            return;
        }

        // ❷OpenGLRendererのdrawBitmapを呼び出す。引数にはコンストラクタで受け取ったbitmap
        replayStruct.mRenderer.drawBitmap(mBitmap, mPaint);
    }
};
```

DrawRenderNodeOp　RenderNodeを描くというコマンド

多くのDrawXXXOpが概念的にはOpenGL ES API呼び出しに対応するのに対し、1つよく使われるが対応するOpenGL ES APIの存在しない、特殊なDrawXXXOpのクラスがあります。それがDrawRenderNodeOpです。

DrawXXXOpは、そもそもDisplayListを構成する要素でした。そして、RenderNodeはDisplayListを格納するクラスでした。そのDrawXXXOpの中にDrawRenderNodeOpというのがあるのは、一見すると包含関係が少しおかしい感じがします（図5.10）。

図5.10 DisplayListのノードにRenderNodeを描く？

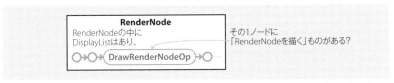

RenderNodeがDisplayListを保持するのに、そのDisplayListの中のDisplayListOpにRenderNodeを描くというものがあると、無限に再帰してしまう気がするが...。

しかし、DisplayListは他のDisplayListを参照できるということがわかると、これは再帰して自身を指すのではなく、外部のRenderNodeを参照しているこ

第5章 OpenGL ESを用いたグラフィックスシステム

とが理解できます。

DisplayListは管理に都合の良い単位ごとのサブリストに分割されて、それが一番ルートとなるDisplayListから参照されます（図5.11）。

図5.11 DrawRenderNodeOpは別のRenderNodeを描く

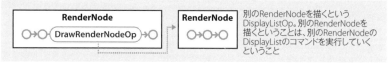

DrawRenderNodeOpが描くRenderNodeは、自身が所属するRenderNodeとは別のRenderNodeなので再帰はしない。

この時に他のDisplayListを参照するノードがDrawRenderNodeOpです。間接参照を実現しているわけですね。

DrawRenderNodeOpはコンストラクタでサブリストを格納しているRenderNodeを受け取り、自身のreplay()ではこのサブリストを巡回してreplay()を呼んでいきます。本質的な所だけを抜き出すと、以下の通りです。

```
DrawRenderNodeOpのreplay()メソッド周辺
class DrawRenderNodeOp : public DrawBoundedOp {
private:
    // なぜかmRenderNodeじゃない...
    RenderNode* renderNode;

public:
    DrawRenderNodeOp(RenderNode* renderNode, const mat4& transformFromParent, bool clipIsSimple)
            : DrawBoundedOp(0, 0,
                    renderNode->stagingProperties().getWidth(),
                    renderNode->stagingProperties().getHeight(),
                    nullptr)
            // ❶コンストラクタで渡されたRenderNodeをメンバ変数に格納している
            , renderNode(renderNode)
            , mRecordedWithPotentialStencilClip(!clipIsSimple || !transformFromParent.isSimple())
            , localMatrix(transformFromParent)
            , skipInOrderDraw(false) {}

    virtual void replay(ReplayStateStruct& replayStruct, int saveCount, int level,
            bool useQuickReject) override {
        if (renderNode->isRenderable() && !skipInOrderDraw) {
            // ❷コンストラクタで渡されたRenderNodeのreplay()を呼び出す。
            // RenderNodeのreplay()では自身のDisplayListを巡回してreplay()を呼び出すコードになっている
            renderNode->replay(replayStruct, level + 1);
        }
    }
};
```

RenderNodeのreplay()メソッドを読みたくなるところですが、このメソッドはかなり煩雑なのでここでは取り上げません。基本的には自身のDisplayListを巡回して、それぞれのノードのreplay()を呼んでいくだけです。

こうして、1つのDisplayListから、DrawRenderNodeOpというノードを通じて別のDisplayListを参照することができます。このようにDisplayListを複数に分割しておくことで、レイアウトが変更されて再レイアウトをやり直さなくてはならない時にも、そのレイアウトの変更に影響を受けないViewGroupなどはDisplayListを作り直す必要はなく、自身のDisplayListを指すDrawRenderNodeOpを親のDisplayListにつなげておけば良いわけです(**図5.12**)。

図5.12 小さな変更が小さな更新で済むようにサブツリー分割

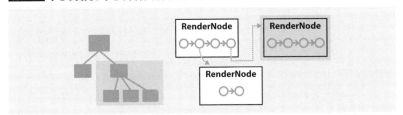

Viewツリーのレイアウトが変更されても、サブツリー単位で変更がなければ、サブツリーのRenderNodeはそのまま使える。「無効になる時は大体一緒」となる単位にRenderNodeを分けることが望ましい。

5.2.2項のThreadedRendererで自身のmRootNodeというRenderNodeにViewツリーのDisplayListを追加していた時のコードを見直すと、以下のようなコードになっていました。

```
再掲：ThreadedRendererのdraw()メソッド
DisplayListCanvas canvas = mRootNode.start(mSurfaceWidth, mSurfaceHeight);

// viewのupdateDisplayListIfDirty()でDisplayListを作り、
// それを描画するDisplayListOpを追加
canvas.drawRenderNode(view.updateDisplayListIfDirty());

mRootNode.end(canvas);
```

canvasのdrawRenderNode()メソッドで、RenderNodeにDrawRenderNodeOpを追加します。このDrawRenderNodeOpは、引数で渡されたDisplayListを描画するという間接参照を実現するのでした。つまり、ThreadedRendererのmRootNodeには、ViewツリーのDisplayListを間接参照したノード1つのリストとなっているわけです(**図5.13**)。

第5章 OpenGL ESを用いたグラフィックシステム

図5.13 ThreadedRendererのRenderNodeはViewツリーのRenderNodeを参照

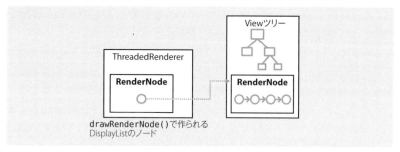

ThreadedRendererはすべてのDisplayListの親となるRenderNodeを保持している。これがViewツリーのRenderNodeを参照している。RenderThreadはThreadedRendererのRenderNodeにあるDisplayListを描く（その中にViewツリーのRenderNodeを描くというDrawRenderNodeOpがあるので、結果としてViewツリーのRenderNodeが描かれる）。

この手法は一番ルートとなるThreadedRendererだけに限らず、ViewGroupなどでViewのサブツリーのDisplayListを参照したい時にも用いられています。

このように、レコーディング用のCanvasのdrawの結果は、DisplayListOpのサブクラスとしてDisplayListに登録されます。その後、RenderThreadによってトランスフォーメーションのマージや裏に隠れるチャンクの削除などの最適化が行われ、その後DisplayListを順番に辿ってreplay()を呼ぶことでOpenGLRendererのメソッド、ひいてはOpenGL ESのAPI呼び出しが行われます。

以上がDisplayListとそれを用いた描画の基本となります。基本的な説明はこれで良いのですが、これだけではわざわざこうした仕組みにしているメリットがわかりにくいですね。そこで以下では、このDisplayListという仕組みがうまく機能する例である、画面の再描画についてもう少し詳しく見ていきましょう。

5.3.3
DisplayListを用いた画面の再描画

ここまで、Viewの描画はDisplayListとして保存されるという話をしてきました。Viewのサブツリーは適当な範囲でRenderNodeを持ちそのサブツリーのDisplayListをキャッシュし、それがルートのViewツリーからDrawRenderNodeOpで参照されるという話でした。

この描画の仕組みが、アニメーションや再描画の時に影響を与えます。

画面の再描画と一口に言っても、内容によって処理は異なります。画面の再描画は、一般にそれまで有効だった何かが有効でなくなり、もう一度有効なもので更新する必要があるという処理です。そこで、何が有効でなくなった結果の再描画なのかという、無効になったものが何かの区別が大切となります。再

描画の処理を考えるのに重要なのは以下の4つのケースです。

❶ 画面の描画内容だけが無効
❷ Surfaceの描画内容が無効
❸ DisplayListが無効
❹ レイアウトが無効

下に行くほど再構成しなくてはいけないものが多く、❹は❸を、❸は❷を、❷は❶を含んでいます。言い換えると、❹の場合ではレイアウトが無効となれば当然DisplayListも無効となり、Surfaceの描画内容も画面も無効となります。❸の場合もDisplayListが無効になることで、Surfaceの描画内容も画面も無効になります。❷のケースは5.4節につながる話題なので後回しにして、❶❸❹を順番に見ていきましょう。

❶ 再描画、画面の描画内容だけが無効になったケース

一見すると一番簡単なケースなのですが、実は本章の内容には合わないシチュエーションで、詳しくは次章で扱うことになります。例えば、アプリの上にFacebookのMessengerアプリなどのようなフローティングウィンドウが重なって、そのウィンドウが取り除かれた場合などがこのケースにあたります（**図5.14**）。

図5.14 自身は何も変更がなく、上に載っているウィンドウが変わった時など

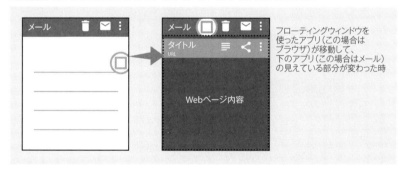

フローティングウィンドウとは、Messengerアプリなどでたまに見られる、画面の端に丸いアイコンが出て、それをタップすると広がって画面の一部を占有する機能を実現するのに使われている。Activityのスタックとは独立に管理されていて、別のActivityの上に部分的に載ったり、載っていた部分が逆になくなったりすることで、下の画面が表示されたり隠れたりする。けれど、Activityのライフサイクルには影響がない。

取り除かれたウィンドウの下にある領域を再描画しなくてはならないのですが、下にあるアプリのViewツリーには何の変更もありません。この場合は下のウィンドウに対応するSurfaceというものをSurfaceFlingerが再合成することで

第5章 OpenGL ESを用いたグラフィックスシステム

対応するため、下のViewには影響がありません[注4]。ウィンドウとSurfaceFlingerについて、詳細は次章で扱います。

❸再描画、DisplayListが無効になったケース　invalidate()メソッド

あるViewの一部の表示内容が変わるがサイズが変わらない場合などが、これに当たります。レイアウトは変わらないが画面の表示を変えたい場合、表示を変えたいViewはinvalidate()メソッドを呼ぶことになっています。

invalidate()を呼ぶとそのViewのDisplayListが無効になったというフラグをViewに立てて、AndroidにDisplayListを更新するよう依頼します。すると、Androidは描画関連の準備をした後に、Viewツリーの一番上から表示順にDisplayListを再び構築していきます。この時、各Viewサブツリーは自身にキャッシュされているDisplayListに変更が必要なければ、それをただ返していくだけなのでonDraw()を呼ぶ必要はありません。

DisplayListが無効になっているViewサブツリーは、onDraw()を呼び出すことでもう一度DisplayListを再構築します（図5.15）。

図5.15　invalidate()とDisplayListの再生成

invalidate()とViewツリーの関わりの模式図。invalidate()が指定する範囲にかかっているViewはRenderNodeが無効状態に変更される。DisplayListを再生成する時、有効なRenderNodeを持っているViewはdraw()はせずにRenderNodeを返すだけ。有効なRenderNodeを持っていないViewだけがdraw()を呼び直してRenderNodeを作り直す。いずれにせよmeasureやlayoutは必要ないので行わない。

どちらにせよレイアウトは変わらないので、measureやlayoutを呼ぶ必要はありません。また、自身のDisplayListが無効でないViewは、そのままキャッ

注4　なぜこのような話をするのかについて補足しておくと、ソフトウェアレンダリングの時代のGUIシステムでは、この場合もdraw()メソッドが呼ばれるのが普通だったからです。

シュしてあるDisplayListをただ返すだけなので、高速に処理が終わります。

❹再描画、レイアウトが無効になったケース　requestLayout()メソッド

自身の幅が変わる、子供の数が増えたり減ったりするなど、レイアウトをやり直さなくてはならないケースでは、やり直しが必要になったと判断したViewは、requestLayout()メソッドを呼んでGUIシステムにやり直しを依頼します。

するとGUIシステムはそのView自身とその親のlayoutが無効になったというフラグを立てていき、そこに関してmeasureとlayoutを再実行していき、レイアウトが終わったらdrawをやり直します（図5.16）。

図5.16　レイアウト無効フラグが親に伝播していく

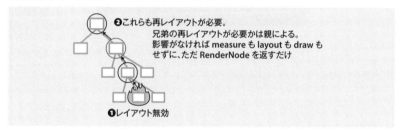

一番末の子供のViewでrequestLayout()を呼ぶと、そのViewのレイアウト状態をレイアウト無効状態に戻す。さらに、そのViewを持っている親のViewGroupもレイアウトも無効状態に戻す。すると、その親を持っているさらに親のViewGroup、つまり、子のViewから見た祖父（祖母）にあたるViewGroupのレイアウトも無効になり、そのようにしてどんどん親の親へと伝播していき、最後にはルートのViewのレイアウト状態がレイアウト無効状態になる。この経路にいない兄弟のレイアウトは基本的には有効なままとなるが、ViewGroupによっては必要に応じて兄弟のレイアウトも無効にする。その判断は経路にいる各ViewGroupが行うことで、必要最小限のViewだけが再レイアウトされるようにする。

Viewツリーは、この再レイアウトで影響がないものに関してはmeasureもlayoutも再drawもせずに、ただキャッシュされているDisplayListを返すだけです。

このように、メモリ上にdraw()の結果をDisplayListという形でキャッシュしておくことで、DisplayListが無効になるケースでもレイアウトが無効になるケースでも、必要最小限の処理で高速に再描画を行うことができます。高速に処理を行える代わりに、DisplayListの分、メモリを多く消費するシステムとなっているわけです。それでは次に、後回しにしていた❷のケースに話を移しましょう。

❷DisplayListが有効だが、Surfaceの描画内容が無効なケース
アニメーション（次節へ続く）

最後に、DisplayListの構造自体はそのままだけど、一部のパラメータが変更されて再描画されるケースがあります。これは、次節で説明するアニメーショ

第5章 OpenGL ESを用いたグラフィックスシステム

ンのケースになります。

　例えば、特定のViewをスクロールさせる時などには、DisplayListのインスタンスはそのままで座標の移動だけを行います。この場合は各Viewのdrawのメソッドなど呼ぶ必要はなく、ただDisplayListの要素を変更してnSyncAndDrawFrame()を呼べば良いだけです。このような手法でアニメーションが高速に行えるというのが、DisplayListを用いた描画システムの重要な特徴の一つとなっています。次節で、このアニメーションについてListViewのスクロール処理を例に詳細に見ていきます。

Column

ソフトウェアレンダリングの振る舞い

　本章で説明しているDisplayListの仕組みは、Android 3.0のHoneycombから導入されました。それ以前にはソフトウェアレンダリングが行われていました。また、現在でもハードウェアレンダリングをオフにする方法が提供されています[※]。

　ソフトウェアレンダリングの振る舞いと比較することで、より深くDisplayListの描画システムを理解できるようにもなると思うので、ここで簡単にソフトウェアレンダリングの話もしておきたいと思います。ソフトウェアレンダリングのシステムでは、普通draw()の所で直接画面に描きます。GUIシステムはView同士のZオーダーを考慮に入れて、画面の下側から順番にViewのdrawを呼んでいって画面に描きます。上に重なっているViewが移動すると、下の要素のdraw()が呼ばれます。ここの出来が良くないと、ちらついたりします。プログラマの視点からすると、draw()がいっぱい来るか1回しか来ないかが一番大きな違いとなります。

　ソフトウェアレンダリングはメモリ上にデータを持つ必要がないので、省メモリです。また、気を付けてコードを書けば余計なことをシステムがしない分、かなり高速なアプリが書けます。一方で描画内容を各Viewが抱え持ってしまうので、GUIシステムは各Viewが何を描いているのかはよく把握していません。そこで、アニメーションなどを行う場合、各Viewの実装者がアニメーションを実装しなくてはいけません。これは面倒なだけでなく、パフォーマンスをチューンするのも難しくなります。上を移動するViewがあると、その下にかぶさっているViewすべてがチューンされていなければならないからです。アプリの実装者は大変です。

　DisplayListのシステムでは、アニメーションの時に影響を受ける要素をシステムが把握しているため、影響を受ける部分だけを更新して画面を描画することができます。アプリの開発者はアニメーションを指定するだけで、システムが高速でなめらかなアニメーションを実現してくれます。

※ URL https://developer.android.com/guide/topics/graphics/hardware-accel.html#controlling

5.4
ListViewのスクロールに見る、驚異のアニメーション処理
60fpsを維持し続ける最重要な応用例

　本節ではDisplayListの最重要な応用例であるアニメーションの、さらに最重要の応用例と思われる「ListViewのスクロール」を取り上げます。

　結局のところ、「ハードウェアアクセラレーションで高速でなめらかなアニメーション」と言う時には、90％くらいは「ListViewが60fpsでスクロールする」ことだけを意味しています。それ以外の要素はおまけです。Androidにおいてもこの周辺のチューンはとても良くされていて、ユーザーが現在のスマホに要求する水準の高さを垣間見ることができます。

5.4.1
スクロール処理の基本処理

　AndroidのListViewはアプリの開発者がかなり柔軟に使用できるクラスで、使用頻度も高いことでしょう。ListViewの中の各アイテムをユーザーが好きに定義したレイアウトのxmlで構築できるので、出来の悪いGUIシステムにありがちな「リスト的な挙動をさせたいが、自分のアプリの要求を実現させるためにスクラッチで実装せざるを得ない」ということも、Androidにおいてはかなり稀なことだと思います。

　各アイテムのレイアウトはかなり凝ったものにできるので、見栄え良く高機能なアプリを作ることができますが、各アイテム自身がそれなりに複雑なレイアウトをするのに、それを多数画面に表示して高速にスクロールするというのはかなり困難な仕事となります。Androidは単にListViewクラスの実装を頑張るだけでなく、GCやバイトコード実行環境、DisplayListベースのハードウェアアクセラレーションや次章で扱うHWCなど、さまざまな要素の作り込みの集大成として、一介のアプリ開発者でも十分に可能なレベルで、この困難な要求を実現できるプラットフォームを実現しています。つまり、本節で扱う内容以外にも、いろいろな努力があるわけです。

　バイトコードベースの環境でアプリ開発者がそれほど特殊なことをしなくても、大量のアイテムをスクロールさせてずっと60fpsが維持される、JITが走って、GCが走って、データベースのためのファイルI/Oが走って、ユーザーコードのレイアウトが動的に走って、それでも引っ掛からない。これは驚くべきことというのを超えて、筆者などは「こんなことが実現可能だったのか！」と素直に感心してしまうレベルのことです（いまだに信じられず、たまに凄く長いListViewを作って本当に引っ掛からないか試したりもします）。

第5章 OpenGL ESを用いたグラフィックシステム

さて、そんな驚異のリストのスクロールですが、リストのスクロールを実現するためには、基本的には3つの処理があります。

- ❶画面内に留まっている領域を移動させる
- ❷新しく入ってきた領域を描画する
- ❸画面外に出ていったオブジェクトの描画を抑制し、次に入ってくるViewとして再利用する

本章に関わるのは❶と❷の処理となります。❶がDisplayListでの描画が効いてくる所です。DisplayListのプロパティを変更して再描画をするだけで、Javaのdraw()などは呼ぶ必要がありません。子Viewのレイアウト自体はユーザーがどのように決めたものであっても、子View全体を平行移動させることは、OpenGL ESのtranslateで、子Viewのレイアウト構造の知識無しに行うことができます。なお、本章の内容からは外れますが、❸について簡単に補足しておきます。AndroidのListViewは、大量のエントリを持つリストを表示する場合でも、子Viewは画面に表示されている数 + αのViewしか保持せず、画面外に出たViewを次の画面に入ってくるViewに再利用します。こうすることで必要以上のViewの生成やGCを抑えています。

5.4.2
60fpsを維持するために必要なこと　VSYNCとChoreographer

画面は、高速に何度も書き換えされています。現代の端末では1秒間に60回画面が更新されます。ディスプレイの書き換えのタイミングを、歴史的な事情でVSYNCと呼ぶ習わしとなっています。

AndroidではChoreographerというクラスが、この画面の書き換えのタイミングでユーザースレッドを起こしてくれるという機能を持っています。Choreographerは後で登場することになるViewのpostOnAnimation()メソッドで使われているので、そのコードをここで見てみましょう。

```
ViewのpostOnAnimation()メソッド
public void postOnAnimation(Runnable action) {
    final AttachInfo attachInfo = mAttachInfo;

    // ❶ChoreographerのpostCallbackにRunnableを渡している
    attachInfo.mViewRootImpl.mChoreographer.postCallback(
            Choreographer.CALLBACK_ANIMATION, action, null);
}
```

❶を見ると、ViewRootImplがChoreographerを持っているのがわかります。このpostCallbackにCALLBACK_ANIMATIONというフラグでRunnableを登

録すると、VSYNCのタイミング、つまり1/60秒に1回のタイミングでUIスレッドでRunnableを呼んでくれます。

もちろんUIスレッドで呼ばれるということは、他の処理がUIスレッドで動いている間は呼ばれないので、必ずVSYNCのタイミングで毎回呼ばれるということは意味しません。「余計な処理が走っていなければ」という条件付きです。

60fpsを維持するには、基本的にChreographerのコールバックが来てから一定時間以内に描画を終える必要があります。この一定時間内に処理を終えるという条件を順守できている間は、次のVSYNCで描画した内容が描かれるのでフレーム落ちはしません。

逆に、このコールバックより早く描いても、画面には反映されない描画が走るだけなのでただ無駄なだけです。VSYNCから一定時間に収まっていれば、それ以上のスピードはアニメーションのなめらかさには影響を与えません。

5.4.3

flingの構造　　スクロールの特殊処理

ListViewは、ユーザーがスクロールをなめらかで高速に感じるように、指ではじくような操作をした時にはflingという特別なモードで高速なスクロールを処理します[注5]。加速度を考慮に入れて、最初凄く速く、スクロールした後にだんだんと遅くなるような挙動です。スマホを触って最初に試すのがこのflingした時のフィーリング、という人も多いことでしょう。

処理としてはタッチが離れる時点でTOUCH_DOWNから十分に短い時間で、TOUCH_DOWNの点から一定以上の距離が動いていればflingモードに入ります。flingモードに入るとFlingRunnableというRunnableを前述のpostOnAnimation()呼び出しでChoreographerに登録します。FlingRunnableはVSYNCのタイミングのコールバックで、指ではじかれた時間と加速度を計算して現在のスクロール位置を割り出し、スクロールの基本的な処理を行います。

新しく入ってくるViewの処理などは、普段からViewBinderのコードなどを書いていればわかる以上の工夫はないのですが、表示されているViewの移動はなかなか工夫が見られる所です。以下ではこの画面内のViewの平行移動の部分のコードを見て、DisplayListがどう使われているかを詳しく見ていきましょう。

5.4.4

RenderNode単位の平行移動　　offsetTopAndBottom()

FlingRunnableではスクロールすべき子Viewを平行移動するのに、View

注5　flingはSurfaceFlingerなどのflingerと同じ語幹で、「投げつける」のような意味のようです。

第5章 OpenGL ESを用いたグラフィックスシステム

Groupの offsetChildrenTopAndBottom()メソッドを使用しています。ViewGroup の offsetChildrenTopAndBottom()のコードは、以下のようになっています。少し長いコードですが、ポイントになるのは❶と❷と❸です。

```
ViewGroupのoffsetTopAndBottom()メソッド
public void offsetChildrenTopAndBottom(int offset) {
    final int count = mChildrenCount;
    final View[] children = mChildren;
    boolean invalidate = false;

    // ❶子Viewを1つずつ移動するループ
    for (int i = 0; i < count; i++) {
        final View v = children[i];
        v.mTop += offset;
        v.mBottom += offset;
        if (v.mRenderNode != null) {
            invalidate = true;
            // ❷ここでView vを移動する。RenderNodeのoffsetTopAndBottom()を呼び出している
            v.mRenderNode.offsetTopAndBottom(offset);
        }
    }

    if (invalidate) {
        // ❸DisplayListの一部が更新されたことを通知するメソッド
        invalidateViewProperty(false, false);
    }
    notifySubtreeAccessibilityStateChangedIfNeeded();
}
```

❶で、子View一つ一つに対してfor文を回しています。そして、mTopやmBottomを更新した上で、❷で、子Viewが持つRenderNodeのoffsetTopAndBottom()メソッドを呼んでいます。これでDisplayListを平行移動しています。最後の❸で、このDisplayListの一部が更新されたから描画を依頼します。5.2.1項で登場したViewRootImplのperformTraversal()メソッドで、なるべく無駄な処理が走らずに必要最小限のことだけ行うようなフラグ管理を行っています。この❸のフラグ管理は大変複雑で難しい部分ですが、概念的には余計なことはしないようにしつつ更新されたDisplayListの描画は行うだけなので本書ではこれ以上は深入りしません。

このメソッドで一番重要なのは❷の部分です。子Viewのdraw()などは呼ばずに、RenderNodeだけを更新して描画を行っています。こうすることで、この子Viewが実際はRelativeLayoutやLinearLayoutでさらに下に複雑なViewがあるなどしても、そういったことは気にせずに移動が行えます。当然第4章で扱ったmeasureやlayoutなども行わなくて済むので、大変高速です。

RenderNodeから先はかなり込み入った部分になるので全部は追いませんが、

簡単に眺めておきます。RenderNodeのoffsetTopAndBottom()はJNI呼び出しで、以下のネイティブの関数を呼びます。

```
RenderNodeのoffsetTopAndBottom()メソッドが最終的に呼び出す内容
#define SET_AND_DIRTY(prop, val, dirtyFlag) \
    (reinterpret_cast<RenderNode*>(renderNodePtr)->mutateStagingProperties().prop(val) \
        ? (reinterpret_cast<RenderNode*>(renderNodePtr)->setPropertyFieldsDirty(dirtyFlag), true) \
        : false)

static jboolean android_view_RenderNode_offsetTopAndBottom(JNIEnv* env,
        jobject clazz, jlong renderNodePtr, jint offset) {
    return SET_AND_DIRTY(offsetTopBottom, offset, RenderNode::Y);
}
```

DisplayListのプロパティだけを変更して他の部分は一切いじらないことで、各VSYNC時のコールバックでの処理を最小限に留めている様子が見て取れます。

このように、DisplayListベースの描画システムを最大限活用することで、複雑なレイアウトを持つ子Viewのスクロールを高速に行うことができています。ListViewはこれをChoreographerを使ったVSYNCのタイミングと同期させることで、秒間60フレームを切らさずにスクロールすることを実現できています。

5.5 まとめ

本章ではViewツリーのdraw()メソッド呼び出しが、実際にどのようにOpenGL ESのAPI呼び出しに変換されるのかという部分を取り上げました。

Viewのdraw()メソッドはレコーディング用のCanvasに対してdrawRect()やdrawBitmap()などのメソッドを呼ぶことで、DisplayListと呼ばれるデータ構造を構築します。このDisplayListをRenderThreadが解釈し、最適化を施した上でreplay()を呼んでいくことでOpenGL ES APIの呼び出しを行うことを見ました。

DisplayListの構築と実際のOpenGL ES APIの呼び出しが別のスレッドとなっていることで、DisplayListの構築が行われるUIスレッドが描画で詰まるようなことがあまりなくなっています。

本章の最後では、DisplayListが有効に活用されている重要な例として、ListViewのfling処理の例を解説しました。VSYNCのタイミングでDisplayListのプロパティを変更するだけという必要最小限の処理だけを行って再描画を行うことで、フレーム落ちなく秒間60フレームを実現できている仕組みを見ていきました。

Androidが素朴なソフトウェアレンダリングからGPUを活かしたDisplayList

第5章 OpenGL ESを用いたグラフィックスシステム

ベースのレンダリングシステムへと移行するのは大きな変更でした。当時Android 3.0のHoneycombで導入されたこの変更は大問題を大量に引き起こし、使いものにならない品質のタブレットばかりが出てきてAndroidのタブレットの発展は1年は遅れたと思います。

このDisplayListベースのレンダリングシステムは、Androidがよくある組み込みのシステムから現代的なモバイルプラットフォームへと変わるための最初の試練だったのではないでしょうか。そのような大きな試練を乗り越えて完成した現在のDisplayListベースの仕組みは、良くチューニングされたシステムでありながら多様なデバイスの上で動くという素晴らしいシステムに仕上がりました。このモダンで洗練された描画システムは、現在の先進的なスマホのUXを支えている屋台骨の一つとなっています。

Column

いまいちなJelly Bean　Androidバージョン小話❼

　ICSで一つの完成を見た後だからなのか、次のバージョンのJelly Bean、通称JBはいろいろといまいちでした。スレッドが多くあるシステムに合わせてチューンしたということですが、多くのICS端末がJBへのアップグレードで目に見えて遅くなり、しかもアップグレードを繰り返す都度どんどん悪化していきました。

　筆者の手元だと、初代Galaxy Noteや初代Nexus 7などはJBに上げたら目に見えて遅くなり、通常の使用に耐えなくなりました。初代Nexus 7は結構使っている人も多かったので、同じ目にあっている人は多く見かけました。

　Honeycombのように、さっぱり動かないとかバグが多いとか、APIのデザインがあまりにも酷いとかではなくて、ちゃんと動きバグもないが、だんだんと遅くなっていくというのがJBの特徴です。これは、典型的な並のプログラマーの集まりのチームの作るものの性質に思います。この頃からチームのメンバーの数も増えて、開発チームも普通っぽくなっていってしまったのでしょう。

　JBがいろいろと迷走していたことを感じさせるエピソードとしては、バージョン番号が4.1から4.3.1まで全部JBというコードネームで、しかも中身は結構変わっていたりすることです。「新バージョン！」と言いつつ別段良くなりもせず、ただ遅くなっていくだけというのは停滞感と閉塞感を感じさせました。

　次のKitKatではずいぶんと建て直した感じがあり、Nexus 5というキラーとなるデバイスと合わせて良いリリースになっていたのですが、筆者はJBを頑張って使い続けた後にKitKatを飛ばしてLollipop端末へと乗り換えてしまったので、KitKatには個人的に特に思い入れもありません。そのような事情で、この一連のコラム「Androidバージョン小話」でもKitKatは扱いません。

第6章

OpenGL ES呼び出しが画面に描かれるまで
ViewRootImplとSurfaceFlinger

第6章 OpenGL ES呼び出しが画面に描かれるまで

第4章でViewツリーをどうレイアウトしてdraw()を呼び出すのかという話をしました。そして、第5章ではViewツリーのdraw()呼び出しから、どのようにOpenGL ESの呼び出しが行われていくのかという過程を見てきました。

本章では第5章の先、つまりOpenGL ESを呼び出した結果が、どう画面に描かれるのかについて解説します。画面に最終的に描かれる所は端末依存となるのですが、Androidはその境界をどう定めているのか、Androidはどこまでを担当するのかを見ていきます。多様なデバイスをサポートするAndroidとしては、端末に近い部分はいろいろと工夫が見られる部分です。なお、画面を描く部分はViewRootImplやWindowManagerServiceとの関係が深い所なので、Androidにおけるウィンドウについても本章で扱います。

まず6.1節で、OpenGL ES呼び出しが画面に描かれるまでに登場するモジュール達と、その関係を紹介します。ここでgralloc、EGL、SurfaceFlingerやHWC、そしてViewRootImplなど本章で扱うモジュール達が登場します。これらの各モジュールを以後の節で詳しく取り上げていきます。

6.2節でgrallocについて扱います。grallocは本書で初めて真面目に扱うHAL (*Hardware Abstraction Layer*) なので、HALについても詳細に説明します。

6.3節でEGLとは何か、それを用いてgrallocの結果をどうOpenGL ESと結び付けるのかという話をします。

次の6.4節ではSurfaceFlingerについて解説します。SurfaceFlingerがここまでに説明したgrallocやEGLとどのように関わっているのか、その様子も見ていきます。SurfaceFlingerはHWC (*Hardware Composer*) を利用しているので、ここでHWCについても扱います。

6.5節では、SurfaceFlingerやEGLといった内容を踏まえて、ViewRootImplについて解説します。ViewRootImplはSurfaceやEGLを実際に扱っているアプリ側のクラスであるという点で、本章のテーマにとって重要なクラスです。

6.5節までで、OpenGL ESの呼び出しがどのような行程を経て実際に画面に描かれるのかという話が完結します。

6.6節では、ここまでの話の応用として、Surfaceをアプリ開発者が使う2つのケースを紹介します。フローティングウィンドウとSurfaceViewです。アプ

リから本章の内容を使うこれらの応用例を見ることで、本章で扱った描画システムを使う側から眺めることができます。本章の内容の良い整理となるでしょう。

HWCとGPUの関係は、メモリシステムで言うところのCPUキャッシュとDDR（*Double-Data-Rate*）の関係に喩えられます。Androidのグラフィックスシステムは、なるべく多くの処理をHWCで行わせるように努力しつつ、溢れた分はGPUで行うようになっています。この2段構えの構成になっていることで、このシステムの外からはHWCの制約を気にせず自由にSurfaceを作っていくことができます。本章はSurfaceFlingerというクラスがこの「なるべく多くのことをHWCで行わせつつ溢れた部分をGPUに流す」という仕事を担っている様子を見ていくことになります。

図6.A 第6章の概観図

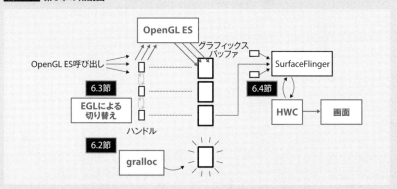

6.2節でgrallocを、6.3節でEGLによるグラフィックスバッファ指定を、6.4節ではSurfaceFlingerがHWCを用いて画面を合成することを見ていく。6.5節のViewRootImplと6.6節の応用例は上図には含まれていない。

第6章 OpenGL ES呼び出しが画面に描かれるまで

6.1 OpenGL ES呼び出しが画面に描かれるまで
全体像と一連の流れ

本節では、OpenGL ES呼び出しが実際に画面に描かれるまでに登場するクラス達の全体像を概観してから、大まかな流れを追っていきます。

6.1.1 本章で登場するクラス達の全体像

まずは、本章で登場するクラス達の全体像から見ていきます（図6.1）。OpenGL ESの呼び出しは、EGLという仕様で定義されたAPIで描画対象を指定します。

図6.1　OpenGL ES呼び出しが画面に描かれるまで

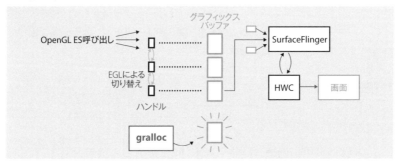

OpenGL ES呼び出しが画面に描かれるまでに出てくるクラス達。EGLで描画対象のグラフィックスバッファを切り替える。グラフィックスバッファはgrallocが作る。グラフィックスバッファをSurfaceFlingerが合成して画面に出すが、この時にHWCを利用している。本章では、これらのクラスについて見ていくことになる。

このEGLで指定する描画先は、Surfaceと呼ばれる画面を表すオブジェクトです。SurfaceはBufferQueueと呼ばれるものに描画イベントを詰めるクラスで、このBufferQueueに詰められたイベントを取り出して合成するのがSurfaceFlingerです。

SurfaceFlingerは、HWCと呼ばれるモジュールを利用してグラフィックスバッファを合成して画面に表示します。BufferQueueの背後にいて最終的に描画されるオフスクリーンのグラフィックスバッファは、grallocで確保されます。

HWCやgrallocは端末ごとに別々に提供されるもので、ハードウェアに依存しているのが普通です。Androidにおいて、ハードウェアに依存している部分とAndroidシステムの境界のAPIとなっている部分は、HALと呼ばれています。HWCやgrallocはHALの例となります。

ハードウェアとAndroidの境界 HAL

Android自身はさまざまなハードウェアで動くシステムですが、システムとしては当然どこかから先はハードウェアに依存する部分が出てくるはずです。この境界はHALと呼ばれています。HALはHardware Abstraction Layerの略です。

HALは基本的にはLinuxの共有ライブラリである.soで、Android側が定義する共通の構造体に自身の情報を載せて返すという構造になっています。本章の内容はグラフィックスシステムの中では一番下のレイヤになるので、いくつかのHALが登場します。

AndroidのGUIシステムは、以下の4つが既に用意されていることを前提に動くシステムです。

❶グラフィックスバッファの確保-解放
❷グラフィックスバッファに対するEGL呼び出し
❸OpenGL ES
❹グラフィックスバッファ合成のハードウェア

これら4つを提供するのは、各端末メーカーなどのAndroidを移植する人となります（図6.2）。❶にはgrallocモジュールという名前が付いています。また、❹にはHWCという名前が付いています。

EGLでどこのSurfaceに描くかを指定したら、以後のOpenGL ESのAPI呼び出しではその既に指定されたSurfaceに描画されます。

図6.2 OpenGL ES呼び出しが画面に描かれるまで（端末依存部）

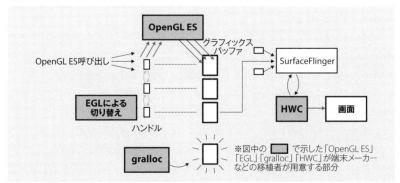

本章で扱うグラフィックスの描画部分のうち、端末依存の部分。EGL、OpenGL ESと、HWCやgrallocのHALは端末実装者が実装すべき部分となる。

第6章 OpenGL ES呼び出しが画面に描かれるまで

6.1.3
EGL呼び出しでOpenGL ESの描画先を指定する

　OpenGL ESは、組み込み用に定義されたOpenGL APIのサブセットです。それ自体はプラットフォーム非依存となっています。プラットフォームがウィンドウシステムを持っていればウィンドウに描く場合もありますし、フルスクリーンに対してOpenGL ESで描画するシステムの場合はスクリーン全体に対して描画するかもしれません。それはすべてOpenGL ESの実装側で決まります。仕様のレベルでは、OpenGL ESはどこに描くのかは決まっていないのです。

　プラットフォームとOpenGL ESをつなぐ部分の仕様として、OpenGL ESとは別にEGLという仕様が存在しています。EGLは、プラットフォームのウィンドウなどの概念とOpenGL ESの描画先をつなぐAPIを提供しています[注1]。

　このEGLはOpenGLと同じくKhronos Groupが策定しているもので、Android専用というわけではありません。一般的には、EGLが指定する描画対象自体もプラットフォームごとに異なりますが、AndroidではSurfaceと呼ばれるものが描画対象となります。

6.1.4
EGLで指定されたSurfaceが、grallocで取得したオフスクリーングラフィックスバッファを更新する

　grallocというHALにより、プラットフォーム固有のオフスクリーングラフィックスバッファを割り当てることができます。オフスクリーングラフィックスバッファは少し長いので、以後単純に「グラフィックスバッファ」と呼ぶことにします。

　Androidとしてはこのグラフィックスバッファがどのようなものかについては関知しません。ただEGLで指定してOpenGL ESで描画できることさえできれば良いというものです。

　SurfaceFlingerというシステムサービスがgrallocでグラフィックスバッファを割り当て、各アプリのプロセスにはこのグラフィックスバッファをラップしたBufferQueueというライブラリをBinder越しに渡します。つまり、グラフィックスバッファはSurfaceFlingerのプロセスでだけ保持されて、各アプリにはBinder越しに参照（ハンドル）だけが渡されます。

　このBinder越しに渡されたグラフィックスバッファの参照が、Surfaceと呼ばれるものの本質です。間にいくつかの要素が入りますが、概念的にはSurfaceとは、グラフィックスバッファをBinder越しに参照するハンドルをラップしたものと言えま

注1　URL https://www.khronos.org/egl

す。より細かいことを言えば、実際には直接グラフィックスバッファを参照するのではなく、グラフィックスバッファを保持するBufferQueueというものをBinder越しに参照しています（図6.3）。

図6.3　Surface、BufferQueue、grallocの関係

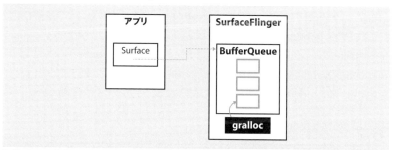

BufferQueueがグラフィックスバッファを保持していて、Surfaceはそれをプロセス境界を超えて参照している。グラフィックスバッファはgrallocが作成する。

6.1.5
SurfaceFlingerが、HWCを用いてグラフィックスバッファを合成して表示

SurfaceFlingerがグラフィックスバッファを確保し、各アプリのプロセスにBinder越しにその参照を渡します。各アプリのプロセスはOpenGL ES呼び出しを行うことで、このグラフィックスバッファを更新します。SurfaceFlingerは、この更新されたグラフィックスバッファを合成するシステムサービスです。

Androidは自身が動く携帯端末にグラフィックスバッファを合成するハードウェアを要求しています。そのハードウェアの機能をほぼそのままAPIとして定義してあるのが、Hardware Composer、通称HWCと呼ばれるHALです。HWCは実装にハードウェアが使われていることを想定しているので、合成できるグラフィックスバッファの枚数などに制限があるのが普通です。その制限を超える合成が必要な時は、SurfaceFlingerがソフトウェアでグラフィックスバッファを合成します。

SurfaceFlingerはHWCを利用して、足りない部分は自分で補ってグラフィックスバッファを合成して画面に出すサービスです。

6.1.6
ViewRootImplがSurfaceの左上座標を保持し、WindowManagerServiceが複数のViewRootImplを管理

Surfaceは幅と高さを持っていますが、画面のどこに描くかという「左上の座標」は持っていません。Surfaceとそれをどこに描くかという左上の座標を、

Surfaceと合わせて保持しているのがViewRootImplです。

ViewRootImplは、2つの役割を持ったクラスです。

- ❶Surfaceとその左上の座標を管理
- ❷Viewツリーを管理

ViewRootImplはこの2つの役割を合わせ持ち、さらに両者をつなぐ役割も果たします。ViewRootImplは1つの画面中に複数存在します。この複数のViewRootImplの前後関係や位置関係を管理するのが、WindowManagerServiceです。

以上で、OpenGL ES呼び出しが、実際に画面に描かれるまでを一通り見たことになります。次に、各モジュールを詳細に見ていきましょう。まずはgrallocからです。

6.2
HALとgralloc
グラフィックスバッファの確保/解放のインターフェース

本節ではgrallocについて扱います。また、grallocは本書で初めて登場するHALとなるので、HAL一般の解説もここで行います。

grallocはグラフィックスバッファを確保、解放するモジュールです。グラフィックスバッファは形式や確保する場所などがハードウェアごとに異なり、特徴も様々です。そこで、Androidからは使い道を指定した上でgrallocに確保を依頼し、その中身に関してはgrallocの実装者に任せることになっています。こうすることで、grallocの実装者はハードウェアに最適なグラフィックスバッファの確保を行うことができて、効率的に描画を行うことができます。

本節では、まず一般的にHALとはどのような構造になっているのかを説明します。次に、そのHALの一実装として、grallocはどのようにグラフィックスバッファの確保と解放のインターフェースを提供しているのかを見ていきます。

本節は少し低レベルな詳細が多いので、低レベルなコードが苦手な方は一旦本節を飛ばして次の6.3節に進んでください。

6.2.1
HALのモジュールの取得　hw_get_module()

HALのモジュールは基本的には共有ライブラリ、つまり.so拡張子のファイルです。通常の共有ライブラリはdlopen()してdlsym()などを用いて操作を行いますが、HALにはこれらのLinux APIをラップしたAPIが用意されています。

HALのモジュールをロードするのは、hw_get_module() APIです。

hw_get_module()APIの宣言
```
int hw_get_module(const char *id, const struct hw_module_t **module);
```

引数のidには、取得したいHALを表す文字列が入ります。gralloc HALを用いる場合は、この文字列は"gralloc"となります。マクロでGRALLOC_HARDWARE_MODULE_IDというシンボルでdefineされているので、普通はこのGRALLOC_HARDWARE_MODULE_IDというシンボルを使います。

第2引数のhw_module_tがこのHALを表すモジュール構造体です。後述します。

hw_get_module()呼び出しでは、/system/lib/hwディレクトリ、または/vendor/lib/hwディレクトリの中の共有ライブラリをロードします。

詳細なルールは置いておきますが、筆者のGalaxy Note 3で見てみるとgrallocの共有ライブラリは、以下の2つのファイルが存在しています。

- /system/lib/hw/gralloc.default.so
- /system/lib/hw/gralloc.msm8974.so

間のdefaultやmsm8974などは、1.3.3項で解説したAndroidのプロパティを用いて変えることで実際に使われるHALを変更したりできますが、この周辺の仕様はあまりしっかり決められているようにも思えないのでこれ以上は深入りしません。

とにかく、grallocで始まる.soを/system/lib/hw下か/vendor/lib/hw下に置いておくと、hw_get_module()を呼んだ時にはこの.soをロードしてくれます。

以下では具体的に、このAPIの第2引数であるhw_module_t構造体の話をしていきます。ここからは構造体がたくさん出てきて混乱しがちなので、まずここに構造体の関係の全体像を簡単に示しておきます（**図6.4**）。以降の説明を読む時には、たまにこの図を参照しながら見ていくと良いでしょう。

6.2.2
hw_module_t構造体周辺の構造体定義

hw_get_module()関数を呼ぶと、hw_module_t構造体のインスタンスが得られます。これが、そのモジュール自体を表すインスタンスとなります。hw_module_t構造体の定義は、以下のようになっています。

hw_module_t構造体の定義
```
typedef struct hw_module_t {
    uint32_t tag;
```

第6章 OpenGL ES呼び出しが画面に描かれるまで

```
    uint16_t module_api_version;
    uint16_t hal_api_version;
    const char *id;
    const char *name;
    const char *author;
    struct hw_module_methods_t* methods;
    void* dso;

    /** padding to 128 bytes, reserved for future use */
    uint32_t reserved[32-7];

} hw_module_t;
```

　この構造体の個々のフィールドの意味を解説するよりは、実際に値を初期化している側を見てしまう方がわかりやすいでしょう。そこで、grallocモジュールの初期化のコードを見てみます。

　HALの共有ライブラリは、HAL_MODULE_INFO_SYMという名前のグローバル変数で、上記構造体を定義しなくてはならないという決まりになっています[注2]。そこで、grallocモジュールのHAL_MODULE_INFO_SYM定義を見てみると次のようになっています。

注2　これは実際にはHMIという名前のdefineとなっています。

図6.4 gralloc HALの構造体の関係

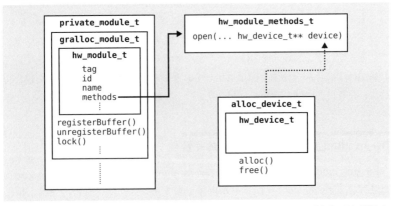

構造体の先頭に他の構造体を入れることで継承のように使うというC言語のテクニックがあり、それが使われている。hw_module_tを先頭に持ったgralloc_module_tを先頭に持ったprivate_module_t構造体という包含関係で、private_module_tはgralloc_module_tにキャストして使えて、gralloc_module_tはhw_module_tにキャストして使える。hw_module_tがHAL全体を表す構造体で、各デバイスを表すのがhw_device_t構造体。1つのhw_module_tに対してhw_device_tが複数存在することがある。これもalloc_device_tがhw_device_tを先頭に持っている。

HALとgralloc 6.2

```c
struct private_module_t HAL_MODULE_INFO_SYM = {
    .base = {
        .common = {
            .tag = HARDWARE_MODULE_TAG,
            .version_major = 1,
            .version_minor = 0,
            .id = GRALLOC_HARDWARE_MODULE_ID,
            .name = "Graphics Memory Allocator Module",
            .author = "The Android Open Source Project",
            .methods = &gralloc_module_methods
        },
        .registerBuffer = gralloc_register_buffer,
        .unregisterBuffer = gralloc_unregister_buffer,
        .lock = gralloc_lock,
        .unlock = gralloc_unlock,
    },
    .framebuffer = 0,
    .flags = 0,
    .numBuffers = 0,
    .bufferMask = 0,
    .lock = PTHREAD_MUTEX_INITIALIZER,
    .currentBuffer = 0,
};
```

このように、グローバル変数でHAL_MODULE_INFO_SYMという変数を定義し、そこにhw_module_tを含んだ構造体の値を設定しておくのがHALの決まりとなっています。

右辺の値を見ていくと各フィールドがどういったものかが大体わかるでしょう。

private_module_tは、hw_module_tを先頭に持ったgralloc用の構造体です。HALのモジュールは、普通このように先頭にhw_module_tを定義しておいて、それより下の部分に自分のモジュール独自の要素をぶら下げるのが一般的です。定義は最後に載せますが、ここでは.commonの下だけを見てください。.commonの部分は以下のようになっています。

```
 hw_module_tに対応する.commonの定義 
.common = {
    .tag = HARDWARE_MODULE_TAG,
    .version_major = 1,
    .version_minor = 0,
    // ❶このモジュールのid。grallocモジュールの場合は"gralloc"
    .id = GRALLOC_HARDWARE_MODULE_ID,
    .name = "Graphics Memory Allocator Module",
    .author = "The Android Open Source Project",
    // ❷このモジュールのメソッド一覧
    .methods = &gralloc_module_methods
},
```

重要なのは❶の.idと、❷の.methodsです。この.idは、共有ライブラリの

第6章 OpenGL ES呼び出しが画面に描かれるまで

名前と決まった規則で関連している必要があります。

❷のmethodsの方では、このモジュールで定義してあるメソッドのテーブルをセットします。Androidが規定しているメソッドはopen()メソッド1つだけです。

hw_module_methods_t構造体の定義
```
typedef struct hw_module_methods_t {
    int (*open)(const struct hw_module_t* module, const char* id,
            struct hw_device_t** device);
} hw_module_methods_t;
```

hw_get_module()は、共有ライブラリをロードする時に1回だけ呼ぶAPIです。このAPIが返すhw_module_t型の構造体のインスタンスは、ロードされている共有ライブラリに対応するものなので、共有ライブラリ1つにつき1インスタンスだけが存在します。

そのHALでインスタンスを複数作る必要があるものは、hw_device_t型のインスタンスとして表すことになっています。

hw_device_t型のインスタンスは、上記のhw_module_methods_tにあるopen()関数を使ってopenすることで取得します。

grallocを使う人は直接このopen関数ポインタを呼んでも良いのですが、gralloc.hにhw_module_t構造体のインスタンスからこのopenを呼び出すgralloc_open()というインラインメソッドが定義されているので、通常はこちらを使います。

gralloc_open()インライン関数
```
static inline int gralloc_open(const struct hw_module_t* module,
        struct alloc_device_t** device) {
    return module->methods->open(module,
            GRALLOC_HARDWARE_GPU0, (struct hw_device_t**)device);
}
```

openした結果が、grallocで標準的に使うメソッドを含んだhw_device_t構造体のインスタンスとなります。

6.2.3
hw_device_tとalloc_device_t

hw_module_tに登録されたopen関数で、hw_device_t構造体のインスタンスが得られます。これがgrallocモジュールのallocやfreeといったグラフィックスバッファの取得や解放を行います。

HALで定義している構造体はhw_device_tですが、openで返される構造体の

実際の実装はalloc_device_tと呼ばれる構造体で、先頭にいつものようにhw_device_t型の構造体を持っています。

```
typedef struct alloc_device_t {
    struct hw_device_t common;

    int (*alloc)(struct alloc_device_t* dev,
            int w, int h, int format, int usage,
            buffer_handle_t* handle, int* stride);
    int (*free)(struct alloc_device_t* dev,
            buffer_handle_t handle);

    void (*dump)(struct alloc_device_t *dev, char *buff, int buff_len);

    void* reserved_proc[7];
} alloc_device_t;
```

この中で重要なのは、alloc()とfree()です。free()は確保したものを解放するだけなので別段説明も必要ないでしょう。

一方でalloc()は、グラフィックスバッファのサイズの他にもいくつか引数があり、少し説明があっても良いでしょう。以下ではalloc()について見ていきます。

6.2.4
alloc_device_tのalloc()関数

alloc()関数ポインタの定義を再掲しておきます。

```
【再掲：alloc_device_tのalloc()関数の定義】
int (*alloc)(struct alloc_device_t* dev,
        int w, int h, int format, int usage,
        buffer_handle_t* handle, int* stride);
```

第1引数のdevはC++で言うところのthisポインタに相当するものなので、そのような決まりという程度のものです。

w、h、strideの3つは通常のBitmapオブジェクトの定義でも出てきますね。意味も同じです。

formatは通常のRGBA8888などのフォーマットですが、動画再生などで使われるYUVフォーマットなどもあります。定義されているのはsystem/core/include/system/graphics.hで、このヘッダファイルに各フォーマットの詳細な説明があるので興味がある人は見てみてください[注3]。

注3　該当ソースの場所については本書のサポートページを参照してください。

第6章 OpenGL ES呼び出しが画面に描かれるまで

ここでは代表的なものだけを挙げると**表6.1**のようになります。Androidの端末では、どのようなハードウェアが多いかが透けて見えるフォーマット達ですね。

表6.1 allocで指定できるformat（抜粋）

フォーマットのID	説明
HAL_PIXEL_FORMAT_RGBA_8888	通常のRGBAフォーマット
HAL_PIXEL_FORMAT_sRGB_A_8888	sRGBのカラースペースとアルファのフォーマット
HAL_PIXEL_FORMAT_YV12	Androidで使われているYUVフォーマット。動画などで使われる
HAL_PIXEL_FORMAT_RAW16	カメラなどで使われるRAW_SENSORフォーマット

usageはフラグになっています。まず値の定義を見ると、以下のようになっています。

```
// ソフトウェアからREADするか、のフラグ
GRALLOC_USAGE_SW_READ_NEVER      = 0x00000000,
GRALLOC_USAGE_SW_READ_RARELY     = 0x00000002,
GRALLOC_USAGE_SW_READ_OFTEN      = 0x00000003,
GRALLOC_USAGE_SW_READ_MASK       = 0x0000000F,

// ソフトウェアからWRITEするか、のフラグ
GRALLOC_USAGE_SW_WRITE_NEVER     = 0x00000000,
GRALLOC_USAGE_SW_WRITE_RARELY    = 0x00000020,
GRALLOC_USAGE_SW_WRITE_OFTEN     = 0x00000030,
GRALLOC_USAGE_SW_WRITE_MASK      = 0x000000F0,

// 以下さまざまなフラグが続く
```

これらのフラグをor演算子でつなげて使います。フラグの数が多いため、特徴的なものだけ**表6.2**に示します。

表6.2 allocで指定できるusageのフラグ（抜粋）

フラグのID	説明
GRALLOC_USAGE_SW_READ_NEVER	ソフトウェアからreadすることはない
GRALLOC_USAGE_HW_TEXTURE	OpenGL ESのテクスチャとして使われる
GRALLOC_USAGE_HW_RENDER	OpenGL ESのrender targetとして使われる
GRALLOC_USAGE_HW_COMPOSER	HWCから使う

Androidはこのようにgrallocに、そのバッファをどのように使うかというヒント情報を渡してグラフィックスバッファを取得します。このグラフィックスバッファはヒントで伝えた通りの使い方しかしませんが、下の実装が実際にどのようなバッファを確保するかは、実装者が自由に選ぶことができます。

ハードウェア実装者としては当然できるだけ用途に合わせた最適なバッファを確保したいところですが、ハードウェアに近いバッファなら近いバッファほど制約も多いものなので、Androidの移植にかかるコストと天秤にかけながら、ここの最適化を行うことになります。

gralloc_module_tとprivate_module_tの定義

6.2.5

詳しい説明は割愛しますが最後に気になる読者のために、gralloc_module_tとprivate_module_tの定義を載せておきます。

```
gralloc_module_tとpriavte_module_tの定義
typedef struct gralloc_module_t {
    struct hw_module_t common;

    int (*registerBuffer)(struct gralloc_module_t const* module,
            buffer_handle_t handle);
    int (*unregisterBuffer)(struct gralloc_module_t const* module,
            buffer_handle_t handle);
    int (*lock)(struct gralloc_module_t const* module,
            buffer_handle_t handle, int usage,
            int l, int t, int w, int h,
            void** vaddr);
    int (*unlock)(struct gralloc_module_t const* module,
            buffer_handle_t handle);
    int (*perform)(struct gralloc_module_t const* module,
            int operation, ... );
    int (*lock_ycbcr)(struct gralloc_module_t const* module,
            buffer_handle_t handle, int usage,
            int l, int t, int w, int h,
            struct android_ycbcr *ycbcr);
    int (*lockAsync)(struct gralloc_module_t const* module,
            buffer_handle_t handle, int usage,
            int l, int t, int w, int h,
            void** vaddr, int fenceFd);
    int (*unlockAsync)(struct gralloc_module_t const* module,
            buffer_handle_t handle, int* fenceFd);
    int (*lockAsync_ycbcr)(struct gralloc_module_t const* module,
            buffer_handle_t handle, int usage,
            int l, int t, int w, int h,
            struct android_ycbcr *ycbcr, int fenceFd);

    /* reserved for future use */
    void* reserved_proc[3];
} gralloc_module_t;

struct private_module_t {
    gralloc_module_t base;

    private_handle_t* framebuffer;
```

第6章 OpenGL ES呼び出しが画面に描かれるまで

```
    uint32_t flags;
    uint32_t numBuffers;
    uint32_t bufferMask;
    pthread_mutex_t lock;
    buffer_handle_t currentBuffer;
    int pmem_master;
    void* pmem_master_base;

    struct fb_var_screeninfo info;
    struct fb_fix_screeninfo finfo;
    float xdpi;
    float ydpi;
    float fps;
};
```

6.3
EGLによるOpenGL ES描画対象の指定
OpenGL ESの呼び出しは、どのようにグラフィックス領域に描かれるのか❶

　本節ではEGLについて扱います。EGLはOpenGL ESを補完する仕様で、OpenGL ESの描画先を指定したりする仕様です。AndroidではこのEGLが、前節で扱ったgrallocの確保するグラフィックスバッファのハンドルを指定して、OpenGL ESの描画結果をそこに描くようにします。

　gralloc、EGL、OpenGL ESはすべて端末メーカーの側で実装する部分となります。Androidとしては、grallocで確保したバッファをEGLで指定してOpenGL ES呼び出しを行うと、このグラフィックスバッファに描かれるということだけを期待しています。gralloc、EGL、OpenGL ESそれぞれの呼び出しがそのように振る舞うことを前提に、その他の部分が作られています。

　本節の内容は、第5章で見てきたOpenGL ESの呼び出しが、実際にどのようにハードウェアの管理するグラフィックス領域に描かれるのかという部分の、クライアント側半分を見ることになります。残り半分のハードウェア側を担当するSurfaceFlingerは次節で扱います。

6.3.1
EGLによる、OpenGL ESの描き出し先指定

　EGLはOpenGL ESの描画対象などを設定するためのAPI仕様で、Androidに限らず他のプラットフォームでも共通に使える標準化された規格です。

　URL https://www.khronos.org/egl

6.3 EGLによるOpenGL ES描画対象の指定

EGLでは、描画対象に指定するプラットフォームのオブジェクトを「Window」と呼称しています。Androidではこれに対応するのは、究極的にはgrallocで確保したグラフィックスバッファです。

例えば、native_gbufという変数にgrallocで確保されたグラフィックスバッファのハンドルが入っている時には、以下のように呼び出すと、そのグラフィックスバッファに対してOpenGL ES呼び出しをするという設定を行ったことになります。

```
// ネイティブのグラフィックスバッファからEGLの描画対象（eglsurface）を作る
eglsurface = eglCreateWindowSurface(..., native_gbuf, ...);

// それをOpenGL ESの描き出し先対象に設定
eglMakeCurrent(..., eglsurface, eglsurface, ...);
```

ここで、eglCreateWindowSurfaceという関数名で出てくるSurfaceは、AndroidのSurfaceとは別物の、EGLの用語です。ややこしいので、EGLのSurfaceのことはここ以外ではなるべく出さないことにします。

このようにgrallocで作ったグラフィックスバッファのハンドルをEGLで指定すると、第5章で見たRenderThreadが行うOpenGL ES呼び出しが、実際にハードウェアの用意するグラフィックスバッファに描かれるようになっています（**図6.5**）。

図6.5 OpenGL ES、EGL、grallocの関係

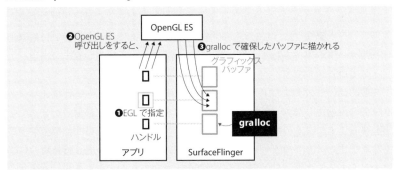

EGLで描画対象のグラフィックスバッファを指定する。OpenGL ESが指定されたグラフィックスバッファに描く。grallocはグラフィックスバッファを作成する。

6.3.2 EGL、gralloc、OpenGL ESが端末依存である意義

Androidの描画側のフレームワークは、grallocで確保されたグラフィックスバッファを抽象化したBufferQueueを用いて、その抽象化の一構成要素である

第6章 OpenGL ES呼び出しが画面に描かれるまで

BufferQueueProducerを用いたSurfaceで、このグラフィックスバッファを管理します。なかなかややこしいですね。これがややこしい作りになる一因としては、端末依存の部分とAndroid共通の部分が複雑に絡み合っているからです。BufferQueueはAndroid側の実装となっていて端末依存ではありません。しかし、grallocとグラフィックスバッファは端末依存です。

もっと端末依存部とAndroid共通部のやり取りを最小化するようなインターフェースになっていれば、ここの構成はもっと素直になるはずです。

現在のAndroidでは、EGLとgrallocが別のコンポーネントとして実装しなくてはならなくなっていますが、例えばこの2つをつなぎ合わせて単にOpenGL ESを描画する先のWindowを作るというようなインターフェースにすることもできるでしょう。こうすれば、もっとずっとシンプルになるはずです。そうすればシンプルになるにもかかわらず、現実はgrallocとEGLの2つに分かれていて、さらにそれがOpenGL ESをサポートするという構成になっています。端末依存なモジュールが3つのコンポーネントに分かれてしまっていて、しかもお互いがかなり依存しあっているのが、構成を理解しようとする時に難しくなってしまっている根本的な原因です。コードを読もうにもAndroid共通分と端末メーカーの実装部分を行ったり来たりするハメになってしまい大変です。実装する端末メーカーの人は、コードを読むだけの我々よりもさらに大変でしょう。

なぜこのように、端末依存部とAndroid共通部分が絡み合うように切り分けられてしまっているのでしょうか。それは端末依存部分を最小にしてなるべく共通のコードを使うようにしつつ、描画周辺はなるべくハードウェアに最適化されたコードが実行されるようにしようという2つの正反対の要求を実現しようとしているからです。

一般的に、システムのすべてをハードウェアに依存させてしまえば、ハードウェアに最適化したコードを書くことができます。その分、移植者がすべてを実装することになるので移植者の負担が大きくなり、Android共通部分が少なくなります。一方でなるべく多くを共通部分に入れてしまうと、移植者の負担は少なくて済み大部分をAndroid共通部分とすることができますが、その共通部分はハードウェアの違いの最大公約数的な実装となってしまうため、ハードウェアの機能を最大に引き出すのは難しくなります（図6.6）。

そこでAndroidとしては、端末依存で移植者が実装しなくてはならない部分をなるべく小さく保つ一方で、端末ごとに最適化が可能な部分は少し煩雑になっても端末ごとに実装できるように切り出してあります。

このように切り分けた結果がどのように最適化された実装を可能にするかを、アプリがOpenGL ES呼び出しを行うケースを基に考えてみましょう。

6.3 EGLによるOpenGL ES描画対象の指定

図6.6 端末依存部が多いとハードウェアの性能を引き出しやすい

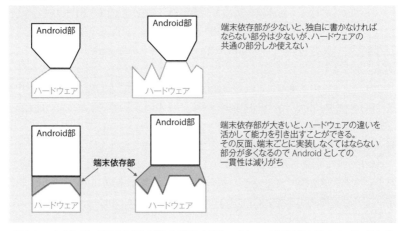

ソフトウェアシステムは、端末依存部分を増やせば増やすほどハードウェアの性能を引き出しやすいが、端末ごとに挙動がバラバラになり、端末への移植のコストも上がる。端末依存部を減らせば減らすほどハードウェアの共通機能くらいしか使えなくなるが、端末ごとのシステムの挙動は揃い、端末へのシステムの移植コストも低く済む。

6.3.3
アプリのOpenGL ES呼び出しを基に、EGL周辺の構成の意義を考える

　Androidではグラフィックスのハードウェアがある場合には、なるべくそのハードウェアを直接使えるように工夫されています[注4]。

　一方で、グラフィックスのハードウェアを呼び出すAPIとしてのOpenGL ESは、通常はアプリのプロセスで実行されることを5.2節で見ました。アプリのプロセスから呼び出されるライブラリであるOpenGL ESと、それを合成するSurfaceFlingerやHWCは、プロセスとしても別ですし、ソースコードの上でもなかなか離れた存在です。ソースコード上で離れた2つの要素を、なるべくお互いのコードに依存して最適化した実装にすることを可能にするアーキテクチャというのは、実現が難しい要求です。

　以下では、移植の切り口をもっとシンプルにした場合と、現在のAndroidの場合で、どのくらいOpenGL ES API呼び出し結果のコピーの回数が違うかを比較することで、この難しい要求をAndroidがどのくらいうまく解決できているかを見ていきます。

注4 動画のデコーダも関連した話題となります。動画に関しては6.6.2項を参照してください。

第6章 OpenGL ES呼び出しが画面に描かれるまで

ハードウェアの想定

ハードウェアによりますが、モバイルの場合、GPUとCPUは1つのチップで統合されているのが一般的です。CPUもGPUも同一のメモリコントローラにつながっていて、PCのようにGPU-CPU間のメモリの転送が遅いということはあまりありません。

CPUとCPU用メモリ、CPUとGPU用メモリ、GPUとGPUメモリ、GPUとCPUメモリの間は、大体同じ速度と仮定しましょう。モバイルの場合はCPUとGPUのメモリの間が特別重いわけではないとは言っても、グラフィックス処理の場合、やはりメモリのコピーはとても重い処理となります。

HWCがどこにあるかは場合によりますが、GPUのメモリに近い所に接続されているケースが多いでしょう。基本的には、CPUは転送以外の処理はCPU用メモリしか処理できず、GPUやHWCも転送以外はGPU用メモリしか処理できないと仮定します。

以上の構成はすべてがこの通りではありませんが、それなりに現実のよくある構成に近いでしょう（図6.7）。このようなハードウェアに対して、移植の部分の切り口を最小に抑えたケースと、現在のAndroidのケースで、OpenGL ES呼び出しで円を描いた時の違いを考えてみましょう。

図6.7 スマホの典型的なハードウェア構成

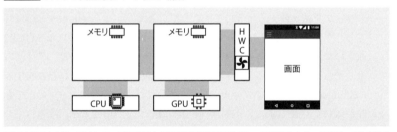

PCのシステムと違ってオンチップにCPUとGPUが両方含まれていて、メモリコントローラは同一のものにつながっているのが一般的。そのため、CPUからGPUメモリへのアクセスが別段遅いというわけではないが、それでもメモリ同士のコピーは遅いので、なるべくGPU側メモリに直接描くのが望ましい点はPCと変わりない。ハードウェアの詳細は公開されてない部分も多く端末にもよるが、CPUのメモリとGPUのメモリは別になっていて、GPU側のメモリにHWCが接続されていることを本書では想定。

仮に、通常のメモリを介したシンプルなHALであった場合　実際とは異なる仮想的なケース

もし仮に、OpenGL ESの呼び出しを通常のヒープのメモリに行うことを前提にAndroidが作られていたと仮定します。そして、画像のデコーダなどもすべて通常のヒープに対して行うとしましょう。このケースではgrallocは必要ありませんし、EGLもほとんど必要になりません。メモリに対するOpenGL ESの

呼び出しさえサポートされていれば、Androidを動かすことができます。移植もずっと容易になりAndroid自身もシンプルになります。

この時、アプリがOpenGL ES API呼び出しで画面に、例えば円を描く場合を考えてみましょう（**図6.8**）。まずOpenGL ESで呼び出す対象がメモリなので、アプリでメモリを確保します。そして、このアプリのメモリをOpenGL ESの描き出し先として何かしらの方法で指定した上で、OpenGL ES APIを呼び出します。

図6.8 メモリのみの汎用でハードウェア依存の少ないAPIはコピーが多くなる

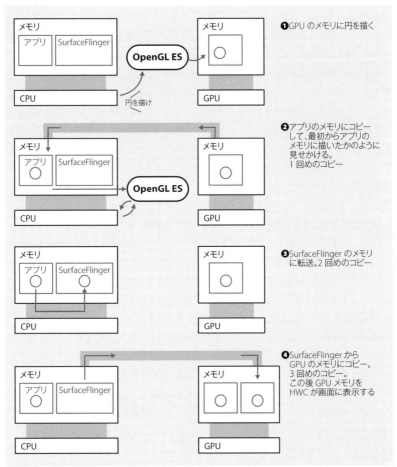

グラフィックス関連のライブラリもCPUメモリを前提とすれば、移植部分のAPIは少なく単純になるが、コピーが多く必要になるので非効率。

OpenGL ESはGPU上で実行されるので、まずGPU上でもメモリを確保して、

第6章 OpenGL ES呼び出しが画面に描かれるまで

円をGPUに描かせます。GPUを利用して、きっと高速に、綺麗に斜めの曲線の部分が処理された円が描かれることでしょう。このGPUのメモリの内容を、アプリのメモリにコピーします。これが1回めのコピーとなります。OpenGL ES呼び出しがメモリに対して行われているように見せるということは、結局GPUのメモリで描いていながら、それをこっそりコピーすることに他なりません。

アプリのプロセスは、この描画したメモリをSurfaceFlingerにプロセス間通信で送ります。これが2回めのコピーになります。2回めのメモリのコピーのコストは、PCのように特別遅いわけではなく1回めのコピーとそれほど変わらないと想定していますが、それでも結構なコストとなります。

さて、SurfaceFlingerのプロセスのメモリ上に円の描かれた絵が来ました。ここからGPUのメモリにコピーします。これが3回めのコピーとなります。

そして、最後にGPUのメモリをHWCで画面に表示します。ここは端末側の事情でAndroidとしては何も関知しないので、簡単のためコピーはなしと仮定しましょう。以上を、メモリのコピーを中心に図解したのが図6.8になっています。

円を描画して表示するのに、3回ものコピーが走り、しかもCPU-GPU間を1往復しています。OpenGL ES呼び出しがGPU上のメモリに1回描くのだから、本来は一度もCPU側に持ってこずにそのままGPUに置いたままHWCが合成すれば良いはずです。

gralloc、EGL、OpenGL ESといった分け方の場合　実際のAndroidのケース

さて、同じハードウェア構成を仮定して、今度はgralloc、EGL、OpenGL ESが端末実装者側にあるとしましょう。

この場合、OpenGL ESで使うとわかっているメモリは最初からGPU側に確保することができます。このメモリの確保はSurfaceFlingerプロセスでgrallocを呼び出すことで行いますが、取得するのはメモリのハンドルだけで、SurfaceFlinger自身のメモリにはGPUのメモリはコピーされません。このグラフィックメモリのハンドルはBinder越しにアプリにコピーされますが、ここでも渡されるのはハンドルだけのコピーなので4バイトで済みます。

このメモリのハンドルを、EGLを用いてOpenGL ESの描画先に指定します。EGLは端末実装者側の担当なので、このハンドルを見た時にこのメモリがGPUのメモリであることを判断できます。そして、OpenGL ESの呼び出しを直接このメモリに対して行うように設定できます。

次に、アプリからOpenGL ES呼び出しで円を描くということをGPUに行わせます。アプリは結局、このGPUのメモリの内容を得ることはありません。SurfaceFlingerも得ることはありません。GPUに確保したメモリを、OpenGL

ES APIを利用してGPUが直接描画するだけです。

最後に、HWCがGPU上のメモリを合成して画面に表示します。ここもメモリのコピーはありません。

以上の理想的なケースでは、コピーは0回です（図6.9）。

図6.9　ハードウェア構成を考慮に入れた複雑なHALはコピー回数を減らす

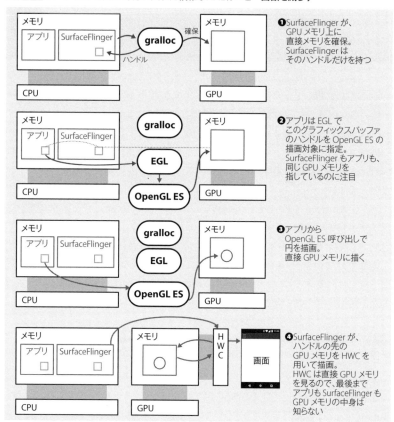

実際のAndroidはハードウェア構成を考えて、gralloc、EGL、OpenGL ESなどさまざまなモジュールを端末への移植者が実装しなくてはならない、複雑な移植部分の構成となっている。システムの端末への移植は大変になるが、その分メモリのコピーはずっと少なくて済む。

EGLやgrallocといった要素が絡み合ってしまって、ソースを読む時にも端末実装者側の用意するコードとAndroidのコードの間を行ったり来たりすることにはなってしまいますが、最初からGPUメモリに描いて、そのままそれを合成のハードウェアが処理して画面に出すことに成功しました。カスタムでそのハ

ードウェア専用に作り込んだシステムに遜色ないほど、最適化された構成となっています。

これが、Androidがわざわざgralloc、EGL、OpenGL ESと3つの端末依存部分を作ったことから得られるメリットです。

6.4
SurfaceFlingerとHWC
OpenGL ESの呼び出しが、どのようにグラフィックス領域に描かれるのか❷

ここまで説明してきた内容により、grallocで確保したグラフィックスバッファに、OpenGL ESで命令した内容が描画されます。ここからは、そのグラフィックスバッファがどのように画面に描かれるかを見ていきます。

描画されたグラフィックスバッファを合成して画面に表示するのは、SurfaceFlingerの仕事です。合成は要するに、後ろから順番に画面に描いていくことです。

また、AndroidはHALとしてHWC（*Hardware Composer*、ハードウェアコンポーザー）が実装されていることを前提としています。SurfaceFlingerはHWCと協力してグラフィックスバッファの合成を行います。

本節ではこのSurfaceFlingerとHWCについて見ていくことで、grallocで確保されたグラフィックスバッファに描かれた内容がどのように画面に描画されるかを明らかにしていきます。

6.4.1
グラフィックスバッファとSurfaceをつなぐBufferQueue

gralloc自体は各端末のメーカーが実装するわけですが、Androidはこのgrallocの上に端末に依存せず使えるBufferQueueというクラスを構築しています。BufferQueueは名前の通りキューで、画像関連の処理を詰めるキューです。トリプルバッファリングや同期などの処理を実現しています。なぜここでBufferQueueが出てくるのかと言うと、本節の主役となるSurfaceFlingerと、そのクライアントとなるSurfaceは、どちらもBufferQueueと関係が深いからです。

BufferQueueには、ProducerとConsumerの2つのオブジェクトがいます。SurfaceはBufferQueueのProducerの一種で、SurfaceFlingerはBufferQueueのConsumerの一種です。Producerは、現在使用可能なグラフィックスバッファをBufferQueueからdequeueで取得して、そこに必要な変更を行ってenqueue

でBufferQueueに戻します。このBufferQueueのProducerとEGLが結び付いて、グラフィックスバッファに対してOpenGL ES呼び出しを行うという仕組みが実現されています（**図6.10**）。ConsumerはProducerによってenqueueされたグラフィックスバッファをBufferQueueからacquireBuffer()で取得し、それを何らかの形で消費します。

図6.10 SurfaceはBufferQueueProducerのプロキシのラッパー

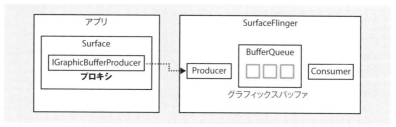

SurfaceとBufferQueueの関係。SurfaceはBufferQueueProducerのプロキシを持つ。

　BufferQueue自身はいろいろな用途に使われるのですが、本章にとって一番重要な用途としてはSurfaceとSurfaceFlingerの間の通信が挙げられます。

　SurfaceはBufferQueueProducerとして振る舞うもので、BufferQueueに描画のイベントを積みます。描画のイベントは、典型的にはOpenGL ESが生成します。Surfaceは、概念的にはOpenGL ESの描画先の対象となるオフスクリーンを表します。

　SurfaceFlingerはこのBufferQueueを消費するConsumerで、Surface越しにOpenGL ESで描かれたグラフィックスバッファをacquireBuffer()で取得し、合成して表示します。

6.4.2
BufferQueueConsumerとしてのSurfaceとOpenGL ES呼び出し

　ここで、少しSurfaceについても触れておきましょう。

　BufferQueueは低レベルなオブジェクトなので、グラフィックスに関連するシステムのコードや、動画のデコーダなどの一部のコードしか直接BufferQueueを使うことはありません。より一般的に描画対象を扱う時のために、BufferQueueProducerをラップしたオブジェクトとして、Surfaceというオブジェクトがあります。一部の低レベルのグラフィックスに関するコード以外は、BufferQueueProducerは特に触れずに、このSurfaceを使います。

　SurfaceはOpenGL ESの描画対象を抽象化したものです。Surface自身は、

第6章 OpenGL ES呼び出しが画面に描かれるまで

lockCanvas()というメソッドでこのSurfaceに対して描画するCanvasを得ることができるのですが、それ以外には大した機能は提供していません。Surfaceというクラスは、それ自身に何か意味のある機能が実装されているというよりは、どちらかと言えばBufferQueueという実装の詳細を隠して、より意味的な名前を付けるために用意されたクラスであるというのが実態と思われます。

OpenGL ESの描画対象を表した長方形の領域を表すもの、これがSurfaceです。しかし、Surfaceは本質的にはBufferQueueProducerです。「Surfaceを指定してOpenGL ES呼び出しを行う」とは、内部的にはBufferQueueからグラフィックスバッファを取り出し、描画をグラフィックスバッファに行ってBufferQueueに詰めることを意味します。この詰められたグラフィックスバッファは、やがてBufferQueueConsumerであるSurfaceFlingerによって取り出されて処理されます[注5]。

SurfaceFlingerシステムサービス init.rcのエントリ

6.4.3

さて、本題のSurfaceFlingerに入ります。SurfaceFlingerは、Surfaceを合成するシステムサービスです。C++で実装されたネイティブのシステムサービスです。他のシステムサービスと同様、SurfaceFlingerもInit.rcから起動されます。init.rcの該当エントリは、以下のようになっています[注6]。

```
init.rcのsurfaceflingerセクション
service surfaceflinger /system/bin/surfaceflinger
    class core
    user system
    group graphics drmrpc
    onrestart restart zygote
```

/system/bin/surfaceflingerという実行ファイルが起動されているのがわかります。この実行ファイルのmain()の実装は、ProcessStateやIPCThreadStateを使った通常のシステムサービスの実装となっています。これはBinderとシステムサービスの一般の話であってSurfaceFlinger特有のことはないので、本書ではこれらの詳細は扱いません[注7]。

SurfaceFlingerは独自のプロセスとして動き、画面に実際に描画するのはこのプロセスだけとなっています。基本的にはBufferQueueはSurfaceFlingerのプロ

注5 実際には、OpenGL ES呼び出しを行った段階ではグラフィックスバッファへの描画が終わっていなくてもキューに詰められます。取り出す側でfenceまで待ちます。
注6 なお、init.rcについては1.3.7項を参照してください。
注7 Binderに関する解説は、本書のサポートページを参照してください。

セスに作られて、アプリのプロセスなどにはBufferQueueProducerのプロキシがBinder越しに渡ります。前出のp.231の図6.10に示した通りです。

他のプロセスから見たSurfaceFlingerと画面の描画

6.4.4

SurfaceFlinger自身の話に入る前に、それを使う側の話をここで一旦整理しておきます。他のプロセスから見ると、画面を描画するために必要な手続きは以下のような手順となります。

❶ SurfaceFlingerにSurfaceの作成を依頼する
❷ 返ってきたSurfaceを引数にEGLを呼び出してOpenGL ESの対象に指定
❸ 以後OpenGL ESのAPIを呼び出して対象のSurfaceに描画

これらの作業はWindowManagerServiceやViewRootImplといったAndroidのシステムが行う部分なので、通常のアプリ開発者が触れることはありません。WindowManagerServiceやViewRootImplの詳細は6.5節を参照してください[注8]。

BufferQueueとしての実装は、使う側から見るとこの描画しているグラフィックスバッファが適当なリングバッファとなっていて、OpenGL ESで現在描いているバッファが裏のバッファで、画面に表示されているバッファが表のバッファというようにダブルバッファのように見える[注9]という所から感じられます。使う側のインターフェースとしては、裏のバッファにOpenGL ESで描いた後に、EGLのswapBuffer()呼び出しで裏と表のバッファを差し替える形になっています。

Surfaceに描く所までがアプリの行う描画であり、そこから先の画面に実際に表示するまでは、Androidのシステムが裏で勝手に画面に描画してくれるという作りとなっています。

その「裏で勝手に描画してくれる」部分の処理を以下で見ていきましょう。

SurfaceFlingerから見た画面の描画

6.4.5

SurfaceFlingerには、大きく分けて2つの役割があります。

❶ グラフィックスバッファの管理
❷ グラフィックスバッファを合成して画面に描く

注8　SurfaceViewを用いてこの仕組みを利用するケースについては、6.6.2項で扱います。
注9　実際は、トリプルバッファになっています。

❶については、SurfaceFlingerは新たなグラフィックスバッファを要求された
ら確保し、そのグラフィックスバッファに紐付いたBufferQueueProducerを
Binder越しでクライアントに渡すという仕事をします。これはクライアントの
要求に対して応えるシステムサービスとして振る舞う部分です。

また、その時に確保したグラフィックスバッファを、それを画面内にどれだ
けの大きさで描画するかなどのメタ情報と共に管理します。要求に応じてグラ
フィックスバッファを確保し、確保したグラフィックスバッファを管理するの
がSurfaceFlingerの1つめの仕事です[注10]。

❷について、SurfaceFlingerは画面のリフレッシュのタイミングで、管理して
いるグラフィックスバッファに紐付いたBufferQueueConsumerを用いてグラフ
ィックスバッファを合成し画面に描きます。これはSurfaceFlinger自身が自動
的にリフレッシュの都度勝手に行うことで、アプリからの要求は必要ありませ
ん。SurfaceFlingerを起動すると、ずっと❷の役割を果たし続けます。この❷の
役割はBufferQueueProducerを使っている側、典型的にはアプリのプロセスの
ことは特に気にせずにBufferQueueConsumerのみを使って合成し続けます。

画面のリフレッシュは端末によってまちまちで、また同一端末でもアイドル
状態かなどの状況に応じて変化する場合もありますが、典型的には秒間60回の
頻度で行われます。

グラフィックスバッファのサイズは大きく、合成の頻度も高いため、専用の
ハードウェアとしてHardware Composer（HWC）というHALが用いられ、HWC
とSurfaceFlingerが協調して合成を行います。

6.4.6
HWC（Hardware Composer）HAL概要

SurfaceFlingerは、HWCを利用して目的の機能を達成します。そこで、
SurfaceFlingerの処理の詳細の前に、HWCについて知っておく必要があります。
ここではHWCについて説明します。

HWCが専用のハードウェア実装され得る理由

グラフィックスバッファの合成は、非常に単純な処理です。アルファ値がなけ
ればただ値をコピーするだけですし、アルファ値があっても元のピクセルと合成
対象を線形和をとるだけです。数式にすると以下の1行で表すことができます。

注10 細かい話をすると、後述のIWindowの方がおもにメタ情報を管理する役割を担うのですが、SurfaceFlinger
もLayerというオブジェクトである程度のメタ情報を管理しています。

元のピクセル × (1-α) + 合成対象のピクセル × α

　Androidでは、合成時に合成元よりも画像を拡大する機能がありますが、その場合も基本的には単純な加減乗除や論理演算で十分で、ループや条件分岐などは必要ありません。つまり、画像の合成処理にはCPUはおろかGPUのような複雑な計算すら、できる必要はありません。

　そして処理の性質上、ピクセルごとに並列に処理を行えます。WXUGAのディスプレイの場合、1920×1200ピクセルで2304000、つまり230万ピクセルくらいのピクセルがあります。単純な処理を大量に並列に行う必要がある、いかにも専用ハードウェア向きな処理です。専用のハードウェアでゲート数が少なく並列度が高い方が消費電力の点でも有利なのは5.1.1項で述べた通りです。

　このグラフィックスバッファの合成のための専用ハードウェアがHardware Composer、略してHWCと呼ばれるものです。

HWCに要求される基本機能

　Androidの動作には、HWCが必須です。端末メーカーなどのAndroidを移植する人は、これを用意する必要があります。Androidを動作させるためには、HWCは最低でも4つのグラフィックスバッファを合成できる必要があるとGoogleによって規定されています。

　HWCはハードウェアで実装されていて、高速かつ低消費電力で動くことが期待されています。その代わりハードウェア実装である分、制限は多いと想定されていて、それが合成できるグラフィックスのバッファが最低4つという比較的少ない数字となっているところから見て取れます。

　Androidでは通常、ステータスバーとナビゲーションバー、そしてアプリの画面の3つが別々のグラフィックスバッファとして確保されています(**図6.11**)。

図6.11 普通のアプリにある3つのBufferQueue

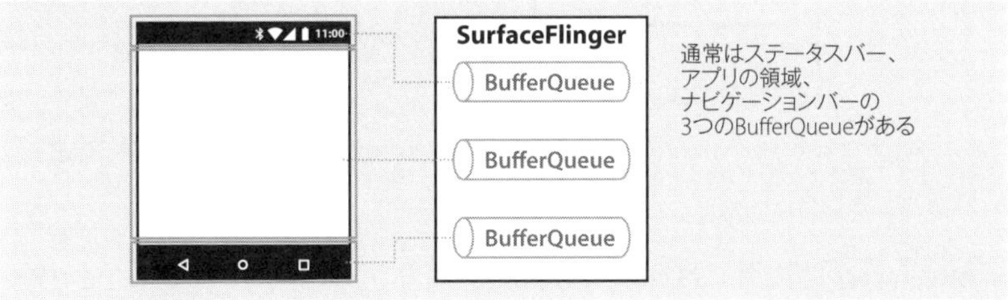

BufferQueueの、実際のAndroidの画面上での使われ方。図中の3つの領域に、それぞれ別々のBufferQueueが割り当てられている。

第6章 OpenGL ES呼び出しが画面に描かれるまで

HWCは4つまでは合成できなくてはならないことになっているので、通常のケースではすべてハードウェアで合成が行えます。すべてをHWCが合成する場合は、CPUやGPUは使われません。

HWCで合成できないSurfaceがある場合は、SurfaceFlingerがOpenGL ESを使ってソフトウェアで合成します。次に、その仕組みを取り上げます。

HWCのprepare()メソッド

6.4.7

HWCは、満たさなくてはならない最低限の機能は規定されていますが、実際にどれだけ合成可能かということは規定されていません。

HWCが実際にどれだけのグラフィックスバッファを合成できるかは、ハードウェアの実装に大きく依存します。合成するグラフィックスバッファのサイズや画面が現在横か縦かなどの状況、ARGB 8888なのかYUVなのかなどのピクセルフォーマットなども、ハードウェアによっては合成できるグラフィックスバッファの数に影響します。

そこで、SurfaceFlingerは、まずグラフィックスバッファと合成に必要なメタ情報をhwc_layer_1という構造体に詰めてリストを作ります。そして、そのリストを引数にHWCのprepare()メソッドを呼び出すことで、どのグラフィックスバッファはHWCに合成できて、どのグラフィックスバッファは合成できないかをHWCに問い合わせます(**図6.12**)。

図6.12 prepare()で合成できるバッファとできないバッファを問い合わせる

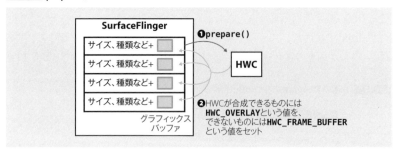

SurfaceFlingerがHWCのprepare()をどう使うか。HWCのprepare()に合成予定のバッファの配列を渡すと、HWCは自身が合成できるバッファとそうでないバッファをフラグをセットすることで教えてくれる。

hwc_layer_1構造体にはcompositionTypeというint32のメンバがあり、HWCのprepare()メソッドはこのフィールドに合成可能かを表す値を入れます。合成可能なhwc_layer_1にはcompositionTypeにHWC_OVERLAYを、HWCが合

成できないものにはHWC_FRAMEBUFFERをセットすることになっています。

このように、ハードウェアごとの違いが大きい画像の合成という仕事において、HWCにどれだけ合成できるかを直接問い合わせることで、そのハードウェアの能力を最大限活かすことができるわけです。

合成できないと言われたバッファについてはSurfaceFlingerが処理します。このケースも踏まえて、SurfaceFlingerがHWCをどう使うのかを見ていきましょう。

6.4.8
SurfaceFlingerによるグラフィックスバッファの合成

SurfaceFlingerは、HWCを用いつつグラフィックスバッファの合成を行います。まずは管理しているグラフィックスバッファとメタ情報の一覧をリストにしてprepare()呼び出しでHWCに問い合わせます。以後の合成の処理は、この結果がすべてHWC_OVERLAYの場合と、HWC_FRAMEBUFFERが含まれる場合で、処理が変わります。

prepare()メソッドの結果がすべてHWC_OVERLAYのケース

SurfaceFlingerは特に合成処理を行わず、HWCにすべてを任せます。このケースではCPUもGPUも使われないため、最もパフォーマンスも電力効率も良いケースです（**図6.13**）。この場合は、後述するFB TARGETは使われません。

図6.13 全部HWC_OVERLAYなら、HWCがすべて合成

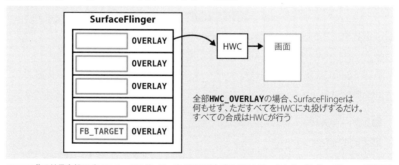

prepare()の結果全部のグラフィックスバッファをHWCが合成できると言ったなら、SurfaceFlingerの仕事は特になく、HWCに全部合成してもらう。

prepare()の結果にHWC_FRAMEBUFFERが含まれる場合

このケースの場合は、SurfaceFlingerがcompositionTypeがHWC_FRAMEBUFFERとなっているすべてのグラフィックスバッファを、OpenGL

第6章 OpenGL ES呼び出しが画面に描かれるまで

ESを使って1つのグラフィックスバッファに合成していきます（図6.14）。

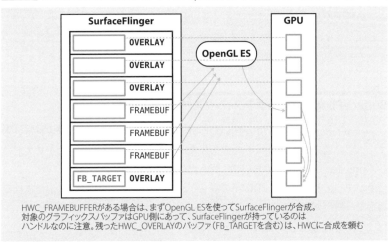

図6.14 HWC_FRAMEBUFFERのレイヤは、OpenGL ES呼び出しでFB TARGETに描いていく

HWC_FRAMEBUFFERがある場合は、まずOpenGL ESを使ってSurfaceFlingerが合成。対象のグラフィックスバッファはGPU側にあって、SurfaceFlingerが持っているのはハンドルなのに注意。残ったHWC_OVERLAYのバッファ（FB_TARGETを含む）は、HWCに合成を頼む

prepare()の結果HWC_FRAMEBUFFERをセットされたグラフィックスバッファがあった場合、HWC_FRAMEBUFFERをセットされたグラフィックスバッファをすべてOpenGL ESを使ってFB_TARGETというグラフィックスバッファにソフトウェアで合成していく。そうすることで、残ったグラフィックスバッファはすべてHWC_OVERLAYのもののみとなるので（FB_TARGETを含む）、残ったグラフィックスバッファの合成はすべてHWCに任せる。こうすることで、HWCの機能を限界まで引き出しつつ、SurfaceFlingerの外からはハードウェアの制限を気にせずにグラフィックスバッファを多数使うことができる。

このHWCが合成できなかったグラフィックスバッファを合成して描き出すグラフィックスバッファを、FB TARGETと呼んでいます。SurfaceFlingerはOpenGL ESを使ってcompositionTypeがHWC_FRAMEBUFFERだったグラフィックスバッファをFB TARGETに対して順番に描いていきます。

このFB TARGETは使われない時も確保されているため、通常の状態では、Androidでは以下の4つのグラフィックスバッファが確保されていることになります。

❶ステータスバー
❷ナビゲーションバー
❸アプリ用のSurface
❹FB TARGET

さらに、フローティングウィンドウを作ったり、SurfaceViewなどの特殊なViewを用いたり、ビデオのdecoderなどが独自に作成したりするなどの場合には、これ以外のSurfaceが作成されます（後述）。その場合には、HWCでは合成できない数になることがあるというわけです。HWCで合成できない分はすべ

てFB TARGETにソフトウェアで描いていき、合成できるものとFB TARGET
をHWCに渡すことで、最終的にはこちらのケースでもHWCが合成して画面
に描きます。

FB TARGETへの合成はソフトウェアで描くとは言っても、SurfaceFlingerが
OpenGL ESを呼び出すことで行われるので、HWCは使われなくてもGPUは
使われます。

描画元も描画先もグラフィックス関連のメモリであるなら、ホストCPUを用
いた合成よりは、OpenGL ESを用いた描画の方がずっと効率的に行われること
が期待されます。

このように、SurfaceFlingerはHWCを用いることで最大限ハードウェアの機
能を引き出して合成を行いつつ、ハードウェアの制約を超えた部分はシームレ
スにOpenGL ESで処理することで、システム全体としてはハードウェアの制約
に縛られず自由にSurfaceを何枚も作ることができるわけです。

6.5 ViewRootImpl
ViewツリーとSurfaceをつなぐ

ここまでで、grallocで確保したグラフィックスバッファをEGLを用いて描画
対象とすることでOpenGL ES呼び出しして描画していけること、およびその
OpenGL ES呼び出しの結果はBufferQueueの仕組みを通してSurfaceFlinger側
へと通達されて、このSurfaceFlingerが結果を合成することを見てきました。

本節では、この仕組みと第4章や第5章の内容を結び付ける最後の鍵となる
存在、ViewRootImplについて説明をしていきます。ViewRootImplは、名前は
これまでも何度か出てきましたが、しっかりと説明するにはSurfaceの理解が必
要です。前節でSurfaceを説明したので、ようやくきちんとViewRootImplを説
明する準備が整いました。

良い機会ですのでSurfaceとの関連以外の部分も含めて、ViewRootImplとは
何か、どんなことをするのかを総合的に説明してみます。いくつかは他の章の
内容の繰り返しとなる部分もありますが、ここでまとめて見てみるとまた違っ
た視点で捉えられるでしょう。

ViewRootImpl概要

ViewRootImplには、おもに2つの役割があります。

1つめの役割は、IWindowインターフェースの実装となることです。IWindowとは移動できる長方形の描画領域を表すインターフェースで、さらに入力を受け取ることができるものです。IWindowは、WindowManagerServiceによって管理されます。ViewRootImplはIWindowの実装を実現するために、描画領域としてはSurfaceを保持し、それを画面内のどこに表示するかの座標も付加情報として合わせて保持します。さらに入力を受け取るために、4.8.3項で扱ったInputChannelも保持します。

2つめの役割は、Viewツリーを管理することです。ViewRootImplはViewツリーを保持するだけでなく、Viewツリーのルートとなります。ただし、ViewRootImplはViewツリーのルートとなるオブジェクトなのですが、Viewではありません。Viewツリーで唯一Viewでないノードとなります。

ツリー全体を巡回して行う作業、例えばmeasureやlayout、そしてdrawなどはViewRootImplが行います。また、タッチの入力を適切なViewへと届けるのもViewRootImplの仕事となります。

本章の内容としてはViewRootImplの1つめの役割が関わる所ですが、良い機会ですのでViewRootImplの2つめの役割についてもここで扱っておきます。本節では6.5.2項、6.5.3項、6.5.4項で、IWindowやSurfaceといった1つめの役割の話をします。そして、6.5.5項と6.5.6項で、Viewツリーの管理者としてのViewRootImplの話をします。具体的には、performTraversal()メソッドでViewツリーを巡回して行う作業と、InputChannelの受け取り先として入力イベントをViewへ配信する所を見ます。

ViewRootImplの生まれる場所　WindowManagerのaddView()

はじめに、ViewRootImplはどこで生成されるのでしょうか。ViewRootImplはViewツリーごとに1つ生成されてViewからも触れるので、各アプリのプロセスで生成されるはずです。

AndroidのActivity周辺の話題に詳しい方なら、きっとActivityThreadのどこかであろうというくらいまでは想像できると思います。その予想は当たっていて、ActivityThreadのhandleResumeActivity()メソッドで作られます◇。

Viewのツリーを画面に表示するためには、WindowManagerに登録する必要があります。WindowManagerのaddView()というメソッドを呼び出すと、そ

のViewツリーが画面に表示されるようになります。このViewツリーの登録が行われるのがhandleResumeActivity()メソッドで、Viewツリーの登録の過程でViewRootImplは生成されます（図6.15）。

図6.15 Viewツリーを登録する時にViewRootImplが作られる

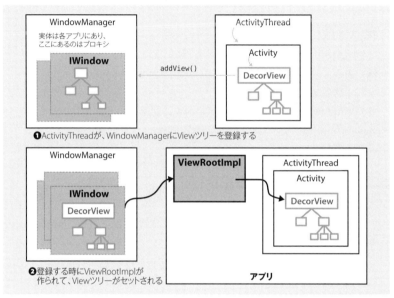

❶ActivityThreadが、WindowManagerにViewツリーを登録する

❷登録する時にViewRootImplが作られて、Viewツリーがセットされる

ViewRootImplが作られる場所は、ViewツリーがWindowManagerに登録される所。WindowManagerへの登録はActivityThreadが行う。

　handleResumeActivity()メソッドでのViewツリーの登録はシステムが自動で行ってしまうため、普通のアプリ開発者が直接この手続きを行うことは稀です。しかし、フローティングウィンドウを作る時などいくつかのケースでは自身で行うこともあります。フローティングウィンドウについては6.6.1項を参照してください。

　ActivityThreadは、handleResumeActivity()メソッドでActivityのgetWindow().getDecorView()を呼び出して、この結果をaddView()の引数とします。したがって、アプリ開発者は、この時点までにgetWindow()のgetDecorView()が適切なViewを返す状態にしておく必要があります。典型的には、onCreate()の終わりまでにActivityのsetContentView()メソッドを呼び出すことで、handleResumeActivity()の前にDecorViewを用意しておきます。DecorViewの詳細については4.4節を参照してください。

　WindowManagerのaddView()を呼ぶといろいろなメソッドの中を行ったり来

第6章 OpenGL ES呼び出しが画面に描かれるまで

たりしますが、重要な点だけを追っていくと以下の3つのことを行います。

❶ ViewRootImplを作る
❷ 渡されたViewツリーをViewRootImplの子供に設定（ViewRootImplのsetView()呼び出し）
❸ ViewRootImplの内部クラスであるWを、WindowManagerServiceに追加

❶でViewRootImplが作られています。つまり、ViewRootImplはViewツリーをWindowManagerにaddView()する所で暗黙のうちに生成されます。

❷でViewRootImplにViewツリーがセットされて、ViewRootImplがViewツリーの一番親となります。

❸でWindowManagerServiceにIWindowが登録されます。このIWindowはViewRootImplの内部クラスなのでViewRootImplへの参照を持ちます。1つのViewRootImplにつき、InputChannelとSurfaceが1つ割り当てられます。

IWindowとしてのViewRootImpl　IWindow概要

6.5.3

WindowManagerのaddView()は、最終的にはIWindowをWindowManagerに登録します。ViewRootImplはウィンドウが必要とする多くの機能を実装していますが、WindowManagerServiceに登録するためのインターフェースとしては、ViewRootImplの内部クラス（クラス名はW）を使っています。

IWindowは以下の情報を持つインターフェースです。

- Surfaceとその表示領域
- 入力を受け取るInputChannel

SurfaceはOpenGL ESで描画する長方形の領域でした。ViewRootImplはこのSurfaceの他に、このSurfaceを画面内のどこに配置するかという情報も管理しています。Surfaceは画面に表示する時に拡大縮小することもできるため、この表示領域が画面内の長方形となります。例えば、動画のデコード結果の解像度と画面サイズが違う時に、Surfaceのサイズはデコード結果に合わせておいて、合成時に画面サイズに拡大してもらうというような使い方ができます。

InputChannelは、入力を受け取るsocketpairを抽象化したものです。Androidの入力のフレームワークについては第2章で扱いました。InputManagerServiceがドライバから入力イベントを受け取ると、InputChannelに送信するのでした。この送信された入力を受け取る先が、このViewRootImplのInputChannelです。InputChannelについては2.5節も参照してください。

WindowManagerは、このIWindowを管理します。WindowManagerは複数のIWindowのうちどちらが上に来ているか、現在入力のフォーカスを持っているIWindowはどれかなどを管理して、移動されたりレイアウトが更新されたりリサイズされたりといった状況に応じてIWindowのメソッドを呼び出します。IWindowのこれらのメソッドの内容に応じて、ViewRootImplはSurfaceのメタ情報を更新し、SurfaceFlingerがSurfaceを合成する時にこれらの情報が使われます。

Android 7.0 Nougatからは、マルチウィンドウのサポートが入り、ユーザーがウィンドウのリサイズをできるようになりました。その結果、以前よりもresize()などの出番が多くなっています。

6.5.4 ViewRootImplでEGL呼び出しが行われる場所　ThreadedRendererのinitialize()

ViewツリーをWindowManagerにaddView()する時に、ViewRootImplが生成されてViewツリーと関連付けられるという話を6.5.2項でしました。このViewツリーとViewRootImplが関連付けられる所で、ThreadedRenderer周辺の初期

Column

WindowManager周辺の複雑さ

WindowManagerシステムサービスは、クラス構造が複雑になっています。

一番下にはWindowManagerServiceがあり、これがSystemServerにホストされているのは通常のシステムサービスと同じです。ところが、これをラップするためのローカルのオブジェクトがWindowManagerImplとWindowManagerGlobalの2つもあり、またウィンドウも管理されるIWindowとは別にWindowやPhoneWindowがあり、真面目に読んでいくとどう見ても必要ないクラスもあったりします。

そこで、本書ではこれらの不必要に複雑なクラス構造の詳細にはあまり立ち入らず、WindowManagerService、WindowManagerGlobal、WindowManagerImplなどを区別せずに、全体をまとめて「WindowManager」とシステムサービスのインターフェース名で呼ぶことにします。また、IWindowなどをあまり明確に区別する必要がない時は「ウィンドウ」とカタカナで呼ぶことにします。

実際のコードを追いたい人は、WindowManagerGlobal、WindowManagerImpl、WindowManagerServiceの3つの中から探してみてください。

第6章 OpenGL ES呼び出しが画面に描かれるまで

化が行われます[注11]。

ThreadedRendererの初期化の所でRenderThreadの初期化も行われ、このRenderThread側でEGLのeglMakeCurrent()呼び出しが行われます。このeglMakeCurrent()呼び出し以後のRenderThreadからのOpenGL ES呼び出しは、このSurfaceを対象としたものになります。initialize()以外の所でもeglMakeCurrent()呼び出しはありますが、基本的にThreadedRendererにSurfaceを渡すと、そのSurfaceに対してeglMakeCurrent()されると思って間違いありません。

注11 enableHardwareAcceleration()というメソッドで行われます。

Column

BufferQueueProducerの作成はどこで行われるか 筆者がソースを読み切れなかった部分について

EGL呼び出しやgrallocをすべて理解するなら、SurfaceとBufferQueueProducerのつながりを追い切る必要があります。ところが、これはなかなか難しく筆者には追い切れませんでした。本書と姉妹編の第Ⅱ巻を執筆する上で、理解しなくてはならないのに理解できなかった唯一の所となります。

ViewRootImplの保持するmSurfaceは、newの段階では明らかにgrallocされたバッファと関連付いていません。筆者の予想としては、WindowManagerServiceのrelayoutWindow()から呼ばれるWindowStateAnimatorのcreateSurfaceLocked()あたりが、mSurfaceのグラフィックスバッファを作るあたりだと思っているため、最初の原稿には「Surfaceの初期化は大変深くて完全に追い切れているか筆者にも不安な所がありますが、筆者の理解ではdoTraversalから呼ばれるWindowManagerServiceのrelayoutWindow()で行われています。この中からSurfaceFlingerのcreateConnection()::createSurface()が呼び出されて、この中でBufferQueueが作られます。そして、BufferQueueProducerがBinder越しに戻ってきて、それがSurfaceにセットされます」という段落がありました。ですが、調べてみるとどうも自信が持てなかったので削除しました。WindowStateAnimatorという名前が何となくそうだと確信しづらいのと、この先から最終的に呼ばれるSurfaceControlやSurfaceSessionの理解度が十分に深くないので、そうだと言い切るほどの理解には至りませんでした。

Surface.cppのallocateBuffers()がBufferQueueProducerのallocateBuffers()とつながり、ここまで来るとgrallocまで辿るのはそう難しくはないので、後少しWindowStateAnimatorの周辺を調べればすべてがわかるはずなのですが…。

Javaの世界のmSurfaceと、Surface.cppで表されるC++のSurfaceのつながりの部分は、今回筆者には解明できなかった宿題の一つとなってしまいました。この周辺を全部理解した読者の方がいたら、筆者に教えていただけたらうれしいです。

こうして、EGLの呼び出しにより、RenderThreadによるOpenGL ES呼び出しと、SurfaceFlingerなどによるグラフィックスバッファがつながることになります。

6.5.5
ViewRootImplのperformTraversal()メソッド　Viewツリーに関わるさまざまな処理

ViewRootImplは、performTraversal()というメソッドでViewツリーを巡回する類の処理をまとめて行っています。順番に以下の3つが行われます。

❶ Viewツリーのmeasure
❷ Viewツリーのlayout
❸ Viewツリーのdraw

measureについては、子供のViewのmeasureを呼び出すだけです。layoutは子供のlayoutメソッドを呼び出した後に、layoutパスの間でもう一度requestLayout()が呼ばれたかどうかを判定して、必要に応じて再レイアウトをする処理が入りますが、基本的にはこれも子供のViewのlayoutを呼んでいるだけです。この❶と❷のViewツリーのmeasureとlayoutについては、第4章の4.5節から4.8節で扱ったmeasureとlayoutです。

❸のdrawの呼び出しは5.2節で説明したThreadedRendererのdraw()メソッド呼び出しで行われます。この❸について5.2節の内容の繰り返しにもなりますが、本章の内容の視点から少しここでも補足しておきます。

ViewRootImplのperformTraversal()メソッドでdrawを担当している所では、ThreadedRendererの初期化時にSurfaceが渡され、そこにセットされているBufferQueueProducerのプロキシ呼び出しで、allocateBuffers()を呼びます。この呼び出しがSurfaceFlingerのプロセスのgrallocを呼び出すことになります。さらに、こうして得られたグラフィックスバッファのハンドルを元に、RenderThreadはeglMakeCurrent()メソッドを呼び出します。

こうしてThreadedRendererのinitialize()を呼ぶと、ViewRootImplのSurfaceがOpenGL ESの描画対象になります。その後ThreadedRendererのdraw()メソッドをViewツリーを引数に呼び出すと、5.2節で扱ったようにDisplayListCanvasを作成してそれを引数に各Viewのdrawを呼んでいきDisplayListを構築します。その結果のDisplayListをRenderThreadがOpenGL ES呼び出し用のスレッドで呼び出していきます。この時に呼び出されるOpenGL ES APIは、上でeglMakeCurrent()したSurfaceが描画対象となっているというわけです。

6.5.6
ViewRootImplがViewへタッチイベントを届けるまで

描画からは離れますが、Viewツリーの管理者の役割つながりでタッチイベントの配信も見ておきましょう。ここは2.5節と4.8.3項の間をつなぐ内容となります。第2章では以下のような話をしました。

❶ デバイスドライバからやってくる入力は、input_eventという仕組みでeventファイルから読み出すことができること
❷ このeventファイルからのイベントをInputManagerServiceがepollで待ち、イベントがやってきたらeventファイルから読み出すということ
❸ InputManagerServiceが読み出したイベントから対象となるウィンドウを探し出し、このウィンドウのInputChannelにこのイベントを送信すること

ここで送信されたイベントをInputChannelを通して受け取るのは、ViewRootImplです。このViewRootImplがWindowManagerに登録されるタイミングで、このInputManagerServiceの反対側のInputChannelを取得します。

ViewRootImplが入力のイベントを受け取った後は、基本的にはViewツリーに配信されて、以後は4.8.3項で述べた通りViewへと配信されます。ここでもう一度、全体の視点で見てみましょう。

ViewRootImplのInputChannelに届いたイベントは、ViewRootImplに一旦キューイングされて、doProcessInputEvents()でまとめて処理されます。この中ではキーボードなどのイベントはIMEに横取りさせるといった処理がありますが、タッチの場合はそのまま子供のViewのdispatchPointerEvent()を呼び出し、これはdispatchTouchEvent()を呼び出します。このdispatchTouchEvent()がViewにイベントを送信します。

dispatchTouchEvent()は、自身が子供のいないViewの時は、ここでonTouchEvent()メソッドを呼び出してイベントの処理を終了します。自身がViewGroupの時は、子供のView一つ一つに対しpointInView()を呼び出してこのタッチの座標の下にあるViewを探し、適切な座標変換をした上でその子ViewのdispatchTouchEvent()を呼び出します。こうして各ViewGroupは自身の子Viewの中で該当するものを見つけ出し、その子Viewに送る、を繰り返すことで、最終的に葉のViewのdispatchTouchEvent()が呼ばれます。そこから葉ViewのonTouchEvent()が呼ばれることで、タッチの座標のViewにタッチのイベントが届きます。

このようにして、デバイスドライバの割り込みから発生したイベントは、input_eventを通じてInputManagerServiceに処理され適切なInputChannelに送信され、それの反対側を受け取るViewRootImplがViewツリーにdispatchし

て目的のViewのonTouchEvent()まで届くわけです。思えば、いろいろな内容を説明してきたものですね。

6.6 Surfaceをアプリ開発者が使う例
「フローティングウィンドウ」「SurfaceViewとMediaCodec」

本章の多くの内容は、システムが内部で自動的に行うことであって、アプリの開発者は特に意識する必要はありません。しかしながら、本章の内容が必要になるケースもいくつかあります。ここでは出番が多く仕組みとしては興味深い、「フローティングウィンドウ」「SurfaceViewとMediaCodec」の2つのケースを紹介します。本節の内容は仕組みの話ではなく、その応用例となります。

6.6.1 フローティングウィンドウ

FacebookのMessengerやLink Bubbleといったアプリでは、アプリが他のアプリの画面の上に部分的に載る形で実現されています。このようなアプリを作るためには、6.5.2項で紹介したWindowManagerのaddView()をアプリから手動で呼び出す必要があります。このメソッドを呼ぶためにはSYSTEM_ALERT_WINDOWの権限が必要です。

```
addView()を呼ぶにはSYSTEM_ALERT_WINDOWの権限が必要
<uses-permission android:name="android.permission.SYSTEM_ALERT_WINDOW" />
```

なお、Android Mより後のバージョンでは、上記のSYSTEM_ALERT_WINDOW権限をAndroidManifest.xmlに書くことに加えてさらに、設定画面からこのアプリに対して「他のアプリの上に重ねて表示」という項目を有効にする必要があります。

この種のアプリはActivityStackを占有しない方が望ましいので、通常はSDKのServiceから実行します。まずはViewのツリーをLayoutInflaterなどを用いて作り、そのViewツリーをWindowManagerのaddView()に渡します。この時にウィンドウ自身のLayoutParamsが必要なので、そこはハードコードで用意してあげます。具体的には以下のようなコードになります。

```
適当なServiceクラスのonCreate()などでaddView()を呼ぶ
@Override
public void onCreate() {
```

第6章 OpenGL ES呼び出しが画面に描かれるまで

```
    super.onCreate();

    LayoutInflater inflater = (LayoutInflater)getSystemService(LAYOUT_INFLATER_SERVICE);
    WindowManager windowManager = (WindowManager)getSystemService(WINDOW_SERVICE);

    // ❶Viewツリーを通常のLayoutInflaterを使って用意。親はnullで
    View tree = inflater.inflate(R.layout.floating, null);

    // ❷Window用のLayoutParamsをハードコードで用意してあげる
    WindowManager.LayoutParams winParams = new WindowManager.LayoutParams(
            WindowManager.LayoutParams.WRAP_CONTENT,
            WindowManager.LayoutParams.WRAP_CONTENT,
            WindowManager.LayoutParams.TYPE_PHONE,
            WindowManager.LayoutParams.FLAG_NOT_FOCUSABLE,
            PixelFormat.TRANSLUCENT);
    winParams.gravity = Gravity.TOP | Gravity.LEFT;
    winParams.x = 0;
    winParams.y = 200;

    // ❸ViewツリーをWindowManagerにaddView()する
    windowManager.addView(tree, winParams);
}
```

❶で、LayoutInflaterを使って通常のリソースからViewツリーを作ります。

❷で、Window用のLayoutParamをハードコードで用意してあげます。型はWindowManager.LayoutParamsです。

❸では、WindowManagerのaddView()メソッドでViewツリーをWindowManagerに登録します。

このようにすると、❸のaddView()呼び出しの内部で6.5.2項で紹介したようにViewRootImplが作られて、渡したViewツリーのルートに設定されて、6.5.4項で説明したのと同じ手順で画面が描画されます。

この時に、ViewRootImplが新たなSurfaceを生成するため、通常のSurfaceよりもSurfaceの枚数が1枚多くなります。現在作られているSurfaceの情報を見るには、dumpsysを用いることができます。例えば、adb shellから実行する場合は以下のようなコマンドとなります。

```
$ adb shell dumpsys SurfaceFlinger
```

結果は**表6.3**のようになっています。ただし、この結果は情報量が多いため紙面向けに少し改変しています。

表6.3 SurfaceFlingerのdumpsys結果（フローティングウィンドウ有り）

type	source crop(l, t, r, b)	frame	name
HWC	0.0, 0.0, 1080.0, 1920.0	0, 0, 1080, 1920	com.example.forbook/com.example.forbook.MainActivity
HWC	0.0, 0.0, 344.0, 201.0	0, 275, 344, 476	(noname)
HWC	0.0, 0.0, 1080.0, 75.0	0, 0, 1080, 75	StatusBar
FB TARGET	0.0, 0.0, 1080.0, 1920.0	0, 0, 1080, 1920	HWC_FRAMEBUFFER_TARGET

筆者の端末はSamsungのGalaxy Note 3なので、NavigationBarがないという特殊な端末ですが、普通はここにNavigationBarというSurfaceがもう一つ加わります。上から2番めのSurfaceが、フローティングウィンドウをaddView()で生成したことで作られたSurfaceです（`(noname)`と書いてある行）。

このようにaddView()を呼び出すと、描画対象となるSurfaceは新しい別のSurfaceとなるため、フローティングウィンドウの下にあるであろう別のアプリの描画には影響を与えません。それぞれのアプリがそれぞれのSurfaceに別々に描画して、それがSurfaceFlingerによって合成されます。

6.6.2
SurfaceViewとMediaCodec

アプリ開発者が新たなSurfaceを足すもう一つの方法は、SurfaceViewというViewを使うことです。これは通常のViewとして、レイアウト用のリソースのxmlに記述できます。

SurfaceViewは、自身の長方形の領域に穴を空けるという挙動をするViewです。SurfaceViewがレイアウトされた場所には何も描かれずに、その下にある描画結果が描かれます。そして、SurfaceViewがViewのツリーにあると、Androidは自動でもう1枚ViewRootImplのSurfaceの下に1枚Surfaceを用意します。このSurfaceは、SurfaceViewのgetSurface()を呼び出すことで取り出せます。

```
// mySurfaceViewというidだと仮定
SurfaceView surfaceView = (SurfaceView)findViewById(R.id.mySurfaceView);

// SurfaceViewからSurfaceの取得
Surface surface = surfaceView.getHolder().getSurface();
```

surfaceView.getHolder().getSurface()でSurfaceを取り出すことができます。getHolder()というのは歴史的経緯で必要なだけで特に意味はありません。

このように取得したSurfaceを使う方法はいくつかあります。その中で一番本章の内容と関連が深い方法は、MediaCodecに渡してこのSurfaceにデコード結

第6章 OpenGL ES呼び出しが画面に描かれるまで

果を描かせるという使い方でしょう。MediaCodecからdecoderを作った時に、configure()メソッドで出力対象のSurfaceを指定できます。

```
// mimeとformatはどこかで初期化されているとする
MediaCodec decoder = MediaCodec.createDecoderByType(mime);
// decoderにSurfaceViewのsurfaceを指定
decoder.configure(format, surface, null, 0);

// デコード開始
decoder.start();
```

このようにMediaCodecにsurfaceを渡すと、デコード結果をこのsurfaceに直接描くことができます。MediaCodecのデコーダがどう動くかは実装依存となりますが、エントリとなるプロセスはmediaserverです（**図6.16**）[注12]。動画のデコード用のチップを積んでいるスマホは多いので、デコードはハードウェアが行える場合もあります[注13]。

図6.16 プロセス、グラフィックスバッファ、デコーダの構成

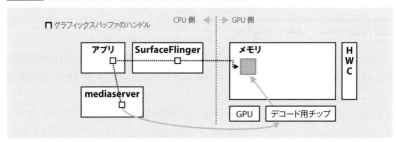

Surfaceが表すハンドルを渡すことで、デコード用ハードウェアが直接グラフィックスバッファにデコードできる。デコード用チップはグラフィックスバッファを良く知っているので、アプリやSurfaceFlingerよりも最適化した実装にできる。結果をHWCが合成するので、アプリはデコード結果をほとんど知らないまま再生できる。さまざまなプロセスが関わるが、持ち回るのはハンドルだけで、グラフィックスバッファはコピーされないのに注目！

デコーダとgrallocは端末メーカーが用意するため、双方の実装を前提にしたチューニングが行えます。理想的には、ハードウェアのデコーダの出力先が直接grallocの確保したグラフィックスバッファに出力されれば、この過程ではCPUもGPUも必要ありません。

そして、グラフィックスバッファはHWCが合成可能であればHWCが合成するため、これもGPUもCPUも必要ありません。

注12 Nougatでは、デコーダをmediaserverとは別のプロセスに移行する作業が途中まで行われています。詳細はp.252のコラムを参照のこと。ただし、本項の内容の本質的な部分は変わりません。

注13 p.46のコラムを参照してください。

結果として、ビデオを再生し続ける場合、ハードウェアのデコーダとハードウェアのHWCだけでビデオを再生し続けることができます。このように、ハードウェアの実装によっては長時間動画を再生するユースケースに関しては電力消費を大きく減らすことが可能です。

この動画の再生はHWCやBufferQueue、grallocなどの設計が非常にうまく機能するケースです。これだけうまくハードウェア側だけで処理できるのを見ると、このあたりの設計を行ったプログラマの実力を感じます。

6.7 まとめ

本章では、OpenGL ES API呼び出しが行われた所から画面に実際に描かれるまでを見てきました。OpenGL ESの描画対象を作るのがgralloc HALで、その描画対象を指定するのがEGLと呼ばれる仕様でした。この過程で、HAL一般についての基本も説明しました。

grallocで確保されたグラフィックスバッファを実際に合成して画面に表示するのが、SurfaceFlingerの仕事でした。SurfaceFlingerは、HWCを利用してなるべくハードウェアで合成しようと努力します。

最後にViewRootImplが、このグラフィックスバッファの指定やEGLの呼び出しを行うことで、第4章や第5章で話したViewツリーやDisplayListによる描画の仕組みとEGLやgrallocをつなげる役割をしていることを説明しました。そのついでにViewRootImplは、IWindowとして振る舞いWindowManagerに管理されること、InputChannelを保持してInputManagerServiceから入力を受け取り、Viewツリーに配信することなども説明しました。

最後に、本章の内容を通常の開発者が使用するケースとして、フローティングウィンドウとSurfaceViewについて扱いました。

Column

stagefrightバグとAndroid 7.0 NougatでのMediaFrameworkの改善

　Androidは、stagefrightと呼ばれるオープンソースのメディア関連処理の実装を持っています。そして、このstagefrightを突くバグが発見されて、stagefrightバグを呼ばれるようになりました[※]。今では元のstagefrightモジュールよりも、stagefrightバグの方が有名になってしまったほどに有名なバグです。

　このバグは、ただMMS (*Multimedia Messaging Service*) を受信するだけで発動し得ることと、ターゲットとなるバージョンが幅広いということ、そして対応するのに必要なmediaserverはファームウェア内なのでファームウェアを更新しないと直すことができないことなどから大きく問題になりました。

　stagefrightバグに限らず、動画や画像の展開の所というのはセキュリティホールになることがあります。あり得ない長さを示すようにヘッダなどをいじってプログラムのバグを突き、オーバーフローを起こしてマシン語を埋め込み違う所へジャンプさせるというのは、jpegなどの展開でも昔からある古典的なセキュリティホールのパターンです。

　mediaserverはオーディオ、ビデオ、カメラ、DRM (*Digital Rights Management*) 関連の処理などをすべて1つのプロセスでホストしていたため、それなりの権限を持っていました。mediaserverのバグを突けると、かなり多くのことができてしまうということで問題になりました。

　そこで、Android 7.0 Nougatからは動画の展開周辺はそれ以外のプロセスとは別の独立したプロセスとして動かすことにし、展開にはかなり低い権限しか与えないようになっています。この周辺の設計の変更は、以下の公式ドキュメントも参考にしてください。

　🆄🆁🅻 https://source.android.com/devices/media/framework-hardening.html

　7.5節で扱うように、AndroidのNougatでAOTコンパイルからprofile guidedコンパイルにして毎月のセキュリティアップデートに対応したのも、このMediaFramework周辺の大変更も、すべてはこのstagefrightバグのせいだという気もします。

※ 🆄🆁🅻 https://en.wikipedia.org/wiki/Stagefright_(bug)

第 7 章
バイトコード実行環境
DalvikとART

第7章 バイトコード実行環境

　Androidのアプリは Java で書かれていて、それをある種の仮想マシン（VM）で実行しています。この仮想マシン周辺はAndroidの中でも最もアクティブに開発が続けられている領域で、当初は割とシンプルな構成だったのが、現在では非常に複雑で洗練されたものとなっています。その発展は、使っていていかに「引っ掛からない」バイトコード実行環境を作るかという執念をうかがわせます。

　本章ではこの進歩の著しいバイトコード実行環境について、実行対象となっているバイトコードの詳細から始めて、そのバイトコードを実行するバイトコード実行環境がAndroid 7.0 Nougat※現在ではどのような構成になっているのかまでを扱います。

　まず7.1節でバイトコード実行環境の概要に触れます。モバイルのバイトコード実行環境で求められていることや、それを踏まえて過去のAndroidでバイトコード実行環境がどのように発展していったかを概観します。

　次にバイトコード実行環境の詳細について扱う... と言いたいところなのですが、最新のバイトコード実行環境は多くの要素が登場して、一度に説明するのは大変です。そこで7.2節と7.3節では、その露払いとしてバイトコード実行環境周辺の話題を扱い、その後に続く話題への準備を行います。

　7.2節で、実行環境が実行するDalvikバイトコードとそのファイルフォーマットである dex について扱います。実行環境はいろいろ変わってきたAndroidですが、その実行対象のバイトコード自体はほとんど初期の頃のままです。バイトコードを理解すると、それを実行する環境についてバージョンを超えて、実行される側から眺めることができます。Dalvikのバイトコードを理解するために、Javaのバイトコードと Dalvik バイトコードがどう違うのか、それぞれどのような利点と欠点があるのかを解説します。

　7.3節では、バイトコード実行環境がどのような手段でメモリを節約しているかについて説明を行います。このメモリ節約の方法は初期の頃のAndroidから存在している手法なのですが、それが以後のバイトコード実行環境のデザイ

※ 本章ではAndroidの7.0 Nougatを、文脈に応じて7.0と呼称したりNougatと呼称しますが、同じものを指します。

ンに大きな影響を与えています。そこで、バイトコード実行環境自身を見ていく前に、そのデザインに影響を与えたAndroidで行われているメモリ節約の手段について押さえておきます。メモリの種類や共有、Zygoteやmmapといった要素を取り上げます。

7.4節では、バージョン6系列までのバイトコード実行環境の変遷を見ていく過程で、dex2oat、JIT、AOTコンパイルとはそれぞれどのようなものか、その利点や欠点を見ていきます。本題の7.0の環境はこれらのテクノロジーのハイブリッドとなっているので、それぞれの技術の登場した背景や利点と欠点を知っておくことは7.0の環境を理解する上でも重要です。特にJITについてはかなり細かく扱います。

次の7.5節で、ようやく7.0 Nougatのバイトコード実行環境に入ることになります。これまでの環境のどのような欠点を解決したくて7.0の構成となっているのかという視点から、プロファイルの保存、プロファイルを用いたコンパイル、イメージファイルである.art拡張子ファイルなどを扱っていきます。本章を通じて、7.0の実行環境に関して総合的に理解できるようになるでしょう。

図7.A Android 7.0 Nougat

Android 7.0のコードネームはNougat。「ヌガー」というお菓子らしい。

第7章 バイトコード実行環境

7.1 Androidのバイトコード実行環境の基礎知識
仮想マシンとART

　Androidのアプリは、バイトコードの形式でGoogle Playには登録されています。Androidはそのバイトコードを、何かしらの方法で解釈して実行します。

　本節では本章の導入として、Androidのバイトコード実行環境にはどういった課題があるのか、それらの課題を解決するために歴代のAndroidではどのような試みが行われてきたのかについて簡単に見ていきます。

7.1.1 スマホにおけるバイトコードの課題

　Androidは、バイトコードを解釈して実行します。サーバーサイドにおいては一般的で、むしろ古いとすら感じられるバイトコードと仮想マシンという組み合わせですが、モバイルにおいてこの組み合わせでAndroidのようにシステムの大部分を記述するというのは、Androidが最初と言っても良いほどに新しい試みでした。そして、このモバイルのシステムをバイトコードで実現するという挑戦は現在でもまだ続いている、現在進行形の課題とも言えます。

　バイトコードでスマホのシステムを作るには、2つの大きな問題があります。「厳しいリアルタイム性の要求」と「少ないメモリ」です。

▍厳しいリアルタイム性の要求　秒間60フレームを求めて

　サーバーサイドにおいて、エンタープライズのJavaがパフォーマンスという点で大きな問題とならなくなったのは今となっては当たり前に感じますが、決して最初からそうだったわけではありません。サーバーサイドのJavaも長い期間をかけて積み重ねてきた最適化の努力の結果、今の地位にあります。エンタープライズのJavaが極めて高速に動くのは、JITに時間をかけて高度な最適化を行っているからという要素があります。用途の性質上、立ち上がりが遅くても、一旦走り出した後に十分に速ければ良いわけです。サーバーサイドの用途に合わせて、仮想マシンの最適化も進歩してきました。

　スマホのアプリでは、この前提条件が異なります。初めて立ち上げるアプリが遅いのは困ります。起動時に長い時間をかけてこれまで培ってきたJITの最適化を行えば良いというわけでは、まったくありません。1.3.1項でも説明した通り、Androidでは裏に行ったプロセスがすぐkillされてしまうため、この問題はより

重要です。プロセスが立ち上がって最初にユーザーに対して機能を提供するまでの時間は、Androidにおける重要な目標指標の一つです。

また、GUIのアプリは、サーバーサイドのアプリよりも「遅いケースでのスピード」が重要になります。サーバーサイドは相対的には平均の処理時間が短ければ、たまに少し遅い処理があってもそれほどは問題になりません。リクエストは大量にやってくるので、そのうち極めて少ない数のユーザーがたまに一瞬遅かったとしても、それがネットワークのせいなのかユーザーのマシンのせいなのかサーバーサイドのサービスのせいなのかはなかなかわかりませんし、ほとんど問題にもなりません。凄く遅いリクエストが頻繁に混ざると困りますが、少々レスポンスへの時間がばらついていても平均が速い方を重視します。

しかし、GUIのアプリはたまに遅いことがあると、ユーザーはそのことに気付きます。しかもただ気付くだけではなく、凄く気になります。たまに遅いことがあるという現象は、ユーザーから見ると一瞬引っ掛かて感じるというふうに現れます。GUIのアプリで「たまに引っ掛かる」のは、ユーザーにとってずいぶんと目立つものです。

Androidのバイトコードの実行環境の歴史は、この「たまに引っ掛かる」ということとの闘いの歴史と言っても過言ではありません。遅い時でも1秒間あたり60フレームの画面の更新を死守する、それがAndroidがバイトコード実行環境の改善を通して達成したいことの中心的な課題です。

少ないメモリ

もう一つの課題は、デバイスのメモリが少ないというものです。本章の内容に限らずAndroid全体を貫く中心的な課題の一つに、デバイスのメモリが少ないという点が挙げられます。メモリを節約するためのさまざまな工夫は第Ⅱ巻の根底にあるテーマでもありますが、Androidでは物理メモリ自体が少ない上に、2次記憶がフラッシュメモリであるという性質上スワップ(*swap*)もオフになっています。そこで、Androidではバイトコードの設計自体が省メモリを強く意識したものとなっていて、その結果生じる制約は現在のバージョンでも問題になっているほど大きな影響を与えています。

Androidのバイトコード実行環境を考える上では、このメモリが少ない、そしてかつてはもっと少なかったという事情を良く理解しておく必要があります。このメモリが少ないという事情が、後述するZygoteという仕組みを生む直接の理由にもなっています。

第7章 バイトコード実行環境

7.1.2
Androidのバイトコード実行環境の変遷　JIT、AOT、そしてprofile guided JITまで

バイトコード自体が低レベルなものなので、どうしてもそれぞれの話題は細かい話となってしまいます。本章ではバイトコード実行環境のそれぞれの要素について、かなり細かい話をしていくことになります。しかしながら、いきなり個々の話題を始めると、一つ一つの話が細か過ぎて、それぞれの話題の関連や全体像がわかりにくくなってしまいます。木を見て森を見ずとなってしまいがちです。

そこで最初に、少し正確さは犠牲になりますが、Androidのバイトコード実行環境のこれまでの変遷を大雑把に見ておくことにします。個々のテクノロジーの前後関係や問題意識を理解しやすくなることを目指して、ここで過去のバージョンからAndroid 7.0までのバイトコード実行環境について概要を述べていきます。

最初は、Dalvik VMだった　最初~2.1

一番初めのAndroidは、仮想マシンのDalvik VMが、Dalvikバイトコードと呼ばれるバイトコードを実行するという構成でした。アプリ開発者はJavaのバイトコードをDalvikバイトコードに変換し、それをdexというファイルにまとめてapkに含めてGoogle Playに登録します。この開発者側のフローは現在まで大きく変わることなくそのまま続いています。詳細は7.2.1項で扱います。

初期のDalvik VMの頃、Androidはアプリをインストールする時にdexoptと呼ばれるインストール時最適化を行っていました。これはマシンごとのエンディアンに合わせてバイトコードを変更したり、特定のアラインメントを要求するアーキテクチャに対してその要求に合うようにパディングを入れたりといった簡単な処理でした。Dalvik VMは、dexoptされたDalvikバイトコードを読んで、その都度命令に従った処理を実行していくという素朴なインタープリタでした。素早く立ち上がり少ないメモリでも動き、でも少し動作は遅く、たまに発生するGCは凄く遅い、そんな特徴のシンプルな仮想マシンだったと言えます。

次に、Dalvik VMにJITが入った　2.2~4.4

その後少しメモリが増えてきた2.2の頃に、Dalvik VMにJITが入りました。JITは、いわゆる「トレースJIT」(*tracing JIT*) と呼ばれるJITです。JITはバイトコードを読んで実行バイナリをメモリ上に生成し、以後はその実行バイナリをCPUによって実行するという仕組みです。起動の都度、毎回JITを立ち上げるため、JITは高速で動くように設計されていました。逆に言えば、高度な最適化は行わないということでもあります。

JITやGCの最適化はその後も長らく行われ続け、4.4まではこの形式で動いていました。最終的にはほとんどフルアセンブリで書かれていて、相当にチューンされたVMという印象です。

そして、AOTコンパイルがやってきた　5.0~6.X

Androidの5.0から、ARTという実行環境に変わります。ARTはAndroid RunTimeの略で、アプリのインストール時にコンパイルが行われ、実行時には実行バイナリがそのまま実行されるというシステムです。このインストール時に1回だけ行われるコンパイルのシステムを、JITと区別する意味でahead-of-timeコンパイルを略してAOTコンパイルと呼んでいます。事前コンパイルといった意味でしょうか。AOTコンパイルをする結果、dexoptは必要なくなり、その代わりコンパイル結果であるoatと呼ばれるファイルが生成されるようになりました。AOTコンパイルはJITと異なり、アプリ起動時には走らないので、アプリ起動の都度毎回走るJITよりもバッテリーの持ちが良く、そして起動も速いと宣伝されました。また、5.0から6.0にかけてGCやアロケータなどの最適化なども行われていったため全体としてはかなり高速になり、秒間60fpsも、GCが起こるケースまで含めてかなりの割合で達成できるシステムとなっています。

AOTコンパイルとJITのハイブリッドに　7.0~

Android 6.0まではARTと言うとAOTコンパイルしたバイナリを実行する実行環境という意味だったのですが、7.0に入りAndroidはJITも使われるハイブリッドシステムとなりました。これもARTと同じ名前で呼ばれ続けています。そこで、ARTという言葉が何を指すのかは7.0以降は曖昧になってしまいました。本書ではARTという言葉はあまり使わずに、以下の2つで呼び分けたいと思います。

❶ AOTコンパイルのシステム
❷ AOTコンパイルとJITとprofile guidedコンパイルのハイブリッドなシステム

さて、Android 7.0 Nougatからバイトコード実行環境をハイブリッドなシステムにしたのはなぜかと言うと、一番の理由はシステムアップデートやアプリアップデート、インストールがAOTコンパイルであまりにも遅くなったというのが直接の理由のようです。6.0までのARTは、システムアップデートの都度インストールされている全アプリをすべてコンパイルし直すことになります。これは凄く時間のかかることで、特にセキュリティアップデートを頻繁に行い

第7章 バイトコード実行環境

たいというGoogleの意向からすると問題でした。

そこで、7.0からは一部のシステムライブラリと一部のアプリ以外、インストール時にはコンパイルは行わないようにして、最初のアプリ起動時は通常のJITで動くようになりました[注1]。この時に、サンプリングベースのプロファイルを行い、よく実行されるメソッドやよく使われるライブラリを調べておきます。そして、端末が充電中かつアイドルな時に、そのプロファイルの結果を元に重要な部分だけコンパイルを行うというシステムになっています。理論上は、コンパイルする時にプロファイル情報を使って最適化できるはずですが、7.0の時点ではそこまでは行われていないようで、あくまでコンパイル対象を選別するだけに留まっています。

JITベースに戻るのだから当然AOTに比べると遅くなるわけですが、そこはなるべく遅くならないようにアロケータやGCなどいろいろな要素が最適化されていて、Googleが言うにはJITのケースでも60fpsがキープされて起動速度も6.0のAOTの頃と同レベルという状態になっているとのことです。

7.1.3 本章で扱うバイトコード実行環境のバージョンとその方針

本章では、基本的にはAndroid 7.0のprofile guidedコンパイルを前提に解説を行います。しかしながら、7.0の実装は過去の実装のハイブリッドとなっているという性質上、過去のバージョンがどうだったのかを知らずに突然説明されても、その意図するところがわかりにくくなっています。そこで、過去のバージョンについても7.0を理解するのに有用な範囲で言及していきます。

また、この分野はあまりにも開発がアクティブに行われていて、現在の最新版もいかにもまだ途中という状態です。現在何が行われていて何が行われていないかを一つ一つ詳細に説明しても、半年後には大きく事情が変わっている可能性の高い分野でしょう。

そこで本書では、現在たまたま実装が終わってないだけに見えるようなことについてはその詳細を一々説明していくのは避けて、バージョンが進むごとにどのように変わっていったのかという流れを重視したいと思います。そうしたトレンドは次のバージョンが出ても大きくは変わらないでしょうし、そういった少し長い視点に立って物事を見ていくのは書籍という媒体に向いた見方だと筆者は考えるからです。

注1 基本的にはmanifestにcoreApp="true"が付いているアプリと、BOOTCLASSPATHに入っているクラスがAOTコンパイルされます。

なお、本章以外でバイトコード実行環境について言及する時は、5.0、6.0、7.0あたりならどのバージョンでも正しくなるように配慮して記述しています。幸い、バイトコード自体は大きく変更されていないので、外から見れば何かしらの仕組みでバイトコードが実行されるという事情には違いがありません。また、本章では複数のバージョンの前後関係が重要になるので、バージョンの前後関係がわかりやすいように、他の場所のようにLollipopやNougatといったコードネームではなく、5.0、7.0というふうにバージョン番号で表します。本章では7.0の話を中心に、それ以前のバージョンも適宜見ていくことでかなりバージョンに限定した話をしていきます。

7.2

Dalvikバイトコードとdex
仮想マシンの二大派閥、レジスタ型とスタック型

　活発に開発が続いているバイトコード実行環境周辺ですが、アプリのバイトコード自体は大きな変更はありません。現在でも基本的にはJava言語で記述し、Javaのクラスファイルを作り、それをDalvikバイトコードとしてdexに変換してapkとしています。本節では、このDalvikのバイトコードとdexを詳細に見ていきます。ここはそれほどバージョンごとの違いのない部分でもあります。

7.2.1
dexファイルができるまで

　Androidのアプリでは、プログラムコードはdexファイルというファイルに入ります。dexファイルとは何かという話は後に回して、まずは普段の開発でアプリをビルドすると、間で何が起きてdexファイルが作られるのかについて簡単に話をしておきます。最近はAndroid Studioが自動で行ってしまうため、あまり間の手順を意識することも減ってきました。

　まず、開発者はJava言語で開発します。そして、このJava言語を通常のJavaのコンパイラでJava仮想マシン用のバイトコードに変換します。いわゆるクラスファイルですね。ここまでは通常のJavaの開発と同じため、Javaの開発時に使えるツールやノウハウが使い回せるというのはAndroid開発の大きな特徴の一つです。

　さて、AndroidのSDKとしてはJava言語を見ることはなく、あくまでクラスファイルのバイトコードから先だけを見ます。Javaのバイトコードを読んで、

第7章 バイトコード実行環境

仮想マシンのDalvik VMのバイトコードに変換します。これはSDKに付属しているdxというプログラムで行います。例えば、Hello.classというクラスファイルがあれば、Windows環境の場合は、

```
$ dx.bat --dex --output=hello.jar Hello.class
```

と実行すると、hello.jarファイルの中にclasses.dexというファイルができます。このclasses.dexの中にDalvik VMのバイトコードが入ることになります。

まとめると、以下の手順になります（**図7.1**）。

❶ 開発者はJava言語で開発する
❷ 通常のjavacで、Javaバイトコードに変換
❸ Android SDKのdxで、dexファイルに変換

図7.1 Javaソースからclasses.dexまで概要

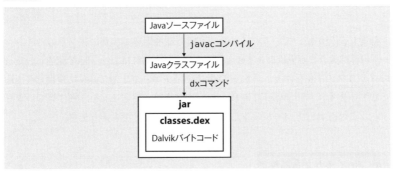

ソースコードをJavaで記述したら、通常のJavaコンパイラであるjavacでJavaのバイトコードであるクラスファイルに変換する。次に、Javaのバイトコードをdx でDalvikのバイトコードに変換する。dxはDalvikのバイトコードをjarアーカイブの中のclasses.dexというファイルに書き出す。

こうしてできたdexファイルをapkに含めて、Google Playに登録しているわけです。

7.2.2
仮想マシンの2つの派閥　　スタック型とレジスタ型

現在デスクトップやサーバーなども含めた仮想マシンのシステムとして、世の中でよく使われているバイトコードには、スタック型の仮想マシンを想定したバイトコードと、レジスタ型の仮想マシンを想定したバイトコード、の2つ

の大きな派閥があります[注2]。もっと言うと、Android以外のほとんどの主流のバイトコードは、スタック型のバイトコードです。

なぜAndroidでは珍しいレジスタ型の仮想マシンなのかという話に進む前に、スタック型とレジスタ型とはそもそも何なのかについて話をしておきます。

何がスタックで何がレジスタかと言うと、基本的には関数呼び出しの時の引数の渡し方と結果の受け取り方がスタックかレジスタかということになります。足し算を行うaddという関数を、スタック型とレジスタ型で比較してみましょう。

想定するコードは、以下の通りです。

```
class Foo {
    public static int add(int a, int b) {
        return a+b;
    }

    public static void main(String[] args) {
        int res = add(3, 4);
        // 以下、コンパイラに消されないようにresを何かしら使う
    }
}
```

注2　なお、厳密に言うならAndroidのARTは仮想マシンとは言えないような気もするので、仮想マシンの分類と言うよりはバイトコードが想定する実行環境の分類なのですが、言い方がややこしくなる割には大して結果は変わらないので、ここでは仮想マシンと言うことにします。

Column

Jackコンパイラ

現在Googleは、JackコンパイラというJavaソースから直接dexファイルを生成するツールチェインを開発中です。本書執筆時点ではまだ実験的なプロジェクトという位置付けで、今後このコンパイラが主流になるのかどうかは不透明です。Jackコンパイラはdxとは違い、一旦Javaのクラスファイルを生成するのではなくJavaのソースコードからそのままdexファイルを生成するので、コンパイルの過程はもっとシンプルになります。また、Jackコンパイラの利点としては、インクリメンタルコンパイルによる開発時のコンパイル速度の向上と、Java 8の新機能が使えるという点が挙げられています。

Jackコンパイラについては、ポータルとなる公式のサイトはまだ存在しませんが、興味がある人は以下から始めるのが良いでしょう。

URL https://source.android.com/source/jack.html

第7章 バイトコード実行環境

レジスタ型でのaddの呼び出し

　レジスタ型の仮想マシンでは通常、レジスタと呼ばれる、変数を入れる場所がいくつか存在しています。現代では、実マシンだと大体レジスタは15〜30個前後というのが一般的です。レジスタは非常に高速に動き、CPUが直接参照することができる特別なメモリの一種と言えます。CPUは普通メモリの内容を直接参照することはできず、レジスタの値しか読むことができません。メモリの内容を参照したい時は、メモリからレジスタにコピーするという専用のコマンドを発行する必要があります。

　レジスタ型の仮想マシンでは、命令ごとに制限があるものの、レジスタの数は実質無制限というのが多いと思います。Dalvik VMは65536本のレジスタがあり、いくつかの命令は先頭16本のレジスタだけだったり256本のレジスタだけだったりを対象にしています。

　add(3, 4)を呼び出す場合、レジスタv0に3を、レジスタv1に4を入れて、v0とv1を引数にadd関数を呼び出します（**図7.2**）。そして、結果をレジスタに入れます。

　SDKに含まれるdexdumpでこのdexファイルを逆アセンブルしてみると、以下のようなバイトコードとなっています。

```
0000: const/4 v0, #int 3    // 3をv0に代入
0001: const/4 v1, #int 4    // 4をv1に代入
0002: invoke-static {v0, v1}, LFoo;.add:(II)I   // v0、v1を引数にaddを呼び出す
0005: move-result v0    // 結果をレジスタv0に代入
```

Column

その他のレジスタ型仮想マシンシステム　Elate OSとintent

　レジスタ型仮想マシンとしてAndroid以前に存在して有名だったものと言うと、Elate OSが挙げられます。Elateはレジスタ型の仮想マシンで、組み込み機器向けのシステムでした。日本だと、シャープなどのメーカーが定期的にElateのシステムを出そうとしていた記憶があります。

　Elateは仮想マシンで、その上にJavaの実行環境としてintentというものを載せていました。この構成は、Androidにかなり類似していると思います。筆者がガラケーのエンジニアだった頃、次世代のモバイルプラットフォームの本命は、Elateの上に何か現代的なJavaとは違う言語を載せた環境になるのでは、と思っていました。ただ、Elateベースの試作には何度か立ち会ったことがありますが、筆者が関わったプロジェクトは毎回パフォーマンスが問題で実用化までは辿り着きませんでした。そのような経験を持っていたので、Androidが初めて出てきた時にそれなりにちゃんと動いているのを見た時には「やるなぁ」とずいぶんと感心したものです。

図7.2 レジスタ型マシンでの足し算呼び出しの手順

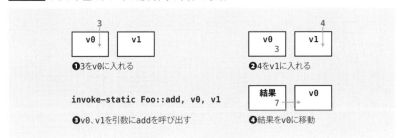

レジスタ型マシンでは、レジスタという値を入れる場所を使って計算を行う。引数をレジスタに入れて、そのレジスタを指定して関数や算術演算などを行うことができる。

　このように変数に入れて関数を呼ぶのは、通常のプログラミング言語に近いので馴染み深いでしょう。スタック型マシンとの違いでは、invoke-static命令の所で、どのレジスタを引数とするかを指定していることに注意してください。v0とv1というのがinvoke-static呼び出しの所に書いてありますね。このv0とv1は、いわゆるオペランドです。

　以上のように、呼び出しに引数のレジスタを指定するところがスタック型マシンと大きく異なる点です。

スタック型でのaddの呼び出し

　スタック型のマシンでは、関数に引数を渡す方法が必ずスタック越しになります。add(3, 4)のような呼び出しをする場合、まず3をスタックに積み、次に4をスタックに積み、最後にaddを呼び出すという手順を踏む必要があります（**図7.3**）。

図7.3 スタック型マシンでの足し算呼び出しの手順

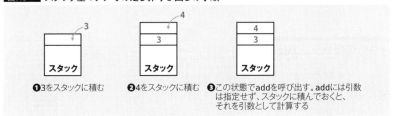

スタック型マシンはレジスタ型マシンとは違い、レジスタは存在しない。関数呼び出しなどの引数はすべて専用のスタックに積み、それから関数を呼び出す。引数はスタックに積んであるので、関数呼び出しの時には引数を指定する必要がない。

　addを呼び出すと、3と4をスタックから取り出して計算し、結果の7をスタックにプッシュします（**図7.4**）。

第7章 バイトコード実行環境

図7.4 スタック型マシンでの足し算を実行した時に起こること

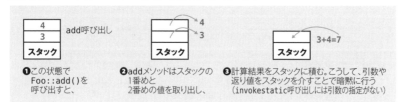

関数は自分関数の型に合わせた引数をスタックからポップし、結果を引数スタックと同じスタックに積む。

このように、引数と結果を必ずスタックに入れるのがスタック型マシンの特徴です。スタック型マシンでは、関数はスタックから引数を取り出します。各関数は、どのような引数がスタックに積まれているかを決め打ちして動きます。

javapコマンドでクラスファイルを逆アセンブルすると、以下のようになります。

```
0: iconst_3     // 3をスタックに積む
1: iconst_4     // 4をスタックに積む
2: invokestatic #2   // メソッドID 2のメソッドを呼ぶ（この場合はadd:(II)I）
5: istore_1     // 結果をローカル変数1に代入
```

iconst_3とかiconst_4は、アンダースコアより先の数字をスタックに積むという命令です。invokestaticには引数の指示がなくて、メソッドIDだけなことに注意してください。引数はスタックにあると暗黙のうちに仮定しているわけです。

最後の行は、ローカル変数というものが登場しています。スタック型マシンでも関数の内部でローカル変数を使うことはできます。関数を呼び出したり結果を受け取ったりといった関数をまたぐ所がスタックなだけです。

この簡単な例だけを見ると、スタック型もレジスタ型もそんなには変わらないように見えますが、現実的な複雑さを持つコードだといろいろと違いが出てきます。簡単に比較しておきましょう。

2つの仮想マシンの比較　スタック型とレジスタ型はどちらが良いか？

7.2.3

レジスタ型とスタック型のバイトコードが両方あるのは、それなりの理由があります。

複雑な計算をする時には、一々スタック操作をしなくてはならないスタック型マシンの方がバイトコードは大きくなります。実行しなくてはならない命令の数が多いわけです。したがって、そのままインタープリタのように実行するなら、レジスタ型の方が高速でバイナリもコンパクトと言えるでしょう。

また、現在モバイルで主流となっているハードウェアは、皆多数の汎用レジス

タを持っている、レジスタ型の仮想マシンに近いアーキテクチャとなっています。実際ARMなどのコンパイラでは、多数のレジスタを上手に使い回すことで、あまり引数をスタックに積まずに関数呼び出しを行うのは一般的です。そういった点ではレジスタ型の仮想マシンは、最近の主流となっているハードウェアに近いため、JITやコンパイルなどで実行イメージへ変換する場合にも、より行うべき作業は少ないと言えます。つまり、JITが高速に行えるということです。

　これだけ見ていると、レジスタ型の仮想マシンの方が良さそうに見えますが、Java VMも.NETのCLR（*Common Language Runtime*）も、よく使われているVMが皆スタック型マシンになっているのもそれなりの理由があります。スタック型の一番のメリットは、参照がコードの中でいつまで使われるかが解析しやすいということです。スタックに積んだものは、関数呼び出しなどでひとたびスタックから取り出されたら、以後はその関数内以外では参照されないことが保証されています。そして、型情報だけを見れば、関数の中を見なくても、ある関数呼び出しがスタックの中からいくつ値を取り出すかなどは判別できます。

　関数呼び出しを行った後も引数のオブジェクトを参照するためには、明示的にスタック上に参照を複製したりすることになっているため、コードにそうした情報が明示的に残ることになります。

　ある参照がどこまで有効かというのは、実際に実マシンのレジスタを割り当てる時には重要な情報になります。レジスタは極めて高速かつ数が限られているので、使用しなくなったレジスタは他の目的に再利用したいわけです。これをJITコンパイラやAOTコンパイラなどが正確に把握して効率的なコードを生成するには、レジスタがある時点から先、参照されなくなるかどうかを判定しなくてはなりません。

　このレジスタが参照されるかどうかの判定は、レジスタ型の仮想マシンでは周りのコードも含めてしっかり解釈しないと判定できませんが、スタック型の仮想マシンではスタックの積み下ろしという、簡単に解析できることを解析するだけで判定できます。レジスタが参照されるかどうかをプログラムから判定できるので、レジスタの割り当てもかなり効率的に行うことができます。

　レジスタに限らず、全体的にスタック型マシンは解析して最適化を行う時により情報が多いので、より効率的なコードが生成できるという特徴があります。レジスタ型よりコードが多いというのは、最適化に使えるヒントが多いということにつながっているわけですね。生成されるコードは効率的ですが、コードの生成には時間がかかる、それがスタック型の仮想マシンの特徴と言えるでしょう。

　以上をまとめると、あくまで相対的な違いですが、**表7.1**のようにまとめられます。

第7章 バイトコード実行環境

表7.1 レジスタ型とスタック型の仮想マシンの比較

	レジスタ型	スタック型
生成されるバイナリ	**小さい**	大きい
インタープリタの実行速度	**速い**	遅い
JITで生成されるコードの実行速度	遅い	**速い**
JITにかかる時間	**速い**	遅い

　Androidでは初期の頃はJITが入っていなかったことから、インタープリタとして実行されるコードの速度を重視したのは間違いありません。JITについてはAndroidの実行環境を語る上では重要な話なので、後ほど7.4.2項で改めて取り上げます。

　また、Androidが初期のVMにJITを入れなかったもう一つの理由に、メモリの節約があったのも明らかです。希少なメモリという事情が、これらのアーキテクチャを選択する上で重要な判断基準であったのは間違いないでしょう。

　インタープリタとしての速度やメモリという観点を総合的に考えてみると、レジスタ型の仮想マシンを選んだのは当時としてはむしろ必然と言えるでしょう。

　現在もレジスタ型である必要があるのかについては、議論のあるところです。私見では、Android 7.0でJITに戻った経緯を考えてもまだまだレジスタ型である理由はあると思います。Android 7.0でJITに戻った話は7.5.1項で扱います。

7.2.4
バイトコード比較　JavaとDalvik

　アセンブリ言語などの低レベルな部分は、仕様の通りで別段説明することがありません。仕様書を見る以外の学習方法がないというのが実際のところでしょう[注3]。

　一方で、仕様は細かくてバイナリ的なものを頭でイメージする力を多く要求されて、16進数慣れしてないと読むのもなかなか大変です。書籍という媒体でこの部分をどう扱うかは悩ましいところです。本書では、細かい説明は抜きにして、実際にバイトコードを眺めてみることで、バイトコードの仕様書とは違う形でバイトコードの雰囲気を伝えてみたいと思います。元にするJavaコードは、以下のsumメソッドです。

バイトコードを見ていく元となるJavaコード
```
class Foo {
```

[注3] Javaのバイトコードの仕様は以下の❶に、Dalvikのバイトコードの仕様は❷にあります。
❶ URL https://docs.oracle.com/javase/specs/jvms/se7/html/jvms-6.html
❷ URL https://source.android.com/devices/tech/dalvik/dalvik-bytecode.html

```
    public static int sum(int n) {
        int res = 0;
        for(int i = 0; i < n; i++) {
            res += 1;
        }
        return res;
    }
}
```

これをjavacでコンパイルしてクラスファイルを見ると、sumの部分は以下のような16進値となります。

Javaバイトコードのバイナリ
03 3C 03 3D 1C 1A A2 00 0C 84 01 01 84 02 01 A7 FF F5 1B AC

これをdxでDalvikバイトコードに変換すると、以下のようになります。

dexバイトコードのバイナリ
12 00 01 01 35 20 07 00 D8 01 01 01 D8 00 00 01 28 FA 0F 01

この各バイナリ値が仕様書のどの命令に対応するかを一つ一つ見ていけば、双方何を行っているのかは面倒でも難しいことはなく解読できます。ここではこのバイナリ値をアセンブリと併記してみましょう（**表7.2**）。

表中の解説を見てもわかる通り、非常に低レベルですね。個々の処理の詳細を理解しようとするなら仕様書とにらめっこする必要がありますが、ここではさらっと読んで雰囲気を掴んでもらえれば十分です。これをDalvikバイトコードにすると、**表7.3**のようになります。

まず気付くことは、Javaと違い多くのバイトコードが2バイト単位となっています。また、レジスタを通常のプログラミング言語の変数のように使えるので、ずいぶんと読みやすく見えます。

dxは、これらの間の変換を行っているわけですね。v0とかv1といったレジスタを自由に使えるところが、バイトコードがコンパクトになる理由なわけです。

一方、v0がいつそれ以降参照されないのかといったことを、JITコンパイラが理解するのはなかなか大変ですが、スタック型ではスタックからポップされれば、以後参照される方法はないので、JIT結果の実レジスタに割り当てたオブジェクトがいつそのレジスタから参照されなくなるのかは、機械的に判断が可能なわけです。

なお、実際のARMアセンブリ言語などに習熟している読者からすると、どちらもずいぶん読みやすいと感じることでしょう。バイトコードは実マシンのアセンブリ言語とは異なり、少し慣れれば人間にもかなり容易に読むことができます。

第7章 バイトコード実行環境

表7.2 Javaバイトコードとバイナリ

実際の バイナリ値	アドレスと アセンブリコード	解説
03	0: iconst_0	0をスタックに積む
3C	1: istore_1	ローカル変数1にスタックの内容を代入（0が入り、スタックは空）
03	2: iconst_0	0をスタックに積む
3D	3: istore_2	ローカル変数2にスタックの内容を代入（0が入り、スタックは空）
1C	4: iload_2	ローカル変数2の内容をスタックに積む（スタックには0が入る）
1A	5: iload_0	ローカル変数0、つまりsumの引数nをスタックに積む（スタックは0 n）
A2 00 0C	6: if_icmpge 18	スタックのトップとその次の値を比較し、トップの方が小さければアドレス18に飛ぶ
84 01 01	9: iinc 1, 1	ローカル変数1の値を1増やす
84 02 01	12: iinc 2, 1	ローカル変数2の値を1増やす
A7 FF F5	15: goto 4	アドレス4に飛ぶ
1B	18: iload_1	ローカル変数1の内容をスタックに積む
AC	19: ireturn	呼び出し元に返る

表7.3 Dalvikバイトコードとバイナリ

実際のバイナリ値	アドレスとアセンブリコード	解説
1200	0000: const/4 v0, #int 0	0をレジスタv0に代入
0101	0001: move v1, v0	v0の値をレジスタv1に代入
3520 0700	0002: if-ge v0, v2, 0009	v0 >= v1ならアドレス009にジャンプ
d801 0101	0004: add-int/lit8 v1, v1, #int 1	v1+1をv1に代入
d800 0001	0006: add-int/lit8 v0, v0, #int 1	v0+1をv0に代入
28fa	0008: goto 0002	アドレス0002にジャンプ
0f01	0009: return v1	v1の内容をreturn

7.2.5

dexフォーマットとその制約

　ここまでAndroidのアプリは、Dalvik VMのバイトコードとしてapkに含まれて配布されているという話をしました。Androidはこのバイトコードを、メモリを節約するために1つのファイルにまとめて管理しています。このファイルをdexファイルと言います。「Dalvik Executable」から、dexと名付けたそうです。apkの中にはclasses.dexというファイル名で、このdexファイルが含まれています。バイトコードはDalvikバイトコード、それを格納しているアーカイブファイルの形式がdexというのが、正式な用語の定義になります。ただし、実際はこの辺の用語はあまり区別せずに使われていることが多いようです。

　dexファイルは、複数のクラスを1つのファイルにまとめたものです。dexフ

ァイルのフォーマットは、図7.5のようになります。

図7.5 dexファイルのフォーマット

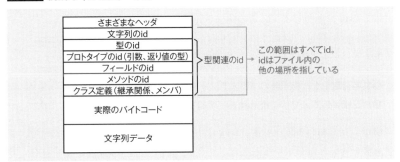

idなどの参照が前半に、実際のバイトコードやデータなどが後半にまとめられている。バイトコードの中ではクラス名や文字列定数などの値はすべてidで参照されるので、引数の値によらず各命令のサイズが一定となり、パースも容易になる。同じ文字列がすべて1つのidになるので、複数のクラスを1つにまとめることで文字列データのサイズなどを大幅に節約できる。

　文字列のデータがファイルの後半にまとめられていて、文字列idはその文字列データの位置と長さだけを持った参照が並んでいます。そこで例えば、"com.example.Foo"という文字列があって、これが文字列id 2だった場合、以下の図7.6のようになります。

図7.6 文字列idから文字列の値を知る手順

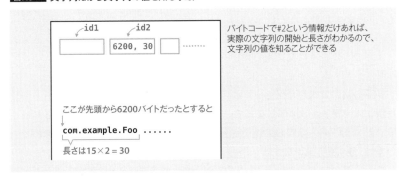

文字列id 2という情報だけあれば、id 2の所に保存されているオフセットと長さを得ることができる。オフセットと長さがわかれば実際に何という文字列の値かがわかるので、ソースコード上で文字列定数を参照している所でも、バイトコードでは文字列idだけわかれば良い。

　文字列のidが2、という情報さえあれば、文字列のidのテーブルから2番目のセルを見て、オフセットと長さが取り出せて、実際の"com.example.Foo"という値を知ることができます。コード上で各命令の引数などに固定の数値を使うことで、パースの必要なく決まったサイズにできるので、ハードウェアやVM

第7章 バイトコード実行環境

が高速に解釈するのに向くわけです。

文字列に限らず、型情報でも何でも、可変長でコード上定数なものは大抵どこかに定義がまとめられて、その定義を参照するidが付与されます。コードからはそのidで参照します。この間接参照はdexに限らず、Javaバイトコードや現実のハードウェアの実行ファイルなどのフォーマットでも一般的です。

dexファイルは、おもに2つの目的で作られたフォーマットです。

❶文字列定数などを複数のクラスでシェアすることでサイズを減らす
❷再配置無しでメモリにmmapして実行できる形式

❶がよく言われる理由です。Javaでは実行時に型の情報を保持していて、リフレクションAPIを用いてメソッドやクラスを文字列で検索できます。その機能を実現するために、クラスファイルのバイナリの中にはパッケージ名、クラス名、メソッド名の文字列が大量に入ります。Java VMにおいてはこれらの定数はクラスファイルごとに別々に保持しているため、同じ型名などの文字列もファイルの数だけ重複して持っています。例えば、"Ljava/lang/Object;"や"L/java/lang/System;"などの文字列は、ほとんどすべてのクラスファイルが持つことになります。

これらの文字列は、典型的なアプリにおいてはかなりのサイズになっていて、実際のコードに匹敵するほどのサイズとなっています。

dexファイルは、アプリのクラスファイル(をDalvikバイトコードに変換したもの)をすべてまとめて1つのファイルに持つため、1アプリで1つの定数テーブルとなります。クラスがたくさんあっても定数を共有できるため、クラスファイルごとに別々に文字列のコピーを持つ形式に比べると、バイナリのサイズを減らすことができます。

初期の頃の公式から出ていた数字だと、いくつかのアプリの比較がありましたが、大体**表7.4**の比率となっていました[注4]。大体圧縮されているjarと同じくらいというのが、公式の主張だと思います。なぜ無圧縮であるのが大切かについては7.3.4項で扱います。

さて、そんなdexですが、欠点もあります。悪名高いdexの欠点と言うと、メソッドIDの64K制限です。

dexファイルにおいては(実行イメージではdexに限らず一般的な話ですが)、メソッドへの参照はメソッドIDというidで管理されます。各idが実際にどのメソッドを指すかは、このメソッドIDのテーブルの先に書いてあり、プログラム

[注4] 詳細は以下を参照してください。 **URL** https://sites.google.com/site/io/dalvik-vm-internals

表7.4 dexとjarのサイズ比較（無圧縮jarを100%とした場合）

種類	サイズ
無圧縮jar	100%
圧縮jar	50%
無圧縮dex	46%

からはメソッドはidとして表します。このメソッドIDの範囲は0から0xffffまでと仕様で決まっています。

0xffff、つまり0から65535の65536（64 × 2^{10}）個のメソッドしか参照できないことになります。「1つのアプリ内で参照するメソッドが64K」では十分多いとは言い切れないのが昨今の状況です。それが良いアプリのデザインなのかということには議論の余地はあっても、現実としてこの64K制限に当たるのはプロダクションの現場ではそう珍しくもないでしょう。初期の頃のAndroidでは、アプリは豊富なAPIをただつなぎ合わせる程度の簡単なものでしたが、最近はアプリ自体が高度なソフトウェアとなっていて64Kのリミットも現実の問題となってきました。

64K制限は1つのdexファイルの制限なので、dexファイルを複数に分けることで回避できます。Android 5.0からは複数dexのサポートが入っているので、dexファイルを分けることでこの制限を回避できますが、複数のdexに分けるという面倒がビルドプロセスの中に入るのはあまり愉快ではないでしょうし、4.4以前を切り捨てて良いのかというのもまだチームによると言ったところでしょう。

7.3
メモリ節約の工夫とZygote
バイトコード実行環境をサポートする技術群

実行対象となるバイトコードの話が終わったので、次は本章の本題である、それを実行しているバイトコード実行環境の話だ！ と行きたいところですが、その前にバイトコード実行環境がどのようなことに気を付けていたのかという文脈を理解しないと、バイトコード実行環境が現在のようになっている理由、その心がわかりません。

そこで本節では、実際のバイトコード実行環境の話を始める前の準備として、Androidにおいてバイトコード実行環境周辺で、消費メモリを抑えるためにどのような工夫を行っているかについて解説を行います。メモリ節約のために何が必要なのかは、Androidのバイトコード実行環境の発展に大きな影響を与え

第7章 バイトコード実行環境

ているので重要なトピックです。

本節では、まず7.3.1項でスマホの典型的な2次記憶であるフラッシュメモリの性質と、その結果Androidではスワップが実質ないという話をします。

次に、7.3.2項でメモリの節約を考える上で、カーネルのメモリの扱いを簡単に整理して、カーネルから見てどのような扱いのメモリがAndroidにとって望ましいのかについて説明します。

7.3.3項ではメモリの分類のうち、Cleanなメモリを増やすためによく使われるAPIであるmmapについて扱います。これはLinux一般の話ですが、Androidはmmapの性質を頻繁に使うのでここで改めて取り上げています。

7.3.4項では7.3.2項と7.3.3項の話を踏まえて、CleanとSharedを増やすためにどのようなことをしているかについて解説します。ここで、Zygoteというシステムサービスが登場します。Zygoteとは何なのか、どのようにメモリを節約することに貢献しているのかという話をします。

7.3.1 フラッシュメモリの仕組みとAndroidのスワップ事情

デスクトップやサーバーのLinuxでは、多くの場合メモリをディスク上に退避するスワップという仕組みが有効になっています。ところが、Androidでは(そして、その他多くの組み込みOSでも)、スワップは基本的には無効になっています。

Androidは多様なシステムですが、スマホなどの多くの機器では2次記憶は何らかの形のフラッシュメモリ(eMMCやmicro SDカードなど)であることを想定しています。フラッシュメモリは通常書き込み回数に制限があり、また書き込み動作も読み込みに比べると遅いのが特徴です。

Androidのストレージとして一般的に使われているフラッシュでは、電荷を浮遊ゲートと呼ばれる周囲から絶縁された場所に蓄えることで1を、この浮遊

Column

Androidでスワップが行われるのは、どのような時?

Androidでは基本的にはスワップは行われませんが、限定的に有効な場合があります。それはメモリ上の圧縮領域へのスワップというものです。これは文字の通り、ディスクにスワップされるわけではないのでディスクのスワップが行われないという意味では変わらないのですが、「スワップは行われない」と言うと実は厳密には誤りです。ただし、2次記憶に保存されるわけではないので、2次記憶がいくらあろうとメモリが枯渇するという点ではスワップが行われないのと結果は変わりません。

ゲートから電荷を抜くことで0を表します。

読み出しに関しては、浮遊ゲートに電荷が入ってさえいれば、物理的な電気回路として普通に読み出すことができます。しかし、浮遊ゲートは電荷があまり漏れ出ないように特別に作られているので、電荷を入れたり出したりするためには特殊な操作が必要です。

相対的に浮遊ゲートに電荷を封入するのは、放出させることに比べれば容易です。そこで通常、フラッシュメモリは基本的な操作では各ビットを立てることはできても倒すことはできません。例えば、2進数表記で❶のバイトがあった時に、これを❷に変更することはできますが、❸などのように1だった所を0にすることはできません。

```
'1111 0111'   // ❶例
'1111 1111'   // ❷ OK
'1111 0000'   // ❸ NG
```

そこで書き込む時は、普通は一旦そのセクタを全部0にするという特別な処理をした後で書き込む必要があります。これをセクタのイレースと言います。

セクタのイレースは浮遊ゲートから電荷を放出させる必要があるのですが、浮遊ゲートは絶縁されていて通常電荷が逃げ出さないように作られているものなので、ここから電荷を放出させるには高い電圧をかける必要があります[注5]。

この浮遊ゲートからの電荷の放出のために高い電圧をかけること、ひいてはセクタを0で埋めるという操作は、回数に制限があって通常は100万回といったオーダーの回数しか実行できません。また、一旦0を埋めてから書き込むため、セクタの一部を変更したくてもそれ以外の場所を一旦読み込む必要があるので、書き込むという動作は必ず、

❶セクタを読み込む
❷セクタをイレースする
❸書き込む

の3つの動作が必要になります。❶で1回読み込む以上、書き込みは必ず読み込みよりも遅くなります（その上、通常は❷も❸も、❶よりずっと遅いので、読み込みよりもかなり遅くなります）。しかも、イレースは高い電圧をかけて放出させるので、バッテリーの消費も大きくなります。

つまり、フラッシュメモリは、読み取るのは低消費電力で相対的に高速に読めますが、書き込みは遅くバッテリーも喰い、しかも回数に制限があるものな

注5　なお、封入した電荷は、10年ほどは自然には放電しないことが保証されていることが多いようです。

のです。したがって、スワップなどのようにシステムが何度も書いたりするようなものは、フラッシュメモリ型の2次記憶には不向きということになっています。そこで、Androidでは通常スワップは無効になっていて、それを前提にシステムが組まれているわけです。

使用しているメモリの分類

ここでカーネルが管理するメモリの種類について、本節の目的に合うように整理しておきます。プロセスが使うメモリには大きく2つの軸があります。Private-Sharedか、Clean-Dirtyかです（**表7.5**）。

表7.5 メモリの種類と効率

	Private	Shared
Clean	中	**高**
Dirty	低	中

メモリはSharedでCleanなものが、最もメモリの使用効率としては望ましい。必要に応じて破棄できるし、1つのプロセスあたりのメモリ使用量は下がるためである。一方、PrivateでDirtyなものは省メモリという観点では最も望ましくない。

Cleanは、メモリの内容がファイルの内容と同じことを言います。Dirtyは、メモリの内容がファイルの内容と違うか、または対応するファイルがないメモリのことを言います。スワップのないAndroidにおいても、CleanなメモリはLinuxカーネルが必要に応じて破棄してくれて、再度アクセスした時には自動的に再読み込みしてくれます。ちょうど、通常のスワップと同じような振る舞いですね。

Column

本当にフラッシュメモリでスワップを使うべきではないか？

筆者は以前、スワップを有効にしてフラッシュメモリ上でかなりスワップを使うような作業をしていたこともありますが、1年以上使っても書き込みに失敗しておかしいことになったことはありません。ドライバ側でいろいろしている場合もあり、不良の出たセクタを回避して動き続けてくれるような場合もあるので、イレースの上限にあたったセクタがないかはわかりませんが。

フラッシュの寿命は製造にもよるので一概には言えませんが、通常のスマホの乗り換えサイクルだと内蔵のフラッシュでスワップできないと言い切れるかは、そう明らかではない気がしています。ただし、業界ではできないということになっていて、フラッシュにスワップする機能をデフォルトでONにしているAndroidのスマホは、筆者は聞いたことがありません。

スワップのないAndroidにおいては、どれだけCleanなメモリで済ますかは重要な視点となります。Cleanなメモリについては7.3.3項で補足します。

もう一つが、SharedかPrivateかです。これは言葉の通り、複数のプロセスで共有されるか、各プロセス別々かという区別になります。Linuxカーネルは、Sharedなメモリは同じ実メモリを複数のプロセスから参照することで、実際には1つのメモリで済ませます。

Sharedなメモリがなるべく多く、そしてなるべく多くのプロセスでSharedされることもメモリを考える上で重要です。例えば、10M（*Megabytes*）のメモリを使っているアプリが3つあったとしましょう。3つのアプリのメモリすべてがPrivateであれば、実メモリは30M消費されてしまいます。一方で3つのアプリがそれぞれ、8MはSharedとして共有していて、残り2Mだけが別々になっていたら、消費メモリは、

$2M \times 3 + 8M = 14M$

と14Mで済みます。すべて共有されていない場合の30Mの半分以下です。

Column

mmapとメモリ確保

Linuxにおいては、メモリの扱いはディスクへのスワップまで含めた仮想メモリというシステムになっています。Androidにおいてはディスクやフラッシュメモリなどへのスワップがないのですが、このシステムがそのまま使われています。

Linuxの仮想メモリは、メモリの内容はこっそりディスク上に退避されたりすることがあり、ユーザーのプロセスからはそれがわからないようになっています。プロセスからアクセスがあった時に、実はメモリになかった場合は一旦プロセスを止めて、裏でカーネルがこっそりディスクの内容をメモリ上にロードしてからプロセスを再開します。こうすることで、プロセスからはまるでずっとメモリ上にあるかのように見えます。

この仕組みを用いて、ファイルをロードする場合も、まるでメモリ上にあるフリをするけど実際のロードは必要になるまで行わないという機能がLinuxにはあります。それがmmapというAPIです。mmapをするとメモリ上にロードされたフリをするのですが、実際にアクセスがあるまでロードはしません。そして、実際にアクセスがあったら、そこでプロセスの実行を一旦止めて必要な部分をメモリ上にロードしてから実行を再開します。このように、実際にアクセスがない限りはメモリは使われないようにすることで、メモリという貴重な資源をなるべく浪費しないようにしています。

特にAndroidのアプリでは、従来の組み込みシステムからは考えられないほどリッチなクラスライブラリが提供されています。このすべてのアプリで共通に使用されるクラスライブラリのサイズは大きく、Androidが初めて一般に出てきた2008年の時点のバージョンでも10Mほどの容量があったそうです[注6]。

なお、このDalvik VM登場時のプレゼンでは、全体のRAMが64Mで携帯電話として通話などのために使う通常のRAMだけで40Mほど使用してしまい、アプリには20M程度のRAMしか残っていないという話が出ていました。かつて筆者がガラケーの仕事をしていた頃に比べるとずいぶんRAMが多い印象ですが、それほど実態とはずれていないと思います。

10Mのシステムライブラリを各プロセスが別々に持つと、たった2つのアプリを起動するだけでメモリを使い尽くしてしまうわけです。クラスライブラリのメモリを共有するのは必須だったと言えます。

7.3.3
Cleanなメモリとmmap

mmapは一般的なLinuxのAPIなので特に説明を必要とする読者の方は多くないかもしれませんが、本節では重要な役割を担っているので前項のCleanなメモリとの兼ね合いで少しmmap自身の話をしておきます。

Androidに一般的な意味でのスワップ領域がないということは、メモリが不足している時にLinuxカーネルが破棄できるメモリは、Cleanなメモリのみということになります。

Linuxカーネルは、実際に使われているメモリの状態を追跡していて、メモリが不足した時に捨てて良いメモリと捨ててはいけないメモリを区別しています。Androidではない一般のLinuxでは、それほど使われていないプロセスをプロセスごとスワップ領域に移してしまって、次に実行するまでそのメモリを全部捨ててしまうというのが一番よく使われる仮想メモリのメモリの空け方だと思いますが、Androidにおいてはそのスワップがありません。しかし、Androidでも捨てることができるメモリの状態があります。それは、メモリの内容がファイルの内容と同じもの、つまりCleanなメモリです。

Linuxにはmmapという重要なAPIがあります。これにより、ファイルの内容をメモリのアドレスにマップします（図7.7）。

注6 以下より。本節のメモリの分類もここのスライドを踏襲しています。
　　URL https://sites.google.com/site/io/dalvik-vm-internals

7.3 メモリ節約の工夫とZygote

図7.7 mmapでファイルをメモリ空間にマップ

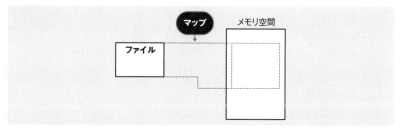

ファイルの内容をメモリ空間にマップする。ただし、この時点では実メモリは割り当てない。

mmapを実行すると、プログラムからはファイルの内容がメモリ上にコピーされたかのように見えます。ところが、内部動作としてはmmapの時点ではメモリアドレスと特定のファイルの部分の対応付けがなされるだけで、実際にメモリには読み込みません。そして、プログラムからそのメモリ領域にアクセスがあった時に、まだ実際に物理メモリが割り当てられてないためカーネルの例外として割り込みが行われます。そこで、カーネルは初めて物理メモリを実際に用意し、対応表からファイルの内容をそのメモリにコピーした後で、割り込まれていたプログラムを再開します（**図7.8**）。

図7.8 mmapと内部動作

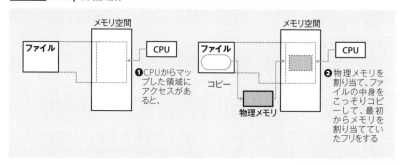

アクセスがあってから初めてメモリを割り当てる。

mmapされた領域は、一旦ロードされた後は通常のメモリとして使えるのですが、変更があるまではファイルと同じ内容になるため、スワップ領域がなくてもいつでも捨てられます。そこでLinuxは、ファイルの内容をメモリにロードした後は、最初に変更があるまではこの内容はファイルと同じだというフラグを管理しています。このフラグが立っているメモリがCleanなメモリということです。

そして、メモリが不足した時に、ファイルと内容が同じメモリ、つまりClean

なメモリを捨てていきます。この機能はスワップ領域のないAndroidでも有効で、Cleanなメモリに関してはAndroidでも通常の仮想メモリのように、必要に応じてメモリを破棄して物理メモリを有効利用できます。

以上の話から、メモリを節約するためには次の2つのことが有効です。

❶なるべく多くのメモリをアプリ同士で共有する（使っているメモリはなるべくSharedにする）
❷なるべく多くのメモリを、Cleanな状態に保つ

以下で、Androidがどのようにこの目標を達成しているのかを見ていきます。

7.3.4
Androidにおける、実メモリを節約する2つの工夫　mmapとZygote

Androidのメモリ節約の方針としては、大きく2つの路線に分けられます。Cleanを増やす路線とSharedを増やす路線です。

Cleanを増やすためにmmapを有効利用

Cleanを増やす路線で行われていることとしては、実行イメージをmmapしてそのまま実行するというのが挙げられます。通常の仮想マシンだと、バイナリをメモリ上に読み込んでリロケーションやアドレス解決などの操作をした後に実行していきますが、Androidではなるべく実行バイナリをmmapして、そのまま実行しようとします。

これは初期のDalvik VMからAOTコンパイルされたART、そして最新のprofile guidedコンパイルまで含めて一貫した方針です。この件の詳細については7.4節で扱いますが、実行するプログラムがmmapされたものなので、プログラムのコードをロードしているメモリはCleanなメモリということになります。また、7.5.6項で扱うイメージファイルも、ヒープの一部をmmapすることでread onlyなフィールドなどはCleanとなるため、Cleanな領域を増やす工夫でもあります。

Androidではメモリ上に読み込んでいろいろな参照の解決などを行う必要がないように、ファイルフォーマットの方があらかじめそのように作られています。そのため、そのままファイルの内容をmmapしたものを実行していくことができます。

ロード時のリロケーションなどを行わずにファイルの内容がそのままマップされているので、この領域はすべてファイルの内容と一致しています。つまり、ロードされたメモリはCleanなメモリと判断されます。そこで、Linuxはこれらのブロックすべてを、メモリが足りなくなったら捨てて良い領域と判断し、必要に応じて破棄します。ユーザープロセスから破棄した領域に再度アクセスが

あった時には、一旦カーネルに制御が移り、こっそりファイルから実メモリに再度ロードします。ユーザープロセスからはその過程は見えません。

また、mmapされた領域は実際にアクセスされるまではメモリにロードされません。アクセスされて初めてメモリにロードされるので、実メモリを実際に消費するのはmmapしたコードが実行された時です。

広大なクラスライブラリの中には最後まで使われない所も当然多くあり得るので、そういったユーザーに使われなかったコードがメモリを消費しないというのは良いことです。こうした使われないコードのためにメモリを消費しないということも、mmapを利用してLinuxのカーネルの機能で自然に達成されます。

Sharedを増やすためにクラスをロードした状態からforkして新プロセス開始

Sharedを増やす路線としては、Zygoteという仕組みが挙げられます。Androidでは、アプリのプロセスはZygoteというプロセスをforkして起動します。

Zygoteは仮想マシンをロードし、システム標準のクラスライブラリをロードし、その状態で待機します。そして、新たなアプリを起動する要求が来たら、プロセスをforkして、対象とするアプリをロードします。こうすることで、すべてのアプリで共通で使われるシステムのクラスライブラリはすべてのプロセスで共有されて、実際には1つのメモリしか参照されなくなります。

Linuxでforkを行うと、まず2つのプロセスのメモリは共有されます。そして、

Column

Androidでクラスを列挙するリフレクションが好まれない理由

サーバーサイドのJavaで使われるライブラリやフレームワークでは、クラスにアノテーションを付けて、アノテーションの付いたクラスに何か付加機能を付けるものが多くあります。それらがAndroidに移植されるケースは多々ありますが、サーバーサイドほどは使われていません。

その理由の一つには、ここで説明したような工夫によりせっかくロードせずに済んでいるコード領域を、この手のライブラリのせいで実メモリにロードされるのが望ましくないという事情があります。リフレクションでクラスを列挙してしまうと、コードによりますが実際には使わない多くのクラスを触ってしまうため、使わないクラスまで実メモリにロードされてしまうという問題があります。サーバーサイドでは最初からメモリにロードされているなど、どちらにせよそんな小さなメモリが問題になることはないくらい他が多くのメモリを使うので、そういったライブラリを使っても大きなパフォーマンスの劣化がないのですが、Androidではそうはいかないというわけです。

何かどちらかのプロセスでメモリの内容を変更すると、初めて2つのメモリの共有が解かれて別々のメモリとなります。この挙動がcopy on writeです（p.28のコラムを参照）。

Zygoteからforkされると、まずクラスライブラリのコードはすべてCleanなメモリで書き込みされないので、ずっと共有されたままとなります。アクセスされなければ、実際にメモリにロードされることすらありません。さらに、クラスライブラリなどが使うヒープや仮想マシンが使うメモリ領域なども、書き換えが行われるまでは共有されるわけです。こうして、多くのメモリがSharedな状態のままとなります。

初期の頃のAndroidでは、各アプリは小さく、クラスライブラリが巨大であると想定していたと思います。実際Android 1.5や1.6の頃は、多くのアプリは小さくちょっとしたもので、クラスライブラリの方が圧倒的に大きかったのは事実です。そのモデルではクラスライブラリが共有さえされていれば、各アプリのメモリは小さいので、たくさんのアプリを同時に走らせてもそれほどメモリが増えないことになります。

最近のアプリではアプリごとのコードやメモリが巨大になってきているので、この前提は昔ほどは維持されていませんが、それでも共有されて悪いことはありませんし、クラスライブラリ自体もバージョンを重ねるごとに大きくなっていくので共有が有効であるのは今でも変わりません。

また、このZygoteによるforkでの実行は起動時間の短縮という好ましい副作用もあります。アプリなどを起動する都度プロセスを立ち上げてARTを初期化してクラスライブラリをロードして... と実行する場合と比べると、初期化が終わって待機状態からforkする方がずっと速く実行できるわけです。

なお、最初がZygoteのforkから始まるのでJavaの世界よりも前のネイティブの世界でアプリを起動するということは、Androidでは通常の権限のアプリではできません。Androidで最も速く起動するアプリはネイティブではなく、Javaで書かれたアプリとなります。なお、Zygoteの実際の実装については本書ではこれ以上は扱いません◇。

7.4 これまでのバイトコード実行環境
7.0以前の背景から学べること

AndroidのアプリはDalvikバイトコードとしてGoogle Playには登録されていて、各端末ではこれをインストールして実行しています。この事実は、すべ

てのAndroidで変わりません。しかし、このDalvikバイトコードをどう実行しているかはバージョンごとに大きく変わってきた所で、また今後も大きく変わり得る所だと考えられます。ここからは、このホットなエリアであるバイトコードの実行環境について詳細に見ていきます。

最新版のAndroid 7.0バイトコード実行環境は、それまでのいろいろな要素のハイブリッドな構成となっています。そこで、各構成要素を順番に理解する上でも、またどのような流れでここまで進んできたのかを理解するためにも、本節ではまず7.0以前の実行環境がどのようなものだったのかを説明します。次の7.5節で、7.0の実行環境を詳細に扱います。本節は7.1.2項と一部重複する部分もありますが、重要な所なのでしっかり見ていきましょう。

7.4.1

Dalvik VM時代　初期~4.4まで

Androidの最初のバージョンをどことするかは諸説あるかもしれませんが、おそらくAndroidのバージョンとしては1.5が最初というのが、普通の開発者から見れば穏当な意見でしょう。

1.5から4.4までは、Dalvik VMでDalvikバイトコードが実行されていました[注7]。Google Playからapkをインストールするとdexoptというプログラムが実行されて、バイトコードのverificationや簡単な最適化が行われて、そのファイルが

注7　Dalvikというのはアイスランドの地名だという蘊蓄も、初期のAndroidのプレゼンではよく聞かされたものです。

Column

最初のバージョンとは何なのか

組み込み業界では、できていないものをリリースしたとすることがよくありました。プレスリリースでの発表だけを行い、ごく少数の人にだけ渡したという事実をもってリリースしたことにする、でも実際は全然できていないというのは珍しいことではありません。そして、そのようなバージョンは、得てして公式発表と実体が異なっていたりします。広く流通させることができなかったバージョンには、それなりの理由があるものです。

Androidは1.4がリリースされたことになっていますが、これは十分に一般の多くの人が触れたとは言えないでしょう。そこで本書では、最初のバージョンのAndroidはG1のCupcakeとしたいと思います。

/data/下に入ります。このdexoptした結果は、そのままmmapしてインタープリタが実行していける形式になっています。バイトコードのverificationはJavaと異なり、実行時ではなくてapkインストール時だというのは特徴的ですね。

1.5から2.1までは、JIT無しのDalvik VMが動いていました。JITを行っていなかったのは、起動の速度を重視したのと、メモリを重視したためと思われます。JITについては次項で詳細に扱いますが、JITしたコードはヒープ上に保持されるのでDirtyになってしまうため、メモリをより多く使うことになります。そのため、Androidを動かすのに本当にぎりぎりなくらい貧弱だった初期のバージョンでは、Dirtyなメモリを少しでも入れないようにJITを入れないことを選択したのでしょう。

2.2からはJITが入りました。おそらく、この頃から端末のメモリが増えてきたため、よりメモリを消費する代わりに速度を重視しようという方針になったのだと思います。アプリの性質も、クラスライブラリを呼び出す小さなアプリから、アプリ自体が大きなコードを持つように変化していた時期でもありました。そのような事情も考えてのことでしょう。

ただ、JITを入れたと言っても、突然起動が遅くなったりメモリ消費量が激増したりということにはならないように、実際にJITするのはコード全体のごく一部、とても重要な所だけに絞るようになっていて、その他の大部分は従来通りバイトコードを解釈して動いていました。

なお、ベンチマークのグラフなどではJITはとても良い数字が出るのですが、現実のユースケースで本当に速くなるかは結構怪しい部分があります。ベンチマークは計算が主体になりがちで、どうしてもJITに有利です。しかし、実際のユースケースで本当に速くなるかはそう自明でもありません。実際2.1から2.2に上げた時に速くなったという実感はあまりありませんでした。2.2は少し不安定でバグの多いバージョンだったので、どちらかと言うと2.1の方が良く感じられた気がします。初期の頃のAndroidにJITを採用しなかったのには十分な理由があったし、この手の変化で本当に速くなるかを評価するのは、やはり実機でユーザーが普通に使ってどう思うかがすべてだと思います。

少し話がそれました。この「JITの入ったDalvik VM」という体制は長く使われ、Android 4.4まで使われることになりました。

JITするにせよしないにせよ、dexoptされたバイナリをそのままmmapして実行するという部分は変わりません。こうして、実行バイナリをCleanなメモリで保持することで、メモリ不足になったらLinuxカーネルに自動的に破棄させ、再度アクセスがあった時にもLinuxカーネルに自動的にロードさせていました。

そのままmmapするために、保存してある形式を圧縮したりもしていません。圧

7.4 これまでのバイトコード実行環境

縮してあると実行時に解凍する必要があり、それはメモリ上で行う必要があります。このメモリはDirtyになってしまうため、Linuxカーネルが必要に応じて破棄できなくなります。圧縮できないため、文字列の共有などがより重要になりました。そこで、dexという独自のファイルフォーマットが必要になったわけです。

さて、この4.4までのdexoptとDalvik VMの構成の何を改善するために次の5.0の構成が生まれたのかについて話をするには、その前にJITの欠点を理解する必要があります。これは、現在の最新の7.0で再びJITとのハイブリッド環境になったことから、現在でも重要なトピックです。そこで、バイトコード実行環境の変遷を理解する上でもポイントとなるJITについて詳細に見ていきましょう。

7.4.2
JIT入門　トレースJITとメソッドベースのJIT

仮想マシンの実装がインタープリタの時は、バイトコードを読んでその値に応じてswitch文で分岐して処理していきます[注8]。

仮想マシンの実装がJITをサポートしている時でも、Androidにおいては最初はインタープリタで実行していきました。インタープリタで実行していく過程でよく使うコードやメソッドを見つけたら、そのブロックに関しては途中からJITを実行するという形式でした。世の中には全部のコードについて実行時の最初にJITするという形式もありますが、今のところAndroidでは使われていないのでここでは扱いません。

よく使うコードの部分を見つけたらそのバイトコードを一旦コンパイルし、次そのコードが使われる時にはそのコンパイル結果にジャンプします。コンパイル結果は通常ヒープのメモリ上です。

少し細かい話になるのですが、JITにはまず2つ、トレースJITとメソッドベースのJIT (*method based JIT*) の2つの形式があります。

トレースJIT

Androidの初期のバージョンのJITは、トレースJITと呼ばれる形式でした。

トレースJITとは、コードを実行していくパスのうち、よく実行されている部分をコンパイルするという形式です。コンパイルの単位がメソッドより小さくなることが多く、必要な所だけをコンパイルします。この方式のメリットは、コンパイルする場所を絞るとメソッド単位よりも費用対効果を高くできることです。特に、メモリを少しだけ多く使うことによって、なるべく費用対効果の高いパフ

注8　実際は関数ポインタのテーブルを使っていましたが、本質的には変わりません。

ォーマンス向上を得たいという初期のAndroidには良くマッチしていました。

使用メモリ量と実行速度の間には、トレードオフがあります。通常この手の問題では、最初の少しのメモリ使用量増加は大きく実行速度を改善しますが、そこから先はメモリ使用量を増やしていっても大して速くならないものです。一番重要なボトルネックの所だけを、追加でメモリを使うことで改善することで、メモリ使用量の増加に比して大きなパフォーマンスの向上が期待できます。

メソッドベースのJIT

その後バージョンごとにいろいろ変遷があるのですが、最新の7.0では筆者がコードを読んだ範囲ではメソッドベースのJITに変わっています[注9]。

メソッドベースのJITはトレース単位ではなくて、メソッド単位でJITコンパイルするという方式です。一般的にはメソッドベースの利点は、最適化の単位として適切な情報を持つことが多いので、より高度な最適化ができるというのがよく言われます。しかし、最近のAndroidでメソッドベースJITになっているのは、おそらくAOTやprofile guidedコンパイルとの相性でしょう。あるクラスをすべてコンパイルする時に、メソッド単位でコンパイルできるならそれを組み合わせて全体をコンパイルするのは容易ですが、実行時のトレース単位でコンパイルできても、クラス全体をコンパイルするのにそれをどう援用して良いかは自明ではありません。

メソッドベースのJITのモジュールがあれば、それをAOTコンパイルでもprofile guidedコンパイルでも使い回すことができますが、トレースJITのモジュールがあっても使い回すのは難しいでしょう。

メソッドベースのJITはよく使われるメソッド全体をコンパイルしてしまうので、よく使うメソッドのあまり使われないコードもコンパイルされてしまいます。そのため、消費メモリなどは多くなりがちですし、不要な所をコンパイルしている間も待たなくてはならないため、リアルタイム性は低下します。

メソッドベースのJITも、最初はJIT無しのインタープリタで実行して、呼び出し回数が多いメソッドを途中からJITします。このように、大部分はバイトコードを解釈して実行しておいて、重要な所だけをJITするのはトレースJITもメソッドベースのJITも同様です。

さて、JITはネイティブにコンパイルされるのでインタープリタより速いと言うのは簡単ですが、実際はそうでもありません。以下、JITがAndroidの想定する環境においてどのような影響を持つのか、少し見ていきます。

[注9] 筆者が知る限り、公式のアナウンスはなかったと思います。

JITとメモリ

JITは、通常ヒープ上で行います。そして、JITされたコードのメモリはすべてDirtyとなります。しかも、JITされるかどうかはプロセスごとに違ってくるのでPrivateにもなります。つまり、同じコードであっても、アプリが違えば共有されません。すべてのアプリで共通のクラスライブラリなどでも別々にJITすると、それらJIT後のコードはアプリごとに別々にメモリ上に保持されてしまいます。JIT後のコードは、まったく共有されません。つまり、JITされたコードは、凄くメモリ効率が悪いと言えます。

また、JITされたコードはバイトコードの命令に比べて低レベルなため、バイトコードに比べて膨れ上がるのが通常です。DirtyでPrivateなだけでなく、使用量まで増えてしまうのです。消費メモリが増えればOOM Killerなどの発動率も上がり、裏に行ったアプリのプロセスが頻繁にkillされるようになりますし[注10]、GCもよく実行されるようになります。通常の使用時の実行速度がかえって遅くなる可能性は十分にあります。

そこで、AndroidのJITは凄く重要な所のみに絞り込んで、あまりたくさんのコードをJITしないようにしています。つまり、多くの部分はインタープリタのまま実行しています。公式のプレゼンでも、一般的なアプリで100KB（*Kilobytes*）とか200KBとかいったオーダーしかJITされないようにチューンしていると説明されているのを多く見かけます。

コードの大半はインタープリタとして実行されるので、それらのコード自身はCleanに保たれます。Zygoteがロードするクラスライブラリな らShared にもなるでしょう。必要最小限の所だけをJITすることで、Dirtyなメモリの増加を最小限に抑えつつ、最大の費用対効果の実現を目指しているわけです。

凄く計算速度が効いてくる場所は、多くの場合は全コードのごく一部なので、この戦略は大多数の計算速度が重要なシナリオでうまく機能します。

JITとバッテリー

JITの結果はヒープに書かれることからもわかる通り、通常はプロセスが終了したら失われます。アプリを起動する都度、毎回コンパイルが行われるわけです。コンパイル自体はCPUなどの計算リソースを消費する、ひいてはバッテリーを消費します。アプリの起動の都度追加でバッテリーを消費してしまうわけです。そして、通常のデスクトップやサーバーよりも、Androidではよくプロ

注10　Linuxではメモリが枯渇すると、OOM Killerという機構によりプロセスがkillされます。Androidがこの機構をいかに有効に使っているかは第Ⅱ巻で扱います。

セスがkillされます。プロセスが立ち上がると比較的長時間動き続けるサーバーなどとは、ここが大きく違います。

JITは、メモリとバッテリーというモバイルで重要な2つの要素に優しくないという困った性質があるのです。

JITとリアルタイム性

JITのコンパイルは、実行とは関係ない仕事となります。1回の実行だけなら、JITがない方が速いのが通常です[注11]。

実行しているとたまにJITが走るわけですが、このJITが走っている間はシステム全体のパフォーマンスは低下します。このJITが走る瞬間に応答性が低下するというのは、例えばスクロールやアニメーションの途中に「引っ掛かる」というふうにユーザーには体感されます。7.1.2項でも述べた通り、一時的にフレームレートが低下するのはユーザーにはとても気になるもので、以後同じ操作をしたら引っ掛からないよというのは納得してもらえないようです。

Androidはプロセスがkillされることがあるという事情が、この問題をさらに悪化させます。Activityが裏に行ってkillされていると、表に来る都度JITが最初から行われるわけです。アプリを切り替える都度何かもっさり感じられる、これはあまり望ましくはありません。実際、以前のAndroidでそう感じていた人も多いと思います。

アプリを起動してから実際にユーザーが操作できるようになるまでの時間を短縮するのも、Androidでは重要な項目です。ユーザーはアプリを起動して最初に使えるようになるまでが遅いと、その場でバックキーを押して二度と試してくれないかもしれません。「立ち上がりが遅いけど以後は速いです」というのは、スマホの通常のユースケースにはそぐわないわけです。新しくプロセスが立ち上がる時というパフォーマンス的には最悪のケースでも、そこそこの速度で動いてもらう必要があります。起動時に数回くらい空のリクエストを投げておけば良いというサーバーのケースとは、ずいぶん事情が違います。

AndroidのJITが途中からだけ走るようになっていて立ち上がる時にはインタープリタとして立ち上がるのは、起動時の速度を重視しているからでしょう。また、JITが走る時に60fpsを死守するというのは、Androidチームが総力を上げて取り組んでいる所です。JITを使うケースでもいかに60fpsを維持できる程度の時間に抑えるかは、AndroidのJITを考える上では重要な視点となります。

注11 コンパイル時間が凄く速いコンパイラを使うことで、1回の実行でもJITの方が速くなるように頑張るという戦略も存在しますが、少なくともAndroidはそうではありません。

JITが有効なケース

ここまで挙げてきたものを見ていると、JITはAndroid向きかどうか疑問に思う要素も多くあることがわかります。実際JITの使用はサーバーサイドのJavaなどに比べると、かなり限定的となっています。しかし、わざわざJITを入れたのも意味があります。

初期の頃のAndroidでは、クラスライブラリは巨大だけれどアプリ自体は小さいことが想定されていましたし、実際にそうでした。アプリのコードはクラスライブラリを呼び出す、いわゆるグルー（糊）のようなものという想定でした。この場合は、クラスライブラリのうち重要な仕事をしている部分がネイティブになっていれば、アプリ自身のインタープリタの速度はあまり重要ではないと言えます。こういったケースにおいては、JITにはあまり良いことはありません。

しかし、Androidが発展していく過程で、アプリも大きくなっていきました。初期の頃はクラスライブラリを呼び出すだけのようなアプリだったのが、やがてアプリ内で多くの処理を行うようになっていきます。そして、アプリの中には、CPUでの処理を多く行うような性質のものもずいぶんと出てきました。

JITが有効になるのはアプリ内でCPUを多く使う処理があり、そこの速度がボトルネックになっているケースです。ベンチマークは意図的にそのようなプログラムになっているのでJITに有利に結果が偏りがちですが、ベンチマーク以外でもベンチマークほどではないにせよ、そのような性質のアプリが実際に増えていったのは間違いありません。

AndroidのJITは基本的にある程度インタープリタとして走って、コードの中で重要な場所を見定めてから必要最小限の部分をJITします。そこで、ユーザーからは、立ち上がった時はインタープリタとして立ち上がり、しばらく使っていると何だかだんだん速くなるというふうに感じるわけです。こういった振る舞いが有効なアプリは何だろうかと考えてみると、JITが有効なケースがわかってくるでしょう。

AOT時代　5.0〜6.Xまで

さて、Dalvik VM + JITのシステムは長く使われ続けたのですが、その後、ここまで述べたJITの問題点を解決するべく、AOTコンパイルという技術が登場します。4.4のKitKatからは、Androidのバイトコード実行環境にARTと呼ばれる実行環境がオプションで入り、5.0からはDalvik VMにとって代わってメインの実行環境となりました。ARTは、AOTコンパイルを利用したシステム

第7章 バイトコード実行環境

でした。ARTという言葉は7.0の登場で何を指すのか曖昧となってきたので、ここではAOTコンパイルがメインかどうかで区切りたいと思います。

前述の通りAOTコンパイルはahead-of-timeコンパイルの略で、インストール時にアプリをコンパイルする形式です。また、システムアップデート時にはクラスライブラリやプレインストールのアプリの他に、その時点で入っているアプリも再コンパイルされます。

AOTコンパイルの導入からはこれまでのdexoptは廃止されて、代わりにインストール時にdex2oatというコマンドが実行されるように変更されています。このdex2oatは、Dalvikバイトコードを読んでARMの実行イメージに変換するコマンド、つまりAOTコンパイラのコマンドです。

AOTコンパイルの結果は、ファイルフォーマットとしてはelf(*Executable and Linkable Format*)形式のファイルを出力します。elf形式はLinuxでも使われているのでお馴染みのフォーマットだと思いますが、簡単に補足しておきます。

elfは、汎用のファイルフォーマットで中にさまざまな形式のバイナリデータを格納することができます。また、1つのelfファイル内に複数のバイナリ形式を別々のセクションとして格納できます。

実際、elfの中にDalvikバイトコードが残っているセクションなどもあります。いくつかのJavaの機能はバイトコードの方が実現が自然なため、バイトコードのままにしてインタープリタとして実行するケースもあるようです。

AOTコンパイルは、事前にコンパイルされたelfファイルをそのままファイルに保存します。このelfファイルもdexファイルと同様、そのままmmapして実行できるように作られています。AOTコンパイルの形式に移行しても、以前と同様コード領域はCleanなままになるわけです。

また、JITと違い、ディスク上にあらかじめコンパイルした結果が保存されているため、fork前にmmapした時点で既にコンパイルされています。そのため、プロセスごとにメモリが別にはならず、クラスライブラリのコンパイル結果もちゃんとSharedになります。

一方で、コードサイズ自体はバイトコードに比べると膨れ上がります。マシン語はバイトコードに比べるとより低機能なため、同じことを実現するのにより多くの命令が必要になるためです。

JITと違い実行時にはコンパイルせずに、一度コンパイルしたものを何度も使い回せるので、バッテリーに優しく、実行時にたまにコンパイルが走って遅くなることもないので、60fpsのフレームレートを維持するのにも有利です。メモリを犠牲にしてフレームレートとバッテリーをとったというのが、AOTコンパイルのシステムと言えます。

AOTコンパイルの欠点　アップデートが遅い

　最近はメモリも増えてきたし、ユーザーの期待値も上がり、最新機種がスクロールで引っ掛かるなんて、もはや受け入れられるようにも思えません。そういった事情を考えると、このAOTコンパイル形式で決定版かと思っていたのですが、なんと7.0で大きく変更が入りました。そこで、このAOTコンパイルの形式の欠点についても少し考えてみましょう。

　コンパイル元とコンパイル結果の両方を保存しておく都合で、ストレージ容量を多く喰うとか、実行イメージはバイトコードより膨らむので使用メモリが増えるといったことは言うことはできますが、おそらく昨今のマシンの状況を考えると大きな理由ではなかったでしょう。

　7.0での大変更に踏み切った一番の理由は、システムアップデート時に全アプリが再コンパイルされることだと思います[注12]。

　Androidのシェアが増えるに従い、セキュリティ的なアタックを受ける機会も増えてセキュリティ修正をもっと頻繁に行いたくなったというのが、7.0でバイトコード実行環境の大変更に踏み切った一番大きな理由でしょう。特にp.252のコラムでも説明しているstagefrightバグの影響が大きかったのだと思います。

　AOTコンパイルの形式ではセキュリティアップデートの都度、全アプリの再コンパイルが走りかなりの時間がかかります。これは数十分とかのオーダーです。1年に1回程度なら我慢もできますが、2〜3ヵ月に1回、さらには毎月更新といったことを行おうとすると、かなりの問題となります。JITはよく使う所だけを選んでコンパイルするので、相対的にそれほど多くの作業は行いませんでした。しかし、AOTコンパイルはアプリの全バイナリをコンパイルするので、ずっと多くの作業を行います。

　さて、システムアップデートが最大の要因だとは思いますが、システムアップデート以外のアプリ単体のアップデートも要因の一つでしょう。アプリが大量にインストールされている端末だと（そして、それはAndroidとしては望ましい使い方と言えます）、毎日何かしらのアプリのアップデートは降ってくるという状況になります。

　アプリのアップデートの都度コンパイルが走ってしまうのですが、このコンパイルが走っている間はスマホのパフォーマンスがかなり低下します。ユーザーはたくさんのアプリをインストールしていながら、普段実際に使うアプリは少しだけというのが一般的な使い方です。このインストールしているが普段あ

注12　実際Google I/Oの2016年のセッションではそのような話がありました。
URL https://www.youtube.com/watch?v=fwMM6g7wpQ8

まり使わないアプリのアップデートが、ユーザーの日々のスマホの使用に悪影響を与えてしまうのは、あまり歓迎されないことでしょう。

個々のアプリのアップデートやシステムアップデート時に大量のリソースを消費する、これが7.0で大きな変更を行った直接の理由と考えられます。

さて、ようやくNの話をする準備が整いました。次は、Nのバイトコード実行環境を見ていきましょう。

7.5 Nのバイトコード実行環境
Android 7.0 Nougatの進化

ここからは、本書執筆時点の最新版であるAndroid 7.0 Nougat、通称Nのバイトコード実行環境について解説します。

AOTコンパイルは、実行時のパフォーマンスとしては素晴らしいものでした。仕組みとしては、これから話す7.0の構成よりも速い実行環境です。しかし、前節で述べた通り、アプリのインストールやアップデートなどに長い時間がかかり、その間のシステムのリソースも多く消費します。さらに、そのリソースを用いて行う作業の多くは、実際にはそれほど必要ないものなのです。

そこでNでは、アップデートやインストールの時に余計なことを行わず、けれど重要な所だけはあらかじめコンパイルするというシステムを目指したものとなっています。その目標をどのように実現しているかについて、本節で見ていきます。

本節の構成

最初に、7.5.1項でNのバイトコード実行環境がどのような仕組みを組み合わせたものかを説明します。次に、7.5.2項でその各々の仕組みをどのコマンドやクラスで実現しているのかという登場人物の名前と、それらが大雑把には何を行っているのかを押さえます。

続く7.5.3項から7.5.6項までの各項で、それらの登場人物について個別に詳細を見ていきます。7.5.3項でProfileSaverを、7.5.4項でBackgroundDexOptServiceを、7.5.5項でdex2oatのprofile guidedコンパイル機能を、7.5.6項でイメージファイルとは何かを解説します。

そして7.5.7項で、以上のNバイトコード実行環境のまとめを行います。

7.5.1
Nのバイトコード実行環境概要

Nは、以下のハイブリッドなシステムです。

❶一部のクラスライブラリなどのAOTコンパイル
❷メソッドベースのJIT付きDalvik VM
❸JIT時のプロファイル情報に基づいたprofile guidedコンパイル
❹ヒープを保存したイメージファイルからの起動

❶は6.Xまでと同様のAOTコンパイルなので問題ないでしょう。システムアップデート時などにdex2oatでAOTコンパイルされて、以後はこのコンパイルされた結果が使われます。どのクラスがコンパイルされるかはいろいろな条件があって単純にここにリストアップするのは難しいのですが、manifestにcoreAppが付いているアプリと、BOOTCLASSPATHに入っているクラスが基本的にコンパイル対象となります。ただし、ファームウェアをビルドする時にコンパイルされたくないファイルを指定して除外することもできるなど、実際の処理はもう少し複雑です。興味のある人はinstalld/otapreopt.cppを覗いてみてください注13。

❷は4.4までの通常のDalvik VMに似ていますが、当時はトレースJITだったのが、今回はメソッドベースのJITに変わっているようです。詳細は後述します。

そして、❸が新しい要素となるprofile guidedコンパイルです。これは充電中でアイドルの時にこっそり走るAOTコンパイルのようなものです。違いはバイナリ全体をコンパイルするのではなく、よく使われるアプリのよく使われるメソッドだけをコンパイルする所です。

❹は細かい話となりますが、JITベースのシステムにした結果遅くなった起動時間を、AOTコンパイルの頃と同じになるためにチューンする過程で入ったようです。詳細は7.5.6項で扱います。

なぜ一部JITに戻ったのか?

このように、5.0ではAOTコンパイルですべてをコンパイルしていたのが、7.0からは一部をJIT実行するように先祖返りしています。

JITを併用するシステムに戻った一番の理由は、7.4.3項で述べたAOTコンパイルのシステムが抱える問題点である、システムアップデートにかかる時間が長いというものだと考えられます。

セキュリティアップデートを毎月などの頻度に増やしたいと思った時に、月

注13 該当するソースコードの場所については、本書のサポートページを参照してください。

第7章 バイトコード実行環境

に1回30分以上も使えない状態になってしまうAOTコンパイルのシステムは、あまり望ましい振る舞いとは言えません。しかも、そのAOTコンパイルされるアプリ達の中には、インストールされてはいるけれど一切使われないものを多く含んでいるのが一般的です。

一方、JITは実行された所しかコンパイルしないので、まったく使われてないアプリがたくさん入っていても影響ありません。

事前にならコンパイルに時間をかけても良いというのは、少なくとも現状のAndroidでは事実ではなかったようです。たとえ電源充電中のアイドル状態でも、やはり無駄なことはあまりしない方が良いスマホのシステムであるということなのでしょう。

パフォーマンスに重要なのは、コード全体のごく一部です。そこで、なるべくそこだけをコンパイルするというのが、AOTとJITとprofile guidedコンパイルのハイブリッドなシステムの目指す大目標だと言えます。

なお、JITに戻ったということは、実行時だけ速ければコンパイルに時間をかけても良いというわけではないというのが現在の結論であることも意味します。そういった点では、まだまだレジスタベースのバイトコードであるメリットの一つ、コンパイルが容易というのは意味がありそうです。

なぜJITがトレースJITからメソッドベースのJITになったのか？

トレースJITについては7.4.2項でも扱いましたが、AndroidのJITとしてはいろいろと都合の良い性質があります。しかし、7.0からはメソッドベースのJITになりました。それはなぜかについて、筆者の推測ですが書いておきます。

トレースJITは、実行した所しかコンパイルできません。そこで、トレースJITのモジュールを流用してクラス全体をコンパイルするのは少し難しく、無理矢理行ってもずいぶん違うロジックが走ることになってしまいます。

一方で、メソッドベースのJITのモジュールがあれば、あるクラス全体をコンパイルしたければ、そのクラスの全メソッドを順番にコンパイルすれば良いので、AOTコンパイルとJITでモジュールを共有するのは簡単です。また、profile guidedコンパイルは使われているメソッドだけをコンパイルするので、これもメソッド単位のJITとの方が共有が容易です。

そのようなわけで、メソッドベースのJITはJITとしてはトレースに比べるとAndroid向きではないのですが、AOTコンパイルとprofile guidedコンパイルのハイブリッドシステムにしたため、メソッドベースのJITにしたのでしょう。

7.5.2
Nのバイトコード実行環境、構成要素

次に、Nのバイトコード実行環境を実際に構成しているクラスやコマンドなどの各要素を紹介します。BOOTCLASSPATHにあるファイルは6.X以前と同様にAOTコンパイルされて、そのアーキテクチャのネイティブのバイナリが入ります。AOTコンパイルはこれまで同様、dex2oatコマンドで行われます。

さて、AOTコンパイルされていないDalvikバイトコードはVMで実行されます。この時にはインタープリタとして実行しつつ、一定以上実行されたメソッドに関してはメソッド単位でJITを行います。

さらに、apkをロードしたタイミングでProfileSaverというクラスを新しいスレッドで開始します。このProfileSaverは定期的に起きて、ランタイムがこれまでresolveしたクラスとメソッドをプロファイルとしてファイルに記録していきます。

BackgroundDexOptServiceというサービスがSystemServerから起動されて、電源につながっていてアイドル状態の時に、この最近書かれたプロファイル情報とこれまでに書かれたプロファイル情報をマージし、その差分から新たにコンパイルした方が良いと判断したメソッドをコンパイルします。

AOTコンパイルとprofile guidedコンパイルは、どちらもdex2oatコマンドが実行します。これはinstalldにdexoptメッセージを投げることで実現しています。dexoptは、かつてはこのメッセージが来た時に実行されるコマンドの名前でしたが、今ではdex2oatという別のコマンドが実行されるだけなのでdexoptという名前に意味はありません。以上をまとめると図7.9の通りです。以降で、各要素をもう少し詳細に見ていきましょう。

図7.9 ProfileSaver、BackgroundDexOptService、dex2oatの関係

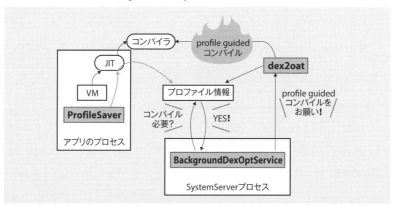

Nのバイトコード実行環境の概要と、そのうち本章で扱う構成要素達。

ProfileSaverによるプロファイルの保存

ProfileSaverは、プロファイル情報を保存するクラスです。これはActivityThreadのhandleBindApplication()から呼ばれます。handleBindApplication()についての詳細は本書の範囲外となりますが◇、基本的にはアプリの情報とアプリのプロセスを結び付けるという処理を行うメソッドです。ActivityThreadから実行されることからもわかる通り、実行されるプロセスは各アプリのプロセスということになります。

handleBindApplication()の中で、渡ってきたapkの情報を元にProfileSaverのStart()を呼び出します[注14]。

ProfileSaverの呼び出し
```
ProfileSaver::Start(filename, code_cache_.get(), code_paths, foreign_dex_profile_path, app_dir);
```

引数を見ても、バイトコードのファイル名やアプリのapp_dirなど、アプリに関する情報が渡されているのが見て取れます。

このように、対象とするapkの情報をProfileSaverに渡しておくと、ProfileSaverはVMの実行状況のプロファイルを定期的に起きて集めます。

Start自体は新たなスレッドを立ち上げるメソッドで、そこから定期的にRunが呼ばれます。Runの中では一定時間sleepしては、プロファイル情報を処理します。

プロファイル情報はJITしたコードを表すJitCodeCacheオブジェクトに蓄えられているので、これを取得します。7.0現在では、取得している情報はコンパイルされたメソッド一覧です。

ある程度の数の情報が貯まったら、現在実行中のプロファイルを表すファイルに保存しておきます。本書執筆時点のコードでは以下のパスですが、この周辺はよく変わるのであくまで参考程度に見ておいてください。

```
/data/misc/profiles/cur/[userid]/[packagename]/primary.prof
```

例えば、カレンダーなら以下のようなパスになります。

```
/data/misc/profiles/cur/0/com.android.calendar/primary.prof
```

このディレクトリに現在のプロファイル情報を定期的に保存するまでが、ProfileSaverの仕事です。後の処理はSystemServerプロセスにいる、Background DexOptServiceに任せます。

[注14] 実際はhandleBindApplication()の中から呼び出されるLoadedApkのメソッドから実行されます。

7.5.4
BackgroundDexOptServiceの起動と処理内容
profmanによるプロファイル情報のマージ

アプリを実行するごとに保存されるプロファイルのファイルを処理するのが、BackgroundDexOptServiceです。これはJobServiceのサブクラスで、本書で言うところのSDKのServiceです。SDKのServiceにしては珍しく、SystemServerから実行されます。

JobServiceは、JobSchedulerに自分を起こして欲しい条件を登録しておくと、条件を満たしたら起こしてくれるというライブラリです。

URL https://developer.android.com/reference/android/app/job/JobService.html
URL https://developer.android.com/reference/android/app/job/JobScheduler.html

JobSchedulerへの登録と起動条件

このJobSchedulerに登録する部分のコードは、以下のようになっています。

```
BackgroundDexOptServiceの登録のコード
public static void schedule(Context context) {
    JobScheduler js = (JobScheduler) context.getSystemService(Context.JOB_SCHEDULER_SERVICE);

    // ❶起動時に1回だけ実行されるジョブ。インストール済みパッケージをスキャンして、
    // 古くなっているoatファイルをアップデートする（本書では詳細は扱わない）
    js.schedule(new JobInfo.Builder(JOB_POST_BOOT_UPDATE, sDexoptServiceName)
            .setMinimumLatency(TimeUnit.MINUTES.toMillis(1))
            .setOverrideDeadline(TimeUnit.MINUTES.toMillis(1))
            .build());

    // ❷1日1回走るジョブで、暇な時にプロファイル情報を元にコンパイルする。詳細は後述
    js.schedule(new JobInfo.Builder(JOB_IDLE_OPTIMIZE, sDexoptServiceName)
            .setRequiresDeviceIdle(true)
            .setRequiresCharging(true)
            .setPeriodic(TimeUnit.DAYS.toMillis(1))
            .build());
}
```

2つのジョブを登録しているのが見て取れます。❶は、起動時に1回だけ走るジョブを登録しています。この処理は毎日走る方とそれほど処理が変わらなく重要でもないので、本書ではこれ以上扱いません。

❷のschedule呼び出しが7.0のバイトコード実行環境の目玉である、profile guidedコンパイルを1日1回動かしているジョブです。スケジュールの所の条件を詳細に取り上げます。

第7章 バイトコード実行環境

```
js.schedule(new JobInfo.Builder(JOB_IDLE_OPTIMIZE, sDexoptServiceName)
        .setRequiresDeviceIdle(true)
        .setRequiresCharging(true)
        .setPeriodic(TimeUnit.DAYS.toMillis(1))
        .build());
```

以下の3つの条件が指定されていることがわかります。

❶デバイスがアイドルな時だけ(setRequiresDeviceIdle)
❷デバイスが充電中の時だけ(setRequiresCharging)
❸1日1回(setPeriodicで1日)

これらの条件がすべて満たされると、このクラスのonStartJob()メソッドが呼ばれます。

プロファイルのマージとprofile guidedコンパイルの始動　　profmanとdex2oat呼び出し

1日1回、充電中の暇な時に呼び出されるonStartJob()では、インストール済みのパッケージを見ていって、最終的にはPackageDexOptimizerのperformDexOpt()を呼び出していきます。このperformDexOpt()は、

❶依存しているパッケージをAOTコンパイル
❷各実行のプロファイル情報が存在していたら、それを過去のプロファイル情報とマージ
❸プロファイル情報をマージした結果の差分が大きければ、profile guidedコンパイルを開始

という処理を行います。❶に関しては別段難しいことはないので、以下❷と❸について説明を行います。

7.5.3項では、ProfileSaverが実行時に以下のファイルに、プロファイル情報を書き込むという話をしました。

/data/misc/profiles/cur/[userid]/[packagename]/primary.prof

一方で、Androidは過去のプロファイル情報をマージした、マスターのプロファイル情報を以下に保持しています。

/data/misc/profiles/ref/[packagename]/primary.prof

ファイルのパスで、前者は[userid]が含まれていて、後者には含まれていないことに注目してください。前者は、Androidの意味でのユーザーが実行した単体の

プロファイル情報です。後者は、ユーザーごとではなくシステムワイドな情報です。

　installdにmerge_profilesメッセージでこれら2つのファイルのマージ処理を依頼できます。installdはmerge_profilesのメッセージを受け取ると、/system/bin/profmanコマンドを実行してプロファイルのマージを行います。マージした時に追加されたメソッドの数が一定数以上ならprofmanはコンパイルが必要、という終了フラグを返し、それをinstalldが返します。

　performDexOpt()はmerge_profilesのメッセージを送信して結果を受信し、その結果が「profile guidedコンパイルすべき」というものだったらprofile guidedコンパイルの指示をinstalldに投げます（図7.10）。

図7.10 merge_profilesメッセージとその結果

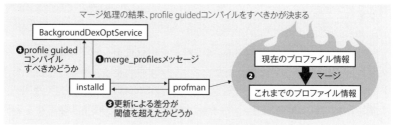

installdに対してmerge_profilesメッセージを送信すると、installdはprofmanコマンドを実行する。このprofmanコマンドは最後に実行したアプリのプロファイル情報を、これまでのプロファイル情報とマージする。このマージ処理の時に、結果の差分が閾値を超えたら、呼び出し元にその旨を終了コードで通知する。このprofmanの終了コードはinstalldが解釈して、profile guidedコンパイルが必要だという値としてmerge_profilesメッセージの返り値として返される。

　このprofile guidedコンパイルを指示するメッセージは、dexoptメッセージです。

7.5.5
dex2oatによるprofile guidedコンパイル

　installdはdexoptのメッセージを受け取ると、/system/bin/dex2oatにあるdex2oatコマンドを実行します。このコマンドはdexファイルをコンパイルしてそのデバイスのアーキテクチャにあった実行バイナリを生成します。dex2oatはAOTコンパイルでもprofile guidedコンパイルでも使われるコマンドです。

　profile guidedコンパイルを行わせたい時は、コマンドライン引数に--profile-file=[ファイル名]か、--profile-file-fd=[fdの値]というオプションを追加します。この引数を受け取るとdex2oatはプロファイル情報に存在するメソッドだけをコンパイルして、それ以外はそのまま残します。プロファイル情報自体は元々JITで生成されるもので、JITもdex2oatから呼ばれるコンパイラも同じモジュールを共用しているので、今後さらなる最適化が行いやすい構造とな

っていると言えます(図7.11)。

図7.11 プロファイル情報を生成する場所と利用する場所は離れているが、コードは同じモジュール

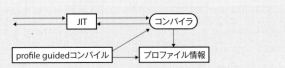

JITとprofile guidedコンパイルは、呼ばれる所は離れているが、コンパイラモジュールは共有している。プロファイル情報を生成するのも使用するのも同じモジュールなので、使用する側の事情に合わせて情報を変更したいとなっても、コンパイラモジュールの変更だけで済む

JITはアプリのプロセスから実行環境を通して呼ばれ、profile guidedコンパイルはBackgroundDexOptServiceからいろいろと経由してdex2oat越しに呼ばれる。両者はプロセスも呼ばれる行程も大きく異なるが、最終的に呼ばれるモジュールは同一のコンパイラモジュールとなっているので、JITから生成されるプロファイル情報はprofile guidedコンパイルと強く依存させて問題ないし、プロファイル情報や生成部分を変更しても他の部分への影響は少なく、最適化のために変更していきやすい構成。

　現時点では、JITもprofile guidedコンパイルもAOTコンパイルも同じロジックでコンパイルされています。また、プロファイル情報は、単純にどのメソッドをコンパイルするかという「するかしないか」の判断にしか使われていません。
　理論上は、JITは短時間でコンパイルして生成されるコードも小さくなるようにして、profile guidedコンパイルでは多少コードが膨らんで時間がかかっても、最も最適化の効いたコンパイルを行うべきというように状況によって最適化の種類は変えるべきはずですが、それは将来の変更に期待という状況です。
　profile guidedコンパイルはアプリの全体のうち、よく使われるメソッドだけをコンパイルするので、AOTコンパイルの欠点であった重要でない所もコンパイルしてリソースを消費してしまうという問題が解決されています。アプリのボトルネックは大抵全体から見るとごく小さなコードブロックに集中しているものなので、こちらの方が費用対効果はずっと良いはずです。
　最低限のAOTコンパイルとよく使われる部分だけに絞ったJITを組み合わせて、普段の実行でリーズナブルなパフォーマンスを達成しつつ、profile guidedコンパイルを組み合わせることで一番効く所だけをあらかじめコンパイルしておくというNougatのバイトコード実行環境は、現在多く使われているシステムの中では最も洗練された最先端のバイトコード実行環境の一つと言って良いでしょう。

7.5.6
イメージファイルによる起動の高速化　.artファイル

イメージファイル自体は以前からboot.artだけは存在していたのですが、7.0からは一般のアプリでも使われるようになったので、ここで軽く紹介しておきます。

7.0からは、アプリのイメージファイルというものが追加されています。拡張子は.artで、dex2oatが生成するファイルの一つです。7.0現在では、AOTコンパイルとprofile guidedコンパイル時点で生成されます。

このイメージファイルは、概念的にはクラスをロードして自明な初期化をした後のヒープの内容をそのままファイルに落としたものです。このイメージファイルをヒープの領域にmmapすることで、毎回行われる初期化をサボって、その続きからアプリを開始することができます。実際はイメージファイルからoatへの絶対アドレスの参照やoatファイルからイメージファイルの領域への絶対アドレスの参照などがあるので、かなりトリッキーな処理が入りますが、結局は概念的な理解を実装したものとなっています。

メモリにロードされた状態では、以下の**図7.12**のようなレイアウトとなります。

図7.12 イメージファイルとoatファイルのメモリ上のレイアウト

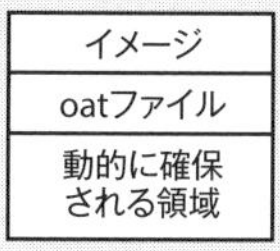

| イメージ |
| oatファイル |
| 動的に確保される領域 |

イメージファイルはoatファイルの前に置かれる。oatファイルの開始は、イメージファイルのサイズが決まらなければ決まらず、双方絶対アドレスによる参照が入り乱れているので、生成する時はちょっとした計算がいる。イメージファイルもoatファイルも、そのままファイルをmmapする

あまり大々的には宣伝されてないこのイメージファイルですが、7.0で導入されたのはアプリの起動スピードで前のバージョンより遅くならないようにという目的のためだと思います。

メソッドベースのJITは、原理的にはAOTコンパイルよりも起動が遅くなるはずです。でも、新バージョンが出た時に、前のバージョンより遅くなるというのはなかなか言いづらい…。そこで、原理的には遅くなることも頑張ってチューンして前よりは速いというのを、すべての指標で頑張って維持しているのではないかと見受けられます。かつては割と遅くなるリリースもあったのですがLあたりからそういったことも減ったので、かなりしっかりとした計測を行うようになっているのではないでしょうか。そこで、ハイブリッド型にした時に起動時間が前より遅くなってしまうという問題に直面して、かなりのエンジニアリングリソースをつぎ込んでこの解決に乗り出したのだと思います。

結果としては、GCやアロケータのチューンなどで秒間60フレームの死守に

第7章 バイトコード実行環境

成功し、イメージファイルをアプリごとにも生成するようにすることで起動時間まで短縮してしまい、バッテリーの消費も減ってアップデートやインストールの時間も短縮し、ストレージ容量も少なく済むようになったという発表だけ聞いていると信じがたいような改善を達成しています。

7.5.7
Nのバイトコード実行環境、まとめ

　Android 7.0、通称Nのバイトコード実行環境は、これまでのさまざまなテクノロジーの集大成のようなシステムとなっています。

　最初にロードされるクラスライブラリはAOTコンパイルされることで、実行時にネイティブコードのパフォーマンスになるようにします。クラスライブラリはたくさんのアプリから使われるので、最初にコストをかけてコンパイルしておく価値があります。また、クラスライブラリはすべてのアプリで共通となるので、AOTコンパイルしておけば、JITを防ぐことでメモリをすべて共有されるようにできます。

　一方で、あまり使われることのないアプリやライブラリのコンパイルは行わないことで、メモリやストレージの容量、そしてインストールやアップデートの時間を短縮します。

　アプリの実行時にはイメージファイルの採用により起動を高速化し、さらにメソッドベースのJITを導入することで、CPUをたくさん使うような計算にはネイティブコードのようなパフォーマンスを実現しつつ、通常の実行でもリアルタイム性を損なわず60fpsのフレームレートを保つように設計されています。メソッドベースのJITを実行する時には、ProfileSaverが定期的にプロファイル情報を出力します。

　さらに、よく使うアプリのよく使うメソッドなどは、電源充電中でアイドル中の時にこっそりprofile guidedコンパイルを使うことで、かつてのAOTコンパイルのシステムに近いレベルのパフォーマンスを実現しつつ、プロファイル情報を用いるため、あまり重要でないコードをコンパイルして時間やストレージを無駄にしてしまう問題を解決しています。これはBackgroundDexOptServiceが、既存のdex2oatを使い回すことで行っています。

　研究レベルならいざしらず、世界中でもっとも使われている環境の一つと言えるAndroidで、このような先進的なバイトコード実行環境が実現したのは驚くべきことです。初期のCupcakeの頃から見てきた筆者としては、ずいぶん遠くまで来たものだと感慨に浸ってしまいます。

7.6 まとめ

　本章では、バイトコード実行環境について扱いました。バイトコード実行環境は、バッテリーをあまり消費せず、高いフレームレートと少ないメモリで動くことを目指しています。

　7.2節で、バイトコード実行環境が対象とするバイトコードについて解説を行いました。AndroidのバイトコードはDalvikバイトコードと呼ばれるレジスタ型のバイトコードで、dexというファイル形式で保存されているのでした。

　7.3節では、メモリを節約するために何をしたら良いのかを説明しました。メモリにはCleanとDirtyという区分けと、SharedとPrivateという区分けがあり、DirtyよりはCleanなもの、PrivateよりはSharedなものの方が望ましいということを見ました。そして、それを踏まえて、mmapやZygoteといった仕組みを用いていることについて解説しました。

　7.4節では、そこまでのバイトコードとメモリ節約のための工夫の話を踏まえて、これまでの歴代のAndroidのバイトコード実行環境が、Dalvik VMから始まり、JITが入り、AOTコンパイルのシステムになっていったことについて見ていきました。それらの各実行環境でどのような課題や利点があったかを見ていくために、JITについても詳細に取り上げました。

　そして7.5節では、Android 7.0のバイトコード実行環境について本格的に見ていきました。Android 7.0のNougatではprofile guidedコンパイルが導入されて、これまでの実行環境のすべてのハイブリッドのようなものになっていることを詳細に説明しました。ProfileSaverやBackgroundDexOptServiceが何をしているのか、それを用いてdex2oatでprofile guidedコンパイルが行われることなどを解説しました。

　Android 7.0のバイトコード実行環境は洗練されていて、多くの要素を合わせて実現されている素晴らしい環境です。本章の内容がこれだけ盛りだくさんとなってしまうのも、Androidが多くの工夫をしているということの現れと言えます。

Column

次の時代のAndroid、Lollipop　Androidバージョン小話❽

　JBが長らくいまいちだった状態でしたが、KitKatからずいぶんと立て直し、その次に出たLollipopはとても良くなりました。Lollipopからは、ARTがデフォルトで使われるようになるという大変更が行われています。ARTについては、本書の第7章で詳細に扱っています。

　Lollipopはパフォーマンスが良いのと、何よりバッテリーの持ちが改善したのが好印象でした。ICSから先、ずっと高機能路線でリソースを無駄に消費する方向に進んでしまっていましたが、KitKatあたりから派手な新機能よりもバッテリーの持ちやパフォーマンスといった地味で難しいが大切なことに取り組むように変わりました。Lollipopは、GBやICSの時のようなモバイルに詳しい古参のベテランが頑張って乗り越えたという感じではなく、ちゃんと必要な計測環境を整えて、きっちりと落としてはならない指標を維持して開発を続けていくというような育ちの良いエリート達の正統派の実力を感じるように変わりました。この方向性は次のMarshmallowでもNougatでも継続しているように感じます。

　LollipopはKitKatデバイスから上げても遅くなったという気がせず、JBの頃とは大きく変わったなぁと感心しました。

　個人的な話としてはデバイスが変わったので単純な比較はできませんが、JBの初代Galaxy NoteからLollipopのGalaxy Note 3に乗り換えた時に、バッテリーの持ちが3倍くらいに改善してびっくりしました。バッテリーの容量はほぼ変わらないのですが…。「こんなにバッテリーが持つように作れたのか！ 今までのは何だったんだ！」と驚愕しました。

おわりに

　本書のテーマであるGUIシステムについては、かつてWindows Vistaが出た頃には多くの情報がありました。しかしながらVistaがあまり成功しなかったことと世の中の関心がWebに移ったことから、現代では失われた技術情報という側面があります。Webの多くのフロントエンド技術は一つ前の時代のGUIシステムから多くを引き継いでいながら、HTMLというマークアップの歴史やブラウザエンジン、そしてその上のJavaScriptのライブラリとデザインを行っている人が大きく離れてしまったため、全体像とその背後に流れる哲学がわかりやすく示されることは減ってしまったように思います。本書で現代的なAndroidを題材に大体隅から隅まで総合的にGUIシステムを解説できたことは、この失われた知識を現在の最先端の話題に焼き直して再構成するという仕事になっているのではないだろうかと自分では思っています。もちろん、ただ昔のことを再掲したのではなく、大きく変わった現在のモバイルという問題についての最先端の記述ができていると自分では思っています。

　この仕事が成功したかどうかは、読者の皆さんの反応を待ちたいと思います。

　筆者はAndroidが大好きです。自分で本書を読み返しても、自分のことながら「この本の著者は本当にAndroid好きだな……」と思ってしまいます。

　本屋さんの技術書の棚に行くと、Androidの本はそれなりの幅を占めています。ですがその本のほとんどは「Androidの上でアプリを書くための本」で、筆者の好きな「Android自身についての本」がほとんどありません。そのことに長らく物足りなさを感じていたのですが、本書(と続編として予定している第Ⅱ巻も合わせて)で、Android自身について多くのことを述べた本を書棚に加えることができたと満足しています。

　筆者がAndroidを好きな理由の一つに、ソースコードが公開されているということがあります。会社に所属してGoogleと特別な契約を結ばなくても、自由にソースコードを読むことで「Androidとは何か」を学ぶことができます。本書と第Ⅱ巻は、ソースコードが公開されているということがいかに重要なのかを示す実例になると自負しています。

　本書は読者が実際のソースコードを参照することを前提にせず書きましたが、実際にコードを読む時の助けになる記述も多く含めてあります。本書を読んでいて気になった箇所があれば、ぜひ関連するソースコードを読んでみて欲しい

と思います。関連するソースコードの場所は本書のサポートページに一覧を作る予定です。

　本書を書き始めるべくソースコードを読み始めたのが、2015年でした。当時はまだLのソースで、Mはリリースされていませんでした。この「おわりに」を書いている2017年1月現在ではNまでリリースされて、しかもマイナーアップデートとなる7.1まで出ています。まさにmoving targetと言うにふさわしいプラットフォームであることを著者自ら証明してしまった感があります。

　本書を執筆する上では、以下の3つのトレードオフに悩むこととなりました。

❶内容をわかりやすく洗練されたものにすること
❷必要なトピックを一通り含めること
❸その時点での最新版の記述とすること

　特に上記の❶を単体で見た時には、もうちょっと頑張れなかっただろうかという気はしてしまいます。ですが、本書は自分の能力の範囲でこの3つのバランスを考えた上では最善のものになっているとは自信を持って言えます。

　10年以上前、次世代のモバイルプラットフォームのウィンドウシステムなどを語り合いながらガラケーのウィンドウシステムを開発していた頃を思うと、ずいぶんと遠くまできたものだと感慨深いです。

索引

記号／数字

.artファイル	301
.NET	10, 267
.rcファイル	30
.so（拡張子）	211, 214
?	138
64K制限	272

A

aapt	122
ABS_MT_POSITION_X/ABS_MT_POSITION_Y	61
acquireBuffer()	
BufferQueueConsumer::acquireBuffer()	231
ActionBar	170
Activity	20, 21
裏に行った〜	21
表にいる〜	21
〜の基底クラス	86
〜のライフサイクル	21, 24, 86
ActivityManagerService	24
ActivityThread	23, 90, 109, 240, 296
adb shell	24
addView()	
WindowManager::addView()	240, 248
ahead-of-timeコンパイル	16, 290
alloc()	
alloc_device_t::alloc()	219
alloc_device_t	219
Android	5
Linuxと〜の関係	53
Linuxと〜のつながり	14
〜のバージョン	8
AndroidManifest.xml	20, 247
Android Studio	7
AOTコンパイル	16, 34, 259, 289
API	11
ApplicationThread	109
app_process	34
ART	259
ASP.NET	39, 136
AssetManager	121
AT_MOST	152, 153, 155
AttributeSet	132

B

BackgroundDexOptService	295, 297
Binder	25, 61, 212, 228
binderドライバ	61
boot.art	301
BOOTCLASSPATH	293, 295
BufferQueue	210, 212, 230
BufferQueueProducer	231

C

CALLBACK_ANIMATION	202
Canvas	14, 40, 169
Choreographer	202
Chrome	192
CLR（.NET）	267
Commandパターン	189
Compat	173
configure()	
MediaCodec::configure()	250
Consumer	230
ContentParent	140
ContentProvider	11
ContentRoot	140
ControlTemplate（XAML）	136
copy on write	29, 282
CPU	4, 8, 226
createView()	
LayoutInflater::createView()	128
createViewFromTag()	
LayoutInflater::createViewFromTag()	165
Cupcake	8, 35, 283
CursorLoader	11

D

Dalvikバイトコード	258
Dalvik VM	258
declare-styleable	43, 137
decoder	238
DecorView	117, 140
defer()	
RenderNode::defer()	188, 190
Deviceオブジェクト	68
Deviceのクラス	69
DeviceId	70
dex（ファイル）	261, 270
dex2oat	34, 290, 299
dexdump	264
dexopt	283
Dispatcher.BeginInvoke()（WPF）	86
dispatchMessage()	
Handler::dispatchMessage()	107, 108
dispatchPointerEvent()	
View::dispatchPointerEvent()	246
dispatchTouchEvent()	
View::dispatchTouchEvent()	167
DisplayList	15, 19, 170, 180, 181, 183, 184, 189
DisplayListCanvas	184
DisplayListOp	190
DOM	5, 37
Donut	8, 78
doProcessInputEvents()	
ViewRootImpl::doProcessInputEvents()	246
dp	125
draw()	
View::draw()	14, 15, 169
ThreadedRenderer::draw()	182
DrawBitmapOp	192
DrawRectOp	191, 192
drawRenderNode()	
DisplayListCanvas::drawRenderNode()	183, 186
DrawRenderNodeOp	186, 193
DrawXXXOp	192
dumpsys	249
dx	262

E

Eclair	8, 80
Eclipse	9
EGL	19, 210, 212, 222
Elate OS	264

elf..290
end()
　RenderNode::end()..183
enqueueMessage()
　MessageQueue::enqueueMessage().....................105
epoll()システムコール..................................27, 51, 54
evdev..55, 56, 60
eventファイル..55, 59
EventHub..60, 65
EXACTLY..153, 155
Exception...38, 85, 87

F

FB TARGET..238
Firefox...192
fling..203
Flinger..32
fork()システムコール...........................16, 28, 281
Fragment..11
Froyo...8, 80

G

G1..4, 35, 174, 283
Galaxy Note...103, 206, 304
Galaxy Note 3..215, 304
GB(Gingerbread)..8, 103
GC..16
generateLayoutParams()
　ViewGroup::generateLayoutParams().................165
getElementById()(DOM)...................................37, 38
getEvents()
　EventHub::getEvents()..66
getHolder()
　SurfaceView::getHolder()...................................249
getMeasuredWidth()
　View::getMeasuredWidth().................................158
getMode()
　MeasureSpec::getMode()....................................154
getprop(コマンド)..24
getSize()
　MeasureSpec::getSize().......................................154
getSurface()
　SurfaceViewのgetSurface()................................249
Gingerbread...8, 103
Gmail..10
Google Map..10
GPU...5, 7, 175, 226
gralloc...212, 214
gralloc_module_t..221
gravity..166, 168
GTK+..9
GUIシステム
　一般的な〜におけるUIスレッド....................86
　デスクトップの〜..18
　〜の基礎...13
　〜の全体像..12
GUIのツールキット...8
GUI部品...7, 116
GUIプログラミング...36

H

HAL..210, 211, 214
HAL_MODULE_INFO_SYM............................216
Handler...................................14, 41, 92, 99

　〜のコンストラクタを呼び出す....................104
　〜の使用例..100
handler(Linux)..56
HDC(Win32 API)...40
Honeycomb..7, 8, 11
HWC..175, 213, 226, 230, 234
　〜に要求される基本機能..............................235
HWC_FRAMEBUFFER......................................237
hwc_layer_1...236
HWC_OVERLAY...236
hw_device_t...218
hw_get_module()..215
hw_module_t...215

I

IBinder..109
Ice Cream Sandwich..8
ICS(Ice Cream Sandwich)...............................8, 170
IDEサポート..7
ImageView...151
inflate()
　LayoutInflater::inflate()..................................127
initプロセス..25, 30
init.rc..28
Inputサブシステム........................14, 51, 55, 56
inputモジュール..55, 56
input_report_abs()..57
input_sync()..57
InputChannel...................................76, 77, 167
InputDevice...65, 70
InputDispatcher..63, 76
input_event..56
InputManagerService..................14, 51, 62, 97
InputMapper...70, 72
InputReader..63, 64
installdサービス..34
intent(Elate OS)..264
invalidate()
　View::invalidate().....................................41, 198
ioctl()システムコール......................................61
iOS...9
iPhone..8
IPアドレス...25
ITemplate(ASP.NET).....................................136
IWindow..22, 118, 240, 242

J/K

Jackコンパイラ..263
Java..6, 10
Java VM...267
JB(Jelly Bean)..206
Jelly Bean...206
JIT..16, 258, 285
　〜が有効なケース..289
　〜とバッテリー..287
　〜とメモリ..287
　〜とリアルタイム性....................................288
JNI...138
JobScheduler..297
JobService..297
KitKat..206

L

layout..14

layoutパス	163
layout_gravity	166, 168
layout_weight	148, 162
LayoutInflater	126, 136
LayoutManager	173
LayoutParams	165
LinearLayout	37, 116, 146, 156
Link Bubble	247
Linux	14, 53
ListView	116, 126, 136
〜のスクロール	178, 201
lockCanvas()	
Surface::lockCanvas()	232
Lollipop	8, 304
Looper（クラス）	14, 90, 91
Looper.loop()	90, 106
Looper.prepare()	90
loopOnce()	
InputReader::loopOnce()	66

M

Marshmallow	30
match_parent	161
measure	14
measure()	
View::measure()	149
measureパス	146, 149
MeasureSpec	153
MediaCodec	250
mediaserver	250, 252
Message.obtain()	105
MessageQueue	89, 95, 104
Messenger（Facebook）	247
MIDP	82
mmap	277, 280
MotionEvent	50
mount_all	30
MultiTouchInputMapper	72
myLooper()	
Looper.myLooper()	93

N

NetworkOnMainThreadException	87
next()	
MessageQueue.next()	95
Nexusシリーズ	16
Nexus 5	206
Nexus 6P	4, 174, 177
Nexus 7	170, 206
N（Nougat）	8
〜のバイトコード実行環境	292
NotifyMotionArg	73
notifyMotion()	
InputDispatcher::notifyMotion()	76
Nougat	8
nSyncAndDrawFrame()	
ThreadedRenderer::nSyncAndDrawFrame()	187, 200

O

oat	259, 301
obtainStyledAttributes()	
Context::obtainStyledAttributes()	44, 137
offsetChildrenTopAndBottom()	
ViewGroup::offsetChildrenTopAndBottom()	204
onCreateView()	
LayoutInflater::onCreateView()	128
onDraw()	
View::onDraw()	40, 167
onMeasure()	
View::onMeasure()	149, 153
onTouchEvent()	
View::onTouchEvent()	40, 50, 167, 246
OOM Killer	287
OpenGL	212
OpenGL ES	15, 174, 210, 212
OpenGLRenderer	191

P/Q

PackageManagerService	122
performDexOpt()	298
performTraversal()	
ViewRootImpl::performTraversal()	181, 204, 245
PhoneWindow	141
pointInView()	
View::pointInView()	246
post()	
Handler::post()	86, 104
postDelayed()	
Handler::postDelayed()	96
PostMessage()（Win32 API）	86
postOnAnimation()	
View::postOnAnimation()	202
prepare()	236
Looper.prepare()	90, 92, 236
printfデバッグ	38
Private	277
private_module_t	216, 221
Producer	230
profile guidedコンパイル	16, 25, 34, 295, 300
ProfileSaver	295, 296
profman	34, 299
px	125
QEMU	35
Qt	9
QWERTY	35

R

RAW_SENSORフォーマット	220
RawEvent	66
RecyclerView	173
registerInputChannel()	
InputManagerService::registerInputChannel()	79
RelativeLayout	116, 147
RendeNodeOp	186
RenderNode	183, 184
RenderProxy	181
RenderThread	187
replay()	
DisplayListOp::replay()	188, 190, 191
requestLayout()	
View::requestLayout()	199
requestWindowFeature()	
Activity::requestWindowFeature()	142, 143
ResXMLParser	132
RGBA8888	219
R.layout	37

S

scheduleDestroyActivity()
　ActivityThread::scheduleDestroryActivity()..............109
screen_title.xml...142
SDKのService..31
serviceセクション..30, 31
setContentView()
　Activity::setContentView()............................37, 139
setMeasuredDimension()
　View::setMeasuredDimension()............................150
setprop（コマンド）...24
Shared..277
SimpleCursorAdapter..136
Skia..192
Snapdragon..46
SoC..46
socketpair...27, 63, 97
sp..125
StackPanel（WPF）..37
stagefright...252
start()
　RenderNode::start()..183
Surface...210, 212, 232
　アプリ用の〜...238
Surface（EGL）..223
SurfaceFlinger..212, 232
surfaceflingerサービス...34
SurfaceView..238, 249
swapBuffer()..233
Symbian OS..9, 35
SyncAndDrawFrame..184
SYN_REPORT..58, 73
SYSTEM_ALERT_WINDOW....................................247
system_server..26
SystemServer..26
SystemServerプロセス..63
systemユーザー...26

T

ThreadedRenderer.......................................18, 181, 182
TLS...92, 94
Toast...38, 40, 84, 85, 101

U

uid..32
UIスレッド...14, 84
　一般的なGUIシステムにおける〜........................86
Unixドメインソケット...27
UNSPECIFIED..152, 153, 155
updateDisplayListIfDirty()
　View::updateDisplayListIfDirty()..................183, 185
UserControl..39

V

View...14, 114, 116
Viewクラス..114
　〜のコンストラクタ...130
Viewツリー...14, 17, 116
　〜のルート..117, 240
　〜を管理する..240
ViewGroup...116, 156
ViewRootImpl........................63, 117, 181, 214, 240
ViewStub..144

Visual Studio..7
VSYNC..202

W

WaitForMultipleObjects()（Windows）......................54
Webアプリケーション...5
Webアプリケーション開発..7
Win32 API................................5, 39, 40, 42, 86
Window（クラス）..77
Window（EGL）..223
Windows Forms...39
Windows Mobile..9, 35
Window Style...137, 140
WindowInputHandle..77
WindowManager...240, 243
WindowManagerGlobal..243
WindowManagerImpl...243
WindowManagerService........................79, 214, 243
windowNoTitle...141
Windows..54
　Windows Vista..18, 42
　Windows XP..42
WPF...10, 37, 39, 18
wrap_content..136, 160

X/Y/Z

XAML..136
XmlResourceParser......................................125, 132
Xperia...78
YUVフォーマット...219
Zygote..28, 281
Zygoteサービス..33

ア行

アニメーション..............................178, 196, 201
アノテーション...281
アプリ...20
イベント処理..13, 53, 82
イベントの配信...14
イベントハンドラ..82
イメージファイル..301
イレース..275
エミュレータ..35
エントリポイント..24
オーナードロー（Win32 API）..................................39
オフスクリーングラフィックスバッファ.................212

カ行

解像度...4, 174
　〜非依存な記述...7
拡大縮小..7
カスタムコントロール（Windows Forms、WPF、
　ASP.NET）...39
カスタム属性（カスタムの属性）......................43, 137
カスタムのView..39
仮想関数呼び出し...25
仮想マシン（スタック型/レジスタ型）..................262
画面サイズ..4
キーボード..35
組み込みLinux...9
組み込みシステム...8
グラフィックスハードウェア..............................7, 175
グラフィックスバッファ.......................175, 212, 223
　4つの〜...238

索引

～の合成 234
ゲート 176
ゲート遅延時間 176
コードネーム 8
コールバック 21

サ行

再描画 196
サービス 31
シェル 24, 35
システムアップデート 16, 291
システムサービス 25
シップ 78
消費電力 176
シングルタッチ 57
スクロール 203
　～処理 201
スタイラス 11, 103, 170
スタイル 135, 138
　スタイル解決 137
スタック 20
スタック型の仮想マシン 262
ステータスバー 235, 238
スマホ
　～におけるバイトコードの課題 256
　～の典型的なハードウェア構成 226
スレッドローカルストレージ→TLS 参照
スロット 59
スワップ 274, 276
セキュリティアップデート 16, 293, 294
セクタのトレース 275
ソケット 27
ソフトウェアレンダリング 198, 200
ソフトボタン 175

タ行

代替リソース 7, 122, 132
タスクバー 175
タッチ 14
タッチイベント 50, 246
タッチパネル 48
タブレット 14
ターミナル 35
端末依存 223
チャンク 190
ツリー 116
　動的な～の操作 6
テーマ 135, 138
デーモン 34
デバイスドライバ 53
電圧 176
動画 179
トラックボール 35
トレースJIT 258, 285

ナ行

内部ノード 116, 150
ナビゲーションバー 175, 235, 238
熱 176

ハ行

バイトコード
　スマホにおける～の課題 256
　バイトコード比較 268

真のバイトコードOS 10
バイトコード実行環境 7, 16
　Nの～ 292
バイナリ化されたリソース 122
ハイブリッド構成 16
バージョン
　Androidの～ 8
　最初の～ 283
バッテリー
　JITと～ 287
　～の持ち 304
バッファ 233
ハードウェア 175
　スマホの典型的な～構成 226
ハードウェアアクセラレーション 11, 15, 170
ハードウェアレンダリング 200
葉ノード(葉のノード) 116, 150
ハンドル(Binder) 26
ヒット判定 14
描画 13
描画システム 17
ファイルディスクリプタ 26
浮遊ゲート 275
ブラウザ 5
フラッシュメモリ 274, 276
フリック 48
プロセス 25
フローティングウィンドウ 117, 238, 247
プロパティ 24
分散オブジェクト 25
ホストされる 25

マ行

マークアップ 6
マニフェストファイル 20
マルチウィンドウ 243
マルチタッチ 48, 51, 58
ミップマップ 7
メソッドIDの64K制限 272
メソッドベースのJIT 286
メッセージキュー 88
メッセージループ 14, 24, 82, 88
メニュー 126
メモリ
　JITと～ 287
　カーネルが管理する～の種類 276
　メモリシステム 209
　少ない～ 257
　～のコピー 226

ラ行

リアルタイム性 256
　JITと～ 288
リソースの選択 7
リソースファイル 17, 37, 121
リフレクション 131
　クラスを列挙する～ 281
リフレクションAPI 272
レイアウト 13, 17, 146, 149
　高機能な～ 7
レイアウトのリソース 121
レジスタ型の仮想マシン 262
レジストリ(Windows) 24

著者プロフィール

有野 和真 Kazuma Arino

新卒でガラケー向けのブラウザ会社に入り組み込み業界で働いた後、2005年にマイクロソフトディベロップメントに移り.NETのサーバーサイド分野であるSharePointの開発に従事。2009年からフリーランスになり、機械学習関連のプロジェクトやスパコンの独自GPGPU開発に携わる傍ら、Androidのお絵描きアプリ「LayerPaint」を共同開発。

装丁・本文デザイン	西岡 裕二
図版	さいとう 歩美
本文レイアウト	酒徳 葉子(技術評論社)
編集アシスタント	大野 耕平(技術評論社)

WEB+DB PRESS plusシリーズ

Androidを支える技術〈Ⅰ〉
60fpsを達成するモダンなGUIシステム

2017年3月7日　初版　第1刷発行

著者	有野 和真
発行者	片岡 巌
発行所	株式会社技術評論社 東京都新宿区市谷左内町21-13 電話　03-3513-6150　販売促進部 　　　03-3513-6175　雑誌編集部
印刷／製本	日経印刷株式会社

● 定価はカバーに表示してあります。

● 本書の一部または全部を著作権法の定める範囲を超え、無断で複写、複製、転載、あるいはファイルに落とすことを禁じます。

● 造本には細心の注意を払っておりますが、万一、乱丁(ページの乱れ)や落丁(ページの抜け)がございましたら、小社販売促進部までお送りください。送料小社負担にてお取り替えいたします。

©2017　有野 和真
ISBN 978-4-7741-8759-4 C3055
Printed in Japan

●お問い合わせ

本書に関するご質問は記載内容についてのみとさせていただきます。本書の内容以外のご質問には一切応じられませんのであらかじめご了承ください。なお、お電話でのご質問は受け付けておりませんので、書面または小社Webサイトのお問い合わせフォームをご利用ください。

〒162-0846
東京都新宿区市谷左内町21-13
株式会社技術評論社
『Androidを支える技術〈Ⅰ〉』係
URL https://gihyo.jp/(技術評論社Webサイト)

ご質問の際に記載いただいた個人情報は回答以外の目的に使用することはありません。使用後は速やかに個人情報を廃棄します。